서강 육군력 총서 1

서강대학교 육군력연구소 기획
이근욱 엮음
니브 파라고·설인효·오스틴 롱
이근욱·이장욱·황지환 지음

21세기 한국과 육군력

역할과 전망

Korea and Army Power in the 21st Century Role and Prospect

한울
아카데미

본 연구의 초고는 서강대학교 육군력연구소에서 개최한 제1회 육군력 포럼 '21세기 한국과 육군력: 역할과 전망'(2015.11.20)에서 발표되었습니다.

이 도서의 국립중앙도서관 출판예정도서목록(CIP)은 서지정보유통지원시스템 홈페이지(http://seoji.nl.go.kr)와 국가자료공동목록시스템(http://www.nl.go.kr/kolisnet)에서 이용하실 수 있습니다. (CIP제어번호: CIP2016013424)

책을 펴내며

이 책을 처음 구상한 것은 2014년 봄이었다. 거의 10년 동안 스터디 그룹을 하면서 알고 지냈던 육군 장교 한 명이 연락해와 점심을 같이 하게 되었다. 용건은 육군의 역할에 대한 공감대 확산과 관련한 연구를 맡아달라는 것이었다. 교수 생활 10년 동안 외부 연구비 수주를 거의 하지 못했던 나로서는 의외의 제안이었다. 결국 2014년 10월 '미래와 전쟁 그리고 정치적 분석의 중요성'이라는 부제가 붙은 연구보고서를 제출했고, 그 내용의 일부로 민간 대학에 민간이 주도하는 연구소 설립을 제안했다. 이후 육군의 적극적인 지원이 이루어져 2015년 6월에 연구소가 설립되었고, 2015년 11월에 제1회 육군력 포럼이 개최되었다.

이 책은 제1회 육군력 포럼의 성과물을 담은 것이다. 이 포럼에서 발표된 여러 논문 원고는 부분적인 수정을 거쳐 여기에 수록되었다. 여기에 포함된 논문들은 포럼의 성과 및 자료인 동시에 국내외 민간 학사들의 육군 문제에 관한 연구 성과이다. 현재 계획대로 육군력 포럼이 지속된다면, 이 책을 시초로 하여 앞으로 꾸준히 나오게 될

'서강 육군력 총서'는 한국에서 육군 및 군사 문제를 연구하는 데 좋은 자료가 될 것이다.

한국은 민주주의 국가이다. 그리고 민주주의 국가에서는 군(軍)이 민(民)을 지배하지 않으며, 민주적인 절차와 선거를 통해 선출된 민간 지도자가 국가·행정부 수반의 자격으로 군 통수권을 행사한다. 따라서 민간 부문에서도 육군 및 군사 문제에 대한 독립적인 연구가 필요하며, 관련된 공감대가 확산될 필요가 있다. 육군력 포럼과 연구의 핵심 목표는 바로 이것이다. 지금까지와 같이 육군 및 군사 문제 연구를 군에만 맡겨서는 안 된다. 민간 전문가 집단을 육성하고, 지금 당장은 전문성이 떨어진다 해도, 부족한 전문성을 길러나가야 한다. 이러한 믿음을 공유했기 때문에 육군력 포럼은 열릴 수 있었다. 그리고 이러한 믿음 덕분에 이 책이 나올 수 있었다.

이 책이 빛을 볼 수 있었던 것은 그동안 많은 분의 노력과 도움이 있었기 때문이다. 우선 제1회 육군력 포럼에 참여해주신 여러 학자분들께 감사드린다. 포럼에서 기조연설과 발표를 맡아주신 스티븐 로젠(Stephen Peter Rosen)과 오스틴 롱(Austin Long), 니브 파라고(Niv Farago) 등 해외 석학들과 설인효, 이장욱, 황지환 교수님께 감사드린다. 토론과 사회를 맡아주신 윤영관, 홍규덕 교수님, 그리고 이동선, 정성철, 이수형, 김진아, 김태형, 박용운 박사님, 그 밖의 많은 분께 감사의 인사를 올린다.

무엇보다 대한민국 육군의 도움이 절대적으로 큰 힘이 되어주었다. 이에 장준규 육군참모총장님께 감사드린다. 장준규 대장님의 도움은 제1회 육군력 포럼이 진행될 수 있었던 원동력이었다. 또한 전임 육군참모총장 김요환 대장님(예)께도 감사드린다. 김요환 대장님의 성원이 없었다면 포럼은 초기 단계에서 더 나아가지 못했을 것이다. 포럼 및 육군력연구소에 대한 지원을 아끼지 않으신 구재서 장군님과 김현종 장군님께도 감사드린다. 연구소 출범 및 제1차 포럼을 도와주신 서영만 장군님과 이후 관리에 성원을 아끼지 않으신 이경구 대령님께도 감사드린다. 무엇보다 처음에 아이디어를 제안하신 지효근 중령님과 프로젝트가 진행되는 과정에서 실무를 담당하신 김선근 중령님께도 감사드린다. 여러분들 덕에 이 모든 일이 가능했다.

서강대학교에서도 많은 분이 도와주셨다. 연구소 설립에 선뜻 응해주신 유기풍 총장님께 감사드린다. 서강대학교 정치외교학과 동료 교수님들 또한 익숙하지 않은 연구소 개념에도 불구하고 많은 도움을 주셨다. 제1회 포럼에서 발표와 토론을 맡아주셨던 여러 선생님들께도 감사드린다. 무엇보다 연구소 및 포럼 운영에서 실무를 맡아 고생해준 여러 대학원생들에게 감사의 마음을 전한다. 김선영, 신지연, 이연주, 정결 씨 등의 노력이 없었더라면 업무 진행은 불가능했을 것이다. 진심으로 감사드린다. 무엇보다 노진국 씨의 희생과 노력은 대단했다. 그 은혜 잊지 않을 것이다.

2016년 5월

이근욱

차례

머리말

이 책에 실린 연구는 2015년 11월 20일 국방컨벤션센터에서 개최된 제1회 육군력 포럼에서 발표된 원고에 기초하고 있다. 해당 포럼의 주제는 '21세기 한국과 육군력: 역할과 전망'이었으며, 기조연설은 미국 하버드 대학의 스티븐 로젠 교수가 담당했다. 첫 번째 세션에서는 '21세기 전쟁과 육군력: 미국과 이스라엘의 경험을 중심으로'라는 주제로, 그리고 두 번째 세션에서는 '21세기 한반도 전쟁과 육군력: 한국 육군의 변화와 대비 방향'을 주제로 외국 학자 두 명을 포함해 모두 여섯 명의 학자들이 논문을 발표했다.

그렇다면 육군력 포럼은 왜 개최하게 되었을까? 이번 제1회 포럼에서 논의된 주제는 어떤 이유로 선정된 것인가? 이러한 연구의 성격과 정체성에 대한 답변은 연구 내용이 제시되기 이전에 반드시 논의되어야 하는 사항이다.

육군력 포럼의 필요성

첫 번째 논의되어야 하는 사항은 육군력 포럼의 필요성이다. 왜 육군력 포럼이 필요한가? 이것은 두 가지 측면에서 답할 수 있다. 우선, 대한민국 육군은 한국 군사력의 핵심이며, 가장 많은 예산과 병력을 보유한다. 한국군 전체 병력의 80% 이상이 육군에 소속되어 있으며, 육군의 예산은 각 군 배분 예산의 절반가량을 차지한다. 무엇보다 육군은 한국 군사력의 핵심으로서, 우리의 안전을 보장하는 가장 중요한 군사 수단이다. 하지만 육군에 대한 일반 국민들의 인식은 좋다고 할 수 없다. 육군은 군사조직 가운데 일반 국민, 특히 성인 남성이 가장 널리 접촉한 곳이지만, 호감도 측면에서는 일반 국민에게 가장 어필하지 못하는 군사조직이기도 하다. 공군과 해군의 이미지나 호감도에 비해 육군은 여러 가지 측면에서 국민들에게 좋은 인식을 심어주지 못하고 있다. 우리가 가진 최대의 군사조직이 일반 국민들에게 그다지 어필하지 못하고 있다는 것은 희극적, 또는 그와는 반대로 비극적인 상황이다. 이러한 측면에서 육군력 포럼은 육군의 이미지와 호감도를 향상시키는 역할을 할 수 있다. 이것이 직접적인 홍보로 이어지지 않을 수 있고 가시적인 성과가 바로 나오지도 않겠지만, 장기적으로는 육군의 이미지와 호감도를 개선하는 데 긍정적인 영향을 미칠 것이다.

또 다른 측면에서, 한국에서는 육군 및 군사력 관련 문제에 대한 전반적인 이해가 부족하다. 특히 군사 문제는 군인이라는 전문가 집단에 맡긴다는, 또는 맡겨야 한다는 인식이 팽배하며, 따라서 군사 문제에 대해 일반 민간인이나 학자들의 견해는 배제되고 있다. 1987년 이전까지 권위주의 정권들은 군부가 주도했든 아니었든 민간의 개입과 관여를 배제했다. 기본적인 정보조차 공개되지 않았으며, 예산 사용에 대한 의회의 통제권 또한 매우 약했다. 1988년 이후에야 국방백서가 체계적으로 출간되었으며, 그 이전에는 1967년과 1968년을 제외하고는 국방백서 자체가 발간되지 않았다.[1] 그리고 1968년 이후로 국방백서는 20년간이나 발간되지 않았다. 1987년 이후 절차적 민주주의가 확립되었고, 한국의 민주주의 성숙도 자체는 향상되고 있다. 그러나 군사 문제에 관해서는 군 또는 군 출신 전문가들이 전문성을 독점하면서 민간 출신의 견해는 소외되고 있다.

이와 같은 불균형은 전문성 측면에서는 정당화될 수 있다. 하지만 민주주의 국가에서 선거를 통해 집권한 정치지도자는 국가·행정부 수반의 지위에서 군 통수권을 행사하며, 이 과정에서 전문적인 조언을 바탕으로 다양한 정책을 결정한다. 이러한 측면에서 정치지도자는 모든 부분에서 전문성을 가질 수 없으며, 건전한 상식과 논리력에 기초하여 현명한 선택을 할 수 있는 기본적인 판단력을 갖추어야 한다. 이러한 상황에서 정치지도자가 군 및 군 출신 전문가의 견해만을 수용하는 것은 적절하지 않다. 현명한 선택이 이루어지기 위해서는 논리적 대안이 제공되어야 하며, 동시에 그 대안의 다양성이 보장되어야 한다.

민간 전문가 집단은 바로 이러한 측면에서 필수적이다. 군 및 군 출신 전문가 집단과는 다른 시각에서 문제를 바라보고 다른 의견을 제시할 수 있는 민간 전문가 집단이 필요하다. 현재 민간 부문의 전문성이 떨어진다면, 미래를 위해 전문성을 보충하고 연구 역량을 육성하는 것이 중요하다. 설사 초기 단계에서는 전문성 등이 부족하다고 해도, 민간 전문가 집단을 육성하기 위한 연구 기회 및 투자는 절실하

---

1 『1967 국방백서』에 김성은 당시 국방부 장관이 쓴 서언에는 다음과 같은 문구가 있다. "본 백서는 우리 국방부로서는 최초의 편찬사업임에 그 완전을 기하지도 못했음을 시인하면서, 점차 훌륭한 백서를 발간할 것을 전제로 하여 우선 이것을 내보낸다."

다. 육군력 포럼은 바로 이러한 민간 전문가 집단을 육성하기 위한 투자이자, 연구 역량 강화의 장이다. 그리고 이를 통해 정치지도자에게 균형감 있는 조언을 제시하며, 한국 민주주의 유지를 위한 정책 지식 환경을 구축하려고 한다. 즉, 이것은 육군 자체의 홍보 사안을 넘어 민주주의와 관련한 문제이기도 하다.

주제의 중요성: 21세기 전쟁과 육군력

두 번째로 짚어봐야 할 것은 육군력 포럼의 주제이다. 제1회 포럼에서는 '21세기 한국과 육군력: 역할과 전망'이라는 대주제 아래, '21세기 전쟁과 육군력: 미국과 이스라엘의 경험을 중심으로'와 '21세기 한반도 전쟁과 육군력: 한국 육군의 변화와 대비 방향'이라는 두 개의 소주제를 다루었다. 그렇다면 이러한 대주제와 소주제는 어떤 측면에서 중요한가?

전쟁과 군사력은 국가의 생존과 직결되며, 따라서 이를 둘러싼 환경은 매우 빠른 속도로 변화한다. 하지만 변화하는 환경에 적응하고 필요한 군사력을 구축하는 것은 쉽지 않다. "지휘관들은 항상 지난번 전쟁을 싸운다(Generals Always Fight the Last War)"라는 경구가 말해주듯이 많은 국가와 군사조직이 그러한 적응에 실패했다. 그렇다면 지금 현재 한국은 어떠한가? 21세기 전쟁과 그 전쟁을 규정하는 안보 환경의 특성은 무엇인가? 그리고 이러한 상황에서 한국은, 특히 한국 육군은 어떠한 역할을 수행해야 하며, 그 전망은 어떠한가? 이것이 제1회 포럼 대주제의 의미이다.

미래를 전망하는 것은 쉽지 않다. 하지만 쉽지 않다고 해서 포기할 수 없는 것이 미래에 대한 전망이다. 육군력 포럼에서는 기조연설을 통해 1945년 이후 전쟁 양상 변화와 그 방향을 조망했으며, 핵무기 등장과 정보기술(IT) 발전에 따른 군사기술 변화가 전쟁이라는 정치적 현상에 미치는 영향을 논의했다. 그 연장으로 미국과 이스라엘 학자들은 냉전 종식 이후 25년, 또는 2000년 이후 지난 15년 동안 미국과 이스라엘이 경험한 바에 관해 논의했다. 본격적인 전쟁 경험이 없는 현재의 한국 육군에 다른 국가의 경험을 알아보는 것은 매우 중요한 일이다. 19세기 독일 통일의 주역인 비스마르크(Otto von Bismarck)가 이야기한 바와 같이 "바보는 자신의 실수에서 배우지만, 현명한 사람은 다른 사람의 실수에서 배운다". 한국이 상황에 현명하게 대처하기 위해서는 다른 국가의 경험, 특히 전쟁터에서 피를 흘려가면서 획득한 교훈을 소중히 여기고 이를 잘 학습해야 한다. "훈련에서 흘린 땀 한 방울은 전쟁에서의 피 한 방울"이라는 말이 있듯이, 다른 국가의 전투 경험과 그 과정에서의 희생은 우리의 피를 아낄 수 있는 좋은 기회이다.

이러한 안보 환경의 변화와 다른 국가의 교훈은 우리에게는 어떻게 다가오는가? 즉, 한국 육군은 21세기 한반도 전쟁에 어떻게 대비하고 있으며, 그에 따라 어떻게 변화하고 적응하는 것이 필요한가? 지난 15년 동안 한국군은 어떻게 변화했으며, 이러한 변화를 어떻게 분석하고 있는가? 즉, 외국의 교훈을 학습하기 위해서는 우선 우리 자신의 상황을 정확하게 파악하는 것이 중요하다. 모든 교훈은 객관적이지 않으며, 교훈을 받아들이고 학습하는 조직의 이해관계에 따라 변화되거나 변질될 수 있다.

새로운 기술이 등장했을 때에도 마찬가지이다. 기술이 자동적으로 혁신으로 이어지는 경우는 매우 드물며, 그러한 기술에 기반을 둔 새로운 조직이 창설되어야 한다. 그리고 새로운 조직의 창설은 그 자체로 새로운 조직 이익을 만들어내며, 동시에 기존 조직의 저항을 초래한다. 많은 사람들의 생각과 달리 기술과 교훈은 객관적이지 않으며, 안보 환경의 변화에 대한 적응은 정치적 과정을 통해 이루어진다. 로봇 기술과 무인 병기의 등장은 이러한 정치적 과정을 잘 보여주는 실험 사례가 될 것이며, 한국군의 기술적 변화 측면에서 매우 중요한 역할을 할 것이다.

21세기
한국과
육군력

제1부

21세기 전쟁과 육군력 :
미국과 이스라엘의 경험을 중심으로

제1부에서 핵심이 되는 질문은 지난 15년 또는 1990년 냉전 종식 이후 25년 동안 육군력이 어떻게 사용되었으며, 어떻게 변화했는가이다. 이것은 다음 세 가지 질문으로 나뉜다.

먼저, 미국과 이스라엘 등은 지난 15년 또는 25년 동안 자신들의 육군력을 어떻게 사용했는가? 한국이 북한을 억지·억제하는 것을 목표로 했으며 상당 부분 성공했다면, 미국과 이스라엘 등은 실제 전장에서 군사력을 사용했다. 그렇다면 이러한 미국과 이스라엘의 경험은 어떠했는가? 이것이 첫 번째 질문이다.

두 번째 질문은 미국과 이스라엘은 변화하는 세계와 군사기술에 맞춰 자신들의 군사력을 어떻게 변화시켰는가이다. 현실 세계에서 미국과 이스라엘은 지속적으로 전쟁을 수행하고 있으며, 따라서 전쟁 수행에 대해 많은 경험과 연구를 축적해왔다. 더욱이 러시아와 달리 민주주의 국가로서 자신의 정보를 공개하며 군사 문제를 활발히 연구하고 있다. 그렇다면 미국과 이스라엘은 지난 15년 또는 25년 동안 자신의 육군력을 어떻게 변화시켰는가? 이것이 두 번째 질문이다.

이러한 두 가지 핵심 질문은 한국에 대한 질문으로 이어진다. 지난 15년 또는 25년 동안 미국과 이스라엘의 경험에서 한국은 어떠한 교훈을 얻을 수 있는가? 특히 한국의 동맹국인 미국은 2001년 이후 아프가니스탄과 미국에서 지속적으로 전쟁을 수행했으며, 그 과정에서 자체 군사력에 많은 변화가 있었다. 그렇다면 이러한 변화는 한국에는 어떠한 교훈을 제공하는가? 그리고 한국은 여기에서 무엇을 학습할 수 있는가? 이것이 마지막 질문이다. ▌

제1장

라인 강에서 티그리스 강까지, 그리고 이를 넘어: 미국 육군의 진화와 학습, 1990~2015

오스틴 롱 *Austin Long*

지난 25년 동안 미국 육군은 엄청나게 변화했다. 냉전이 종식되던 1990년 미국 육군은 서독 방어를 담당했으며, 소련군 탱크가 라인 강에 도달하지 못하도록 저지하는 것이 주요 임무였다. 25년이 지난 2015년 미국 육군의 일부는 이라크 중심부의 티그리스 강 주변에서 저항세력과의 전투에 간접적으로 관여하고 있다. 2015년 현재, 이라크 전쟁과 아프가니스탄 전쟁은 사그라지지 않았지만 미국은 직접적인 개입을 줄이고 있으며, 이 때문에 미국 육군은 베트남 전쟁 직후와 같은 중요한 갈림길에 도달했다. 따라서 지금은 그동안 육군이 어떻게 변화해왔는지(그리고 변화하지 않았는지)를 점검하고 그 결과를 미래를 위해 반영하기에 적절한 시점이다.

이 장은 여섯 개의 절로 나뉘어 진행된다. 첫 번째 절에서는 베트남 전쟁이 끝난 시기부터 냉전 체제가 끝난 시기까지의 육군에 관해 간략하게 서술한다. 두 번째 절에서는 냉전기와 이라크·아프가니스탄 전쟁 사이의 전간기에 적응하기 위한 육군의 노력을 기술한다. 세 번째 절에서는 이라크·아프가니스탄 전쟁의 첫 5년 동안 육군의 변화를 위한 노력에 관해 논의한다. 네 번째 절에서는 이라크 전쟁과 아프가니스탄 전쟁 이후 5년을 검토한다. 다섯 번째 절에서는 오늘날의 육군에 관해 서술한다. 마지막 여섯 번째 절에서는 육군의 경험을 바탕으로 광범위한 교훈과 전망을 제시한다.

1 | 프롤로그: 1973~1989년

미국 육군은 1973년 베트남에서의 전투작전을 종식하면서 안도했지만, 하나의 조직으로서 최악의 상황에 처해 있었다. 미국 육군은 베트남에서는 전쟁 승리에 실패했고, 유럽에서는 전쟁을 수행하기에 적합하지 않은 군사조직이었다. 군사력은 엉망이었고, 사기는 형편없었으며, 기율은 서지 않았고, 전반적인 군사적 효율성도 최악이었다.[1]

이러한 현실에서, 미국 육군은 세 가지 측면에서 도약에 성공했다. 첫 번째는 징병제를 포기하고, 모든 병력을 모병을 통해 지원병으로 대체한 것이다. 징병제 폐지는 오랫동안 징병제와 인력의 대량 동

1 이 부분은 다음 자료에 크게 의존한다. Austin Long, *The Soul of Armies: Counterinsurgency Doctrine and Military Culture in the US and UK* (Ithaca, NY: Cornell University Press, 2016). 이 시기에 관한 일련의 개인적인 짧은 글들은 다음을 참고할 것. James Kitfield, *Prodigal Soldiers* (Washington, D.C.: Brassey's, 1995).

원에 의존해왔던 육군에 엄청난 충격이었다. 육군은 더 이상 시민들을 징집해 군단, 사단, 여단을 만들어낼 수 없었으며, 그 대신에 젊은 미국인들을 군으로 이끌 방법을 배워야 했다.

두 번째는 미국과 소련 사이의 전반적인 전략 균형의 변화이다. 1960년대 중반까지 미국은 핵전력 우위를 바탕으로 확장억지와 핵우산을 제공했고, 유럽과 아시아의 동맹국들은 이와 관련한 미국의 의지를 신뢰했다. 그러나 베트남 전쟁이 끝나가던 1970년대 중반에 미국과 소련의 전략 핵무기 수준은 거의 대등했다.[2] 미국과 소련의 전략 핵무기 경쟁에서 균형이 이루어지면서 핵 억지의 신뢰성에 대해 의심이 커졌고, 이에 따라 결국 통상전력을 통한 서부 유럽 방어가 새롭게 강조되었다.

세 번째는 통상전투에서 나타난 기술의 진화이다. 특히 새로운 정밀타격체계가 등장하면서 통상전력의 화력과 이동성이 증가했다. 또한 기술 발전은 통상전력의 더 나은 훈련을 위한 새로운 기회를 제공했다.[3]

미국 육군은 1973년 이러한 도약 가능성에 직면했을 때, 수적으로 열세이고 기습당한 군대가 소련의 지원을 받은 두 군대들의 침공

---

2 특히 다음을 참고할 것. Gregg Herken, *Counsels of War* (New York: Oxford University Press, 1987); William Burr, "The Nixon Administration, the 'Horror Strategy,' and the Search for Limited Nuclear Options, 1969~1972: Prelude to the Schlesinger Doctrine," *Journal of Cold War Studies*, Vol. 7, No. 3 (Summer 2005).

3 다음을 참고할 것. Paul Herbert, *Deciding What Has to Be Done: General William E. DuPuy and the 1976 Edition of FM 100-5, Operations* (Fort Leavenworth, KS: Combat Studies Institute, U.S. Army Command and General Staff College, 1988).

을 격퇴하는 것을 확인하게 되었다. 이스라엘과 이집트·시리아 간의 욤 키푸르 전쟁은 미국 육군에 잠재적인 표본을 제공했다. 이 전쟁은 현대식 통상전투가 믿을 수 없을 만큼 치명적이지만, 기습받은 군대가 기술을 최대한 활용하고 훈련하면 설사 수적으로 열세라 할지라도 전세를 역전시킬 수 있다는 사실을 보여주었다. 미군은 이제 대규모 인원을 징집해 훈련시키고 전쟁에 투입하는 것이 아니라, 빠르게 동원하고 싸우고 승리하는 방법을 배워야 한다고 인식했다.[4]

이후 미국 육군은 이러한 필요에 맞춰 진화하기 시작했다. 즉, 미국 육군은 소수의 고성능 무기를 구입했으며, 이전보다 더 향상되고 효율적인 방식으로 병력을 훈련시켰다. M1 전차, M2 보병전투차량, 다연장로켓시스템(MLRS)과 같은 장비를 갖췄다.[5] 또한 미국 육군은 병력 훈련을 위해 포트 어윈(Fort Irwin)에 한국의 육군과학화훈련장의 모델이 된 대규모 훈련시설(NTC)을 건립하여 전투 현실을 첨단기술을 이용해 재현하기 시작했다. 또한 광고부터 금융 혜택에 이르기까지 고급 인력을 채용하기 위한 다양한 프로그램에 투자하기 시작했다.[6]

---

4 이 시기의 미국 육군에 관해서는 다음을 참고할 것. Ingo Trauschweizer, *The Cold War Army: Building Deterrence for Limited War* (Lawrence, KS: University Press of Kansas, 2008); Richard Lock-Pullan, "An Inward-Looking Time': The United States Army, 1973~1976," *Journal of Military History*, Vol. 67, No. 2 (April 2003); John L. Romjue, *From Active Defense to AirLand Battle: The Development of Army Doctrine, 1973~1982* (Fort Monroe, VA: Historical Office, U.S. Army Training and Doctrine Command, 1984).

5 Orr Kelly, *King of the Killing Zone: The Story of the M-1 America's Super Tank* (New York: W.W. Norton, 1989); Brigadier General Robert H. Scales, Jr., *Certain Victory: The US Army in the Gulf War* (Washington, D.C.: Office of the Chief of Staff, United States Army, 1993).

6 이러한 변화에 대한 동시대의 관점은 다음을 참고할 것. Zeb Bradford and

즉, 베트남 전쟁 이후 미국 육군은 거의 혁명적으로 변화했다. 1989년에 이르러서는 중부 유럽에서 소련군에 맞서 싸우고 승리하기 위한 새로운 현대식 군대로 탈바꿈했다. 여러모로 전례 없는 방식으로 기술을 포괄한 유일무이한 병력이었다.[7] 그리고 냉전이 종식되면서 세계가 변화했다.

2 | 전쟁과 전쟁 사이: 1990~2000년

냉전이 끝났을 때, 미국 육군의 미래는 매우 모호했다. 중부 유럽에서 소련군 탱크에 맞서기 위한 전투준비는 베트남 전쟁 이후 미국 육군을 규정하는 핵심 임무였다.[8] 비록 냉전 이후 세계에 전쟁이 발생할 다양한 가능성이 존재했지만, 미국 육군은 '화력 중심의 제한전

Frederic Joseph Brown, *The United States Army in Transition* (Beverly Hills, CA: Sage Publications, 1973). 사후 평가는 다음을 참고할 것. Suzanne Christine Nielsen, "Preparing for War: The Dynamics of Peacetime Military Reform," Cambridge, MA, Harvard University PhD dissertation (2003).

7 다음을 참고할 것. Barry Posen, "The Evolution of Land Warfare," unpublished manuscript.

8 이 부분은 다음 자료에 크게 의존한다. Colin Jackson, "From Conservatism to Revolutionary Intoxication: The U.S. Army in the Second Interwar Period," in Harvey Sapolsky, Benjamin Friedman and Brendan Green (eds.), *Creation Without Destruction: The Revolution in Military Affairs and the U.S. Military During the Second Interwar Period* (New York: Routledge, 2009). 또한 다음을 참고할 것. Theo Farrell, Sten Rynning and Terry Terriff, *Transforming Military Power since the Cold War: Britain, France, and the United States, 1991~2012* (Cambridge: Cambridge University Press, 2013).

(firepower-intensive, limited war)'이라고 언급한 점에 초점을 맞추고 있었다.[9] 다행히 사담 후세인의 쿠웨이트 침공 이후 벌어진 걸프 전쟁에서 미국 육군은 소수정예의 병력으로 화력 중심의 제한전을 훌륭하게 수행했다.[10]

사막의 폭풍 작전(Operation Desert Storm)은 미국 육군이 완벽하게 부활했다는 사실을 보여주었다. 사전 폭격이 진행되었지만, 지상전이 100시간 남짓 지속되었다. 미국 육군은 기술과 훈련에서의 우위 덕분에 결정적으로 승리했고, 사상자 수는 예상과 달리 1000명 미만에 머물렀다.[11] 하지만 이러한 성공에도 불구하고, 미국 육군 지도부는 공군력 덕분에 전쟁에서 승리했고 육군은 더 이상 전략적 차원에서 무의미하다는 인식이 퍼져나가는 것을 우려했다.

한편, 육군의 중무장 부대는 이동성 측면에서 심각한 문제를 겪었다. 중동으로 2개 군단을 이동시키는 데 수주일이 걸렸고, 이 기간에 이라크의 공격을 막아낼 수 있는 부대는 제82공수사단이 유일했다. 병참 능력이 제한되면서 부대의 이동성 또한 제한되었다.[12] 이후 10년간, 미국 육군은 전략적 이동성과 민첩성을 개선하기 위해 필사적으로 노력했다.

---

9 Major General Robert H. Scales, Jr., *Yellow Smoke: The Future of Land Warfare for America's Military* (Lanham, MD: Rowman & Littlefield Publishers, 2003), p. xi.

10 Captain Richard Hyde, "A New Force Structure," *Military Review*, Vol. 70. November 1990.

11 Scales, Jr., *Certain Victory*, p. 383.

12 James Matthews and Cora Holt, *So Many, So Much, So Far, So Fast* (Washington, D.C.: Joint History Office, Office of Chairman, Joint Chiefs of Staff, 1996).

1990년대에 미국 육군은 불확실성을 해결하려고 노력했다. 고든 설리번(Gordon Sullivan) 참모총장은 새로운 기술을 기존의 사단 조직에 도입하려는 'Force XXI' 계획을 추진했다.[13] 1994년 3월에는 포트 후드(Fort Hood)에서 제4보병사단을 디지털 사단으로 개조하여 실험하기 시작했다.

3년 동안 진행된 실험 결과, 육군은 'Force XXI'을 성공으로 평가했다. 일부 제약은 있었지만, 제4보병사단은 주변 상황을 보다 효율적으로 인식했다. 전술부대들은 여전히 새로운 기술을 최대한 활용하는 데 어려움이 있었지만, 점차 개선되고 있었다.[14]

후임으로 참모총장에 오른 데니스 라이머(Dennis Reimer) 장군은 'Force XXI' 계획을 확대해 'The Army After Next(AAN)'를 추진했다. 이 계획의 핵심은 워게임을 이용해 2020~2030년대 미래의 작전 개념에 대한 통찰력을 키우는 것이었다. 여기서는 미국 육군이 냉전 시기에 개발된 무기체계가 완전히 퇴역한 상황을 상정하고 이에 대비하는 것이 매우 중요하다고 판단했다.[15]

지도부가 우려했던 사항은 특히 사막의 폭풍 작전에서 나타났던 육군의 이동성·기동성 문제였다. 만약 미국 육군이 증강되기 전에 사담 후세인이 사우디아라비아를 공격했다면, 미국이 동원할 수 있었던

13 General Gordon Sullivan, "Letter to the Army's General Officers, Force XXI, 5 March 1993," in *The Collected Works of the Thirty-second Chief of Staff, United States Army: Gordon R. Sullivan, General, U.S. Army Chief of Staff, June 1991~June 1995* (Darby, PA: Diane Publishing Co, 1996), pp. 316~317.

14 Combat Studies Institute(CSI), "Sixty Years of Reorganizing for Combat: A Historical Trend Analysis," CSI Report No. 14, December 1999, pp. 58~59.

15 Scales, Jr., *Yellow Smoke*, p. 5.

병력은 제82공수사단이 유일했다. 육군 지도부는 AAN으로 결정적인 병력의 투입이 좀 더 신속하게 이루어질 수 있기를 희망했고, 따라서 AAN 부대는 사단 중심이 아니라 여단 중심으로 구성되어 소규모이고 가벼워야 하며 정밀타격 능력을 바탕으로 더욱 강력한 공격 능력을 갖춰야 했다. 그리고 항공 수송이 가능해야 한다는 점이 AAN 설계의 핵심이었다.[16]

1990년대 말까지 AAN은 발전하고 있었지만, 그 당시 미국 육군은 다른 임무를 수행하고 있었다. 1995년 겨울 미국 육군은 새롭게 체결된 데이턴 평화협정(Dayton Peace Accord)을 지원하기 위해 보스니아에 투입되었다. 콜린 잭슨(Colin Jackson)이 지적한 바와 같이, "초기에 독일에서 보스니아로의 병력 투입은 사바 강을 건너기까지 3주가 지연"되었는데, 이러한 일화는 대형 병력의 이동성 문제를 단적으로 보여준다.[17] 미군 병력은 보스니아에 배치된 이후에도 단순한 순찰에 동원되었으며, 어린 병사들이 (전범을 추적하는 특별한 작전 병력들을 제외하고는) 분쟁에 휘말리지 않도록 했다.[18]

Force XXI 및 AAN을 향한 미군의 열망과 보스니아 내전에서 나타난 미군의 현실 사이에는 엄청난 괴리가 존재했다. 그러나 아직까지 최악의 상황은 벌어지지 않았다. 1999년 NATO는 세르비아의 코

---

16 Robert H. Scales, Jr. and John Parmentola, "The Army After Next: Intertwining Military Art, Science, and Technology out to the Year 2025," *Army RD&A*, May/June 1998.

17 Jackson, "From Conservatism to Revolutionary Intoxication: The U.S. Army in the Second Interwar Period."

18 전범 추적과 관련해서는 다음을 참고할 것. Michael Smith, *Killer Elite: The Inside Story of America's Most Secret Special Operations Team* (London: Weidenfeld & Nicholson, 2006).

소보 전쟁에 대한 작전을 개시했다. 이론적으로 이 전쟁은 미국 육군에서 바랐던 '화력 중심의 제한전'의 부류에 정확히 들어맞았고, 일종의 사막의 폭풍 작전의 축소된 유럽 버전이었다.[19]

연합군 총사령부(SACEUR)의 웨슬리 클라크(Wesley Clark) 장군은 미국 육군 장교 출신이었고, 코소보 전쟁에서 미국 육군의 역할을 검토했다. 그는 육군에 적어도 두 가지 선택지가 있다고 보았다. 첫 번째 선택은 AH-64 아파치 공격용 헬리콥터와 장거리 ATACMS를 마케도니아에 배치하는 것이었다.[20] 이 부대들은 광범위한 고정익 항공 전역을 보완했다. '호크 기동부대(Task Force Hawk)'로 불린 이 부대는 이미 유럽에 있는 병력에 의존하는 것으로, 따라서 투입이 수월해야 했다.[21]

두 번째 선택은 지상 침공이었다.[22] 여기에는 10만 명 이상의 미군 병력과 NATO 병력이 함께 동원되어야 했다.[23] 이 병력의 이동에는 10주 이상이 소요되는 것으로 판단되었다.[24]

두 가지 선택은 반대에 부딪혔다. 미국 정치인과 육군 지도부는 모두 전쟁이 확대되는 데 반대했고, 사상자 발생에 대한 공포로 인해 육군 병력이 동원되는 클라크 장군의 계획을 거부했다.[25] 결국 빌 클

---

19 General Wesley K. Clark, *Waging Modern War: Bosnia, Kosovo, and the Future of Combat* (New York: Public Affairs, 2001), p. 271; Daniel Byman and Matthew Waxman, "Kosovo and the Great Airpower Debate," *International Security*, Vol. 24, No. 4 (Spring, 2000), pp. 15~16.

20 Clark, *Waging Modern War*, pp. 198, 216.

21 앞의 책, pp. 198, 280.

22 앞의 책, p. 301.

23 앞의 책, p. 302.

24 앞의 책, pp. 301~302.

린턴 대통령은 아파치 헬기를 이 군사작전에서 사용하지 않을 것이라고 공언했다.[26]

호크 기동부대의 투입 또한 외견상 소규모 병력 배치의 도전으로 비춰졌다. 세르비아의 군사적 대응 가능성이 커지면서 병력이 증강되었고, 특히 기갑부대와 기계화보병 부대가 추가되면서 그 규모는 세 배나 증가했다.[27] 발칸반도로 진입하면서 도로 사정이 나빠졌고, 결국 병력 이동은 지체되었다(당시 7~10일 정도로 예상했으나, 실제로는 44일이 걸렸다).[28] 결국 군사작전에 육군 병력은 투입되지 못했다.

오랜 폭격 후에 마침내 세르비아가 NATO의 요구에 굴복했다. 미국 육군은 정치가들의 육군에 대한 조바심을 이끌면서 이 성공에 아주 작은 기여만을 하게 되었다. 콜린 잭슨이 설명했듯이, "존 햄리(John Hamre) 당시 국방부 차관은 1999년 9월 ≪디펜스 뉴스(Defense News)≫와의 인터뷰에서 '과거의 영광에 안주하다가 죽음을 맞이할 수 있다'라는 말로써 미국 육군이 느낀 위기의식을 표현했다".[29] 이러한 환경에서 에릭 신세키(Eric Shinseki) 장군이 새롭게 육군참모총장으로 취임했다.

---

25 앞의 책, p. 289; Dana Priest, "Risks and Restraint: Why the Apaches Never Flew in Kosovo," *The Washington Post*, A1, December 29, 1999.

26 Clark, *Waging Modern War*, pp. 319~320.

27 앞의 책, p. 277.

28 Bruce Nardulli, et al., *Disjointed War: Military Operations in Kosovo, 1999* (Santa Monica, CA: RAND, 2002).

29 Jackson, "From Conservatism to Revolutionary Intoxication: The U.S. Army in the Second Interwar Period." David Jablonsky, "Army Transformation: A Tale of Two Doctrines," *Parameters*, Autumn 2001에서 재인용.

3 | 전쟁 직전의 변화: 2000~2007년

신세키 장군은 AAN 개념을 행동의 청사진으로 받아들였다.[30] 그는 기존의 AAN 개념에 기초한 '최종적 군사력(Objective Force)'을 지향하는 동안 미국 육군이 사용할 수 있는 가볍고 민첩한 '임시적 군사력(Interim Force)' 창설을 추진했다. 그의 비전은 세 가지 유형적 요소로 이루어졌다. '차륜형 스트라이커 장갑차', 'Future Combat Systems (FCS)', '부대의 모듈화'가 그것이다. 이 요소들은 발전 단계에 머물렀으나, 2001년 9월 11일의 충격으로 미국 육군은 대반란작전으로 되돌아가야 했다.

신세키 장군은 가용 기술을 활용한 차륜차량을 중심으로 '임시적 군사력'을 구축하고자 했다.[31] 육군은 스트라이커 차량에 기초한 8개 바퀴가 달린 차륜차량을 채택했다. C-130 수송기에 탑재해 어디든 수송할 수 있어야 한다는 요구는 설계에서 무게와 부피 모두를 제한하는 중요한 요인이 되었다.

스트라이커 차량의 빠른 채택과 배치에 문제가 없는 것은 아니었다. 아무도 비판하지는 않았지만, 그 차량과 연관된 시스템에는 여러 가지 기술적 문제가 존재했다. 수송기에 탑재할 수 있어야 한다는 요구는 더욱 도전적이었다. 스트라이커 차량은 가장 제한된 형태로 한

---

30 General Eric K. Shinseki, "Address to the Eisenhower Luncheon, 45th Annual Meeting of the Association of the United States Army," October 12, 1999.

31 General Accounting Office(GAO), "Fielding of Army's Stryker Vehicles Well Under Way, but Expectations for Their Transportability by C-130 Aircraft Need to be Clarified," GAO-04-925, August 2004, p. 11.

C-130에서 하차 중인 스트라이커 차량.
자료: U.S. Army (Wikimedia Commons).

다 해도 그 무게와 부피가 C-130 수송기에 탑재하기에 빠듯했다.[32]

무게 제한은 결과적으로 생존 가능성을 희생시켰다. 스트라이커 차량은 오직 파편과 대구경 기관총 사격 방어만이 가능했다. 심지어 추가적인 방어 기능 없이는 RPG-7처럼 흔히 보급된 보병용 로켓 공격을 방어하기에도 취약했다. 이라크에서 미국 육군은 RPG-7에 맞서 스트라이커 차량을 방어하기 위해 철망 등으로 추가 장갑을 설치했다. 하지만 그러면 무게가 늘어나 차량에 무리가 가해졌고 수송기에 탑재하는 데도 많은 문제가 발생했다.[33]

32 같은 글, p. 26.

스트라이커 병력이 구축된 시기에, 미국 육군은 FCS를 구현함으로써 '최종적 군사력'을 추구했다. FCS 프로그램은 '최종적 군사력'을 위한 신세키 비전의 핵심이었다. FCS는 전장 공간에 대한 주도적 인식, 그리고 기동성과 파괴력의 우위를 달성하기 위해 '시스템들의 시스템'으로 다양한 수단을 통합해 네트워크화하는 것이었다.[34] 이는 비싸고 야심찬 프로그램이었다.

2003년 914억 달러로 추산되었던 소용 비용은 거의 즉각적으로 늘어나기 시작해 2007년에는 2030억에서 2340억 달러로 급격히 불어났다.[35]

기술적 측면을 볼 때, FCS 프로그램에서 요구되는 거의 모든 기술은 어디에도 전혀 준비되어 있지 않았으므로 더욱 벅찬 것이었다.[36] 설상가상으로, 많은 분석가들은 FCS가 전략적 이동성을 수십 배로 눈에 띄게 향상시키지 못할 것이며, 그렇지 않다면 FCS 장비를 갖춘 부대 하나가 이동하기 위해 수백 대의 수송기가 필요하다고 보았다. 따라서 FCS는 위험과 비용 측면에서 심각한 부담을 주면서도 미국 육군이 해결하고자 했던 근본적인 도전을 해결해주지 못했다. 그러나 2007년까지 미국 육군은 FCS 프로그램에 전념했다.

이에 대해, 육군 내부와 이라크 전쟁의 경험에 기초한 비판이 있

---

33 R. M. Ogorkiewicz, "Worldwide Wheeled Armoured Vehicle Programs Raise Questions Over Mobility," *Jane's International Defence Review*, Vol. 33, No. 1 (2000).

34 Congressional Budget Office(CBO), "The Army's Future Combat Systems Program and Alternatives," 2006, p. xii.

35 General Accounting Office(GAO), "Future Combat System Risks Underscore the Importance of Oversight," GAO-07-672T, March 2007, p. 7.

36 CBO, "The Army's Future Combat Systems Program and Alternatives," p. 37.

었다. 전자는 일련의 육군 전문 서적들에서 뚜렷하게 나타나며, 맥매스터(H.R. McMaster) 중령은 이를 잘 정리했다.[37] 뛰어난 기갑부대 장교이자 사막의 폭풍 작전 당시 규모가 더 큰 이라크 병력을 격파해 은성 훈장을 받은 맥매스터는 생존을 위한 상황 인식을 FCS에 의존하게 하는 것은 무모하다면서 강력하게 비판했다.

맥매스터의 분석은 이전의 아프가니스탄과 이라크에서의 경험을 통해 증명되었다. 2002년 초반, 아프가니스탄에서 특수작전부대와 현지 아프가니스탄 민병대가 함께 공중강습을 행했던 아나콘다 작전(Operation Anaconda)은 공중감지기를 활용한 상황 인식의 한계를 보여주었다. AC-130은 미국 특수부대와 함께 작전 중이던 아군인 아프가니스탄 민병대를 공격했다. 다른 한편으로, 특수작전 중인 정찰부대는 산속에 은폐된 대구경 기관총을 우연히 발견했다. 이를 발견하지 못했다면 근거리에 위치해 있던 공중강습용 헬리콥터 중 상당수가 습격당했을 것이다.[38]

이라크에서의 경험도 비슷했다. 이라크 정규군과 민병대와의 많은 교전에서 미군은 적을 사전에 인식하지 못하고 근거리에서 교전했다. 아마도 가장 유명한 전투는 2003년 바그다드 외곽에서 일어난 몽고메리 전투일 것이다. 스티븐 비들(Stephen Biddle)은 다음과 같이 설명했다.

'몽고메리'에서, 포병대대로부터 직접적인 지원을 받고 있는, 함무

37 H.R. McMaster, "Crack in the Foundation: Defense Transformation and the Underlying Assumption of Dominant Knowledge in Future War," USAWC Strategy Research Project (2003).

38 Sean Naylor, *Not a Good Day to Die* (New York: Berkley Books, 2005).

> 라비 공화국 수비대 사단 완전편제의 이라크 T-72 탱크대대는 10번 고속도로의 양 갓길에 매복했다. 고속도로 옆의 용수로는 전면에서의 어떠한 공격도 협지로 유도했다. 우회 기동은 불가능했고, 800~1000미터의 직선구간만이 유일하게 접근할 수 있는 도로였다. 미국 3-7기갑부대의 A 병력(또는 '아파치')은 10번 고속도로를 따라 종대로 진격하면서 이라크 방어군과 접촉하게 되었다. 앞서 말한 바와 같이, 실제 상황에서 이라크인들은 적어도 125mm T-72 주포를 16번 발사했으나, 아무것도 맞지 않았으며…….[39]

다시 말해, 미군 부대는 매우 불리한 위치에서 기습당했으나, 이라크 병력의 기본적인 훈련 부족과 전술 미숙으로 겨우 승리할 수 있었다.

'최종적 군사력'을 향한 마지막 요소는, 단순히 시스템이 아니라 조직을 더욱 민첩하게 만드는 것이었다. 2004년, 신세키의 후임자인 피터 슈메이커(Peter Shoomaker) 육군참모총장은 '모듈화(modularity)'라고 알려진 육군 체계 개편을 시작했다. 그 핵심은 사단 편제가 아니라 여단 중심으로 구조를 전환함으로써 이동성을 높이는 동시에 전력구조가 살아 있는 예비군과의 통합을 좀 더 용이하게 했다.[40]

또한 모듈화로 합동 여단을 키우면서 잠재적으로 특정 부대의 투입 수를 줄일 수 있었다. 육군 지도자들은 모듈화를 통해 병사와 그

---

39 Stephen Biddle, "Speed Kills?: Reevaluating the Role of Speed, Precision, and Situation Awareness in the Fall of Saddam," *Journal of Strategic Studies*, Vol. 30, No. 1 (February 2007), p. 34.

40 다음을 참고할 것. Stuart Johnson, et al., *A Review of the Army's Modular Force Structure* (Santa Monica, CA: RAND, 2012).

가족의 스트레스를 줄이는 한편, 즉응태세를 강화할 수 있을 것으로 기대했다. 그러나 이라크와 아프가니스탄에서의 전쟁이 계속되면서, 즉응태세는 점차 악화되기 시작했다.

당시 상황은 심각했지만, 아프가니스탄과 이라크에서 전쟁이 진행되면서 미국 육군의 상황은 예상 이상으로 악화되었다.[41] 베트남에서부터 미국 육군의 피할 수 없는 과제였던 대반란작전이 이라크와 아프가니스탄 두 나라에서 중요한 도전으로 돌아왔다. 베트남 전쟁에서와 마찬가지로, 육군의 대응은 주로 '화력 중심의 제한전'을 수행하는 것이었다. 이라크 침공 직전 대반란작전을 (안정화작전의 맥락에서) 논의한 새로운 야전교범이 발간되었지만, 상황은 개선되지 않았다.[42]

이 시기에 미국 육군이 이라크에서 저항세력에게 어떻게 대처하는지를 가장 상징적으로 보여준 부대는 제4보병사단이었다. 제4보병사단은 디지털 사단 개념의 시험대로 육군에서 가장 현대화된 사단 중 하나였다. 또한 당시 이 사단을 이끈 이는 훗날 육군참모총장이 된 레이먼드 오디어노(Raymond Odierno)였다.

제4보병사단은 이라크 중앙의 티그리스 강 유역에 있던 반란 중심지에서 작전을 수행했다.[43] 한 장교의 증언에 따르면, 오디어노는 저항세력과의 교전에서 "파괴력을 강화하라"고 명령했다.[44] 이러한

41 이 부분은 다음 자료에 크게 의존한다. Long, *The Soul of Armies.*

42 U.S. Department of the Army, "Stability and Support Operations," FM 3-07, February 2003.

43 Thomas Ricks, *Fiasco: The American Military Adventure in Iraq* (New York: Penguin Press, 2006), pp. 232~233.

44 Dexter Fillkins, "The Fall of the Warrior King," *New York Times Magazine*, October 23, 2005.

명령을 이해할 수는 있지만, 이는 베트남 전쟁 이후로 강조되어온 육군 야전교범의 핵심인 '지역 주민들의 지지를 획득(winning hearts and minds)'하려는 시도와는 거리가 있었다.[45]

이라크에서 돌아온 후에 육군 전문 저널과의 인터뷰에서 오디어노는 '화력 중심의 제한전'(비록 정확히 이 단어들을 쓰지는 않았지만)을 수행했다고 말했다. 오디어노는 우선 그가 행했던 대규모 공격작전의 횟수에 대해 지적했다.

> 우리는 이라크에서 10개월 동안 열한 차례의 대규모 공격을 행했다. 첫 번째는 바그다드의 북쪽 발라드 근처의 티그리스 강에 의해 형성된 반도에서 행해진 'Peninsula Strike'로, 그 목표는 다국적군에 저항하는 세력을 분쇄하는 것이었다. 우리는 4000명의 병력을 동원했으며, 항공 지원까지 확보했다. 여기에는 콜로라도와 이탈리아에서 동원된 제3연대와 제173공수연대가 각각 추가되었다. 특전단(SFO)과 공군까지 동원되어 작전통제하에 배치되었다.[46]

또한 오디어노는 화력을 강조했다.

> 라마단 기간에 나는 몇몇 파괴적인 군사작전을 지휘하기로 의도적인 결정을 내렸다. 3주 동안 우리는 야포와 박격포를 사용한 무차별 포격(H&I), 근접항공지원(CAS), 탱크와 브래들리 장갑차를 동원한 특정 표

45 다음 자료도 참고할 것. Thomas Ricks, "It Looked Weird and Felt Wrong," *The Washington Post*, July 24, 2005.

46 Patrecia Slayden Hollis, "Division Operations Across the Spectrum: Combat to SOSO in Iraq," *Field Artillery*, March-June 2004, p. x.

적 파괴를 통해 그러한 작전을 수행했다. 우리가 쓴 화력의 양 때문에 그 작전들은 언론의 큰 주목을 받았다. 이러한 파괴적인 작전은 몇 가지 이유에서 매우 중요하다. 첫째, 우리는 매우 특정한 목표물들을 추격하고 있었고, 이 작전을 통해 적군 다수를 사살했다. 둘째, 이를 통해 다음과 같은 명확한 메시지를 보낼 수 있었다. "우리는 이라크인들을 돕기 위해 여기에 있으며, 언제든지 우리는 그리해야 하며, 우리는 파괴적인 충돌의 수준을 높일 수 있다."[47]

나아가 그는 포격 절차를 설명했다.

우리는 그곳에 있는 동안 팔라딘(Paladin: 155mm 곡사포)을 사용했다. 거의 밤마다 포격을 감행해 저항세력을 교란하고 차단했는데, 나는 이를 '예방적인(proactive)' 대응사격이라고 칭했다. 적이 박격포나 로켓포로 우리 미군 기지들(FOBs)을 공격하면, 우리는 즉각 대포병 사격을 감행했다. 우리는 적들이 미군 기지를 향해 박격포와 H&I 포격을 하고 있는 지점을 확인했다. …… 또한 우리는 수없이 많은 대응사격을 했다. 우리는 자유 사격지대가 있었고, 1분이 채 되기도 전에 대응사격을 시작할 정도로 신속하게 움직였다. 우리는 부수적 피해에 대해서도 주의를 기울였다.[48]

제4보병사단 출신의 한 장교는 '부수적 피해' 축소에 대한 오디어노의 입장에 이의를 제기하기도 했다. 그는 적군이 "팔루자에서 와 농

---

47 같은 글, p. xi.

48 같은 글, pp. xi~xii.

가 옆에 박격포를 설치한 뒤 발사하고 사라졌다. 그리고 제4보병사단은 대포병 포격으로 대응했다"[49]라고 말했다.

오디어노의 작전 방법은 사단의 여러 가지 부분에 반영되었다. 제4보병사단 출신의 많은 장교들은 오디어노의 '화력 중심의 제한전'을 매우 신뢰했다. 프레더릭 루데스하임(Frederick Rudesheim) 여단장 등 소수만이 오디어노 사단장의 "파괴력을 강화하라"는 명령에 동의하지 않았다.[50]

루데스하임의 영향력은 제한적이었다. 그의 부하 중 한 명인 네이선 새서먼(Nathan Sassaman) 중령은 직속상관인 루데스하임의 명령을 무시한 채 오디어노의 지침을 따랐다. 한 자료에 따르면, 일부 장교는 부하들에게 "우리는 극도의 폭력을 가할 것이다"라고 말했다. 이 부대는 확실히 오디어노의 지침을 따르려는 것처럼 보였으며, 저항세력 용의자의 집을 파괴하고, 저항세력들이 은신처로 삼을 밀밭을 불태우기도 했다. 일부 부대는 이라크 용의자에게 물고문을 자행했으며, 새서먼 중령은 이러한 고문 사건을 은폐하려고 하다가 결국 전역 조치되었다.[51]

다른 많은 부대에서도 '화력 중심의 제한전'을 따랐다. 팔루자에 위치한 제82공수사단도 비무장 시위자들을 공용화기로 제압했다.[52]

---

49 Ricks, *Fiasco: The American Military Adventure in Iraq*, p. 233.

50 같은 책, pp. 233~238.

51 Dexter Filkins, "The Fall of the Warrior King," p. 2. 새서먼 중령의 진술은 이와 다르다. 다음을 볼 것. Nathan Sassaman and Joe Layden, *Warrior King: The Triumph and Betrayal of an American Commander in Iraq* (New York: St. Martin's/Griffin, 2008).

52 Ricks, *Fiasco: The American Military Adventure in Iraq*, pp. 138~142.

팔루자는 완전히 통제 불능의 상태로 빠져들었고, 2004년의 대규모 공격을 통해 겨우 탈환되었다.[53]

모든 미국 육군 장교들이 화력 중심의 제한전 모델을 완전히 받아들인 것은 아니었다.[54] 데이비드 퍼트레이어스(David H. Petraeus)가 지휘하는 제101공중강습사단은 예외였다. 이라크 북부의 모술 지역에 주둔하면서 퍼트레이어스는 지역 안정화와 주민 지지 확보에 집중했다. 그는 미국 육군 교리에 따라 안보와 발전(또는 지지 획득)을 강조했다.[55]

하지만 제101공중강습사단이 관할한 지역은 기본적으로 저항세력이 거의 없고 대체적으로 평온했기 때문에 그 작전은 팔루자나 티크리트보다는 보스니아의 사례에 더욱 가까웠다. 제101공중강습사단은 대규모 전투는 수행하지 않았고, 총격전 정도만 있었을 뿐 심각한 저항을 경험하지는 않았다.[56] 모술 근처의 신자르 지역에서 제101공중강습사단의 병사들은 거의 완전한 무저항 상태에 있었다.[57] 따라서

---

53 다음을 참고할 것. Carter Malkasian, "Signaling Resolve, Democratization, and the First Battle of Fallujah," *The Journal of Strategic Studies*, Vol. 29, No. 3 (June 2006); Matt Matthews, *Operation AL FAJR: A Study in Army and Marine Corps Joint Operations* (Ft. Leavenworth, KS: Combat Studies Institute Press, 2006); Bing West, *No True Glory: A Frontline Account of the Battle for Fallujah* (New York: Bantam, 2005).

54 이 시기 이라크에서의 부대 적응과 관련한 사례연구는 다음을 참고할 것. James Russell, *Innovation, Transformation, and War: Counterinsurgency Operations in Anbar and Ninewa Provinces, Iraq, 2005~2007* (Stanford, CA: Stanford University Press, 2010).

55 다음을 참고할 것. Michael Gordon, "101st Scores Success in Northern Iraq," *The New York Times*, September 4, 2003.

56 Ricks, *Fiasco: The American Military Adventure in Iraq*, p. 229.

퍼트레이어스의 경험은 이례적이었다.

대령으로 승진한 맥매스터는 제3기갑기병연대의 지휘관으로서 그 지역 주민들의 지지를 얻기 위해 노력했다. 그의 연대는 화력과 기동력의 기본기뿐만 아니라 언어와 문화에 관해서도 훈련을 받고 투입되었다.[58] 2005~2006년에 이라크 서쪽 탈아파르 지역에서 맥마스터와 제3기갑기병연대는 안정화에 성공했다.[59] 하지만 탈아파르 지역에서 제3기갑기병연대의 작전을 수행했던 장교 중 일부는 시아파 주민이 수니파 주민을 축출하는 것을 막지 않았는데, 그 때문에 미군이 공격을 받지 않았다고 본다.[60]

미국 육군은 이라크와 아프가니스탄에서 대반란작전에 집중하면서도 정밀타격 능력을 강화하는 데 지속적인 노력을 기울였다. 이러한 노력은, 주로 이동하는 목표물을 상대로 '킬 체인(kill chain)'을 완성하는 데 필요한 타깃 설정 능력과 타격 시스템이라는 두 가지 요소를 구축하는 것을 핵심으로 했다.

타격 시스템 측면에서 육군은 기존 포병이 사용할 수 있는 유도

---

57 다음을 참고할 것. Kayla Williams, *Love My Rifle More Than You: Young and Female in the U.S. Army* (New York: W.W. Norton, 2006).

58 필자는 제3기갑기병연대가 배치되기 직전인 2004년 12월에 포트 카슨에 있는 부대를 방문한 적이 있다. 또한 다음을 참고할 것. Thomas Ricks, "The Lessons of Counterinsurgency," *The Washington Post*, February 16, 2006.

59 George Packer, "The Lesson of Tal Afar," *New Yorker*, April 10, 2006; David R. McCone, Wilbur J. Scott and George R. Mastroianni, "The 3rd ACR in Tal'Afar: Challenges and Adaptations," U.S. Army War Strategic Studies Institute paper, January 8, 2008.

60 Robert Chamberlin, "Finding the Flow: Shadow Economies, Ethnic Networks, and Counterinsurgency," *Military Review* (September-October 2008).

포탄을 개발했다. M31 다연장유도로켓시스템(Guided MLRS)은 2005년에 이라크에서 처음으로 사용되었다. 기존 MLRS보다 사정거리가 늘어나고 GPS 유도가 가능해진 덕분에 육군은 기상 상황과 무관하게 목표물을 정확히 타격할 수 있었다. 유사한 유도포탄이 육군의 표준 155mm 곡사포탄 형태로 보급되었다.[61]

더욱 중요한 점은 효과적인 킬 체인을 구축하기 위해 전투부대를 네트워크로 연결한 것이었다. 미국 공군은 'Network Centric Collaborative Targeting(NCCT)' 프로그램으로 이를 이끌었다. NCCT는 공군으로 하여금 "…… 여러 정보 자산을 수평적으로 그리고 수직적으로 ISR 센서와 통합할 수 있게 한다. NCCT 응용 소프트웨어는 센서 신호 대조와 활동 수집을 조정하기 위해 기계 대 기계 인터페이스와 인터넷프로토콜(IP) 커뮤니케이션을 이용한다. NCCT 상관성과 융합 서비스들은 고가치 표적들을 하나의 복합 트랙(지오로케이션과 ID)으로 생산하기 위해 데이터 수집을 행한다".[62] 미국 육군과 해군도 비슷한 시스템을 개발해오고 있다.[63]

이와 더불어 미국 국가안보국(NSA)은 앞서 말한 표적 수집을 지원하는 SIGINT를 융합하는 도구를 개발했다. RTRG(Real Time Regional Gateway)로 알려진 이 시스템은 빠른 지오로케이션을 제공하기 위해

---

61 See "Guided MLRS(M30/M31)," *Jane's Strategic Weapon Systems*, March 2015; "155mm M982 Excalibur Projectile," *Jane's Ammunition Handbook*, October 2015.

62 U.S. Air Force, "PE 0305221F: Network Centric Collaborative Targeting" (March 2014), p. 1.

63 RTInsights Team, "With Real-Time Data, the Defense Never Rests," http://www.rtinsights.com/with-real-time-data-the-defense-never-rests/

SIGINT를 분해한다. 그 시스템의 개발자들 중 하나는 이 시스템을 이렇게 설명했다.

> 당신이 이라크에 있다고 상상해보라. 당신은 저항세력과 전투를 수행해야 한다. 그들은 전화를 걸기 위해 전화를 쓴다. 그 신호는 지상(안테나)에서, 공중 네트워크에서, 그리고 우주 네트워크에서 가로채어질 것이다. 만일 당신이 실시간으로 모든 정보를 조합할 만큼 영리하다면, 당신은 그자가 어디에 있는지를 특정할 수 있다. 그자는 몇 블록 떨어진 곳에서 방금 폭탄을 설치하려 한다고 말했다. 이것이 바로 지오로케이션(을 위한) 신호를 통합하는 능력, RTRG이다.[64]

SIGINT에 더해, (무인공중장치 또는 원격유인장치로도 불리는) 무인기 확산은 육군의 정밀타격 능력을 향상시켰다. 이러한 능력들이 합쳐지면서, 파괴적인 화력을 발휘할 수 있는 육군의 능력이 점차 강화되었다.

4 | 영원한 전쟁: 2008~2014년

2007년 미국 육군은 지쳐 있었다. 이라크에서의 전쟁은 격화되고 있었고, 아프가니스탄에서의 전쟁은 악화되어갔다. 또한 시간이 흐르면서 마침내 아프가니스탄 전쟁은 베트남 전쟁을 대신해 '미국의

---

64 Interview with Pete Rustan, *C4ISR Journal*, October 8, 2010. 또한 *C4ISR Journal* 2010년 10월호 "Big 25 Awards"에 실린 이 시스템에 관한 설명을 참고할 것.

최장기 전쟁'이 되었다. 전투가 이어지면서 병력과 장비는 소모되었고, 육군의 야심찬 계획인 FCS는 점점 감당할 수 없는 것으로 보였으며 현실과 괴리되었다는 비판에 직면했다.

이러한 상황에서 부시 대통령은 이라크에 병력을 증파(surge)하겠다고 선언했다. 전직 제101공중강습사단 지휘관이었던 퍼트레이어스 장군이 사령관에 임명되었고, '증파'라는 새로운 전술을 통해 미국은 이라크 전쟁에서 '승리'하거나 적어도 상황을 대폭 개선시킬 수 있을 것으로 여겼다. 하지만 현실은 조금 더 복잡했다. 또한 육군은 '화력 중심의 제한전'에 여전히 집중했다.

흔히 증파 기간에 군이 적을 상대하는 대신에 이라크의 일반인들을 보호하는 데 중점을 둔 '주민 중심의' 전략을 따랐다고 말한다. 그런데 실제로는 증파 병력은 특히 바그다드 시 외곽에서 대규모 화력 중심의 작전을 수행했다. 예를 들어, 증파 기간에 디얄라 지방으로 파병된 여단이 수행한 작전들은 '주민 중심'이라는 표현과 맞지 않았다.

미군 병력은 2007년 6월에 디얄라에서 '애로헤드 리퍼 작전(Operation Arrowhead Ripper)'이라고 불린 대규모 공격을 개시했다. 미국은 4개 여단에서 1만 명의 병력을 동원했고, 야간기습까지 강행했다. 또한 미군은 주민 피해를 거의 고려하지 않은 채 공격용 헬리콥터와 고정익 항공기를 동원했다.[65] 이 작전 이후에 디얄라 강 계곡 근처에서는 더 큰 규모의 '라이팅 해머 작전(Operation Lighting Hammer)'을 수행했다.[66] 제2 라이팅 해머 작전도 신속히 감행했다.[67]

---

65 American Forces Press Service, "Start of 'Arrowhead Ripper' Highlights Iraq Operations," *DoD News*, June 19, 2007.

66 American Forces Press Service, "Lightning Hammer Disrupts Terrorists in Iraq's Diyala Province," *DoD News*, August 24, 2007.

디얄라에서 수행한 작전에서 나타난 현상은 예외적인 것이 아니었다. 바그다드 남쪽 지역에서도 동일한 방식으로 (제3보병사단을 중심으로 구성된) 기동부대가 운용되었다. 이들은 대량 화력과 함께 대규모의 조직적인 제거 작전을 개시했다. '마른 애벌랜치 작전(Operation Marne Avalanche)'에서는 저항세력의 이동을 저지하는 대대가 모루(anvil) 역할을 했고, 다른 대대가 망치(hammer) 역할을 맡아 공중강습을 통해 투입되었다.[68] '마른 토치 작전(Operation Marne Torch)'에서는 사단의 대부분이 아랍 자부르(Arab Jabour)로 알려진 지역을 제거하기 위해 투입되었다.[69]

화력은 이러한 작전에서 가장 중요했으며, 여러모로 전쟁 초기의 제4보병사단의 작전과 비슷해 보였다. 당시 작전을 지휘했던 군단장은 과거 제4보병사단 지휘관으로서 화력의 중요성을 강조했던 오디어노 장군이었다. 제3보병사단 장교였던 역사학자 데일 안드레이드(Dale Andrade)는 '마른 토치 작전'을 묘사하면서 화력에 대한 릭 린치(Rick Lynch) 장군의 견해를 다음과 같이 나타냈다.

> 처음부터 린치 장군은 "화력을 동원해야만 지역을 장악할 수 있다"라고 강조했다. 총 786번의 화력 임무가 한 달의 작전 기간 동안 요구되었고, 그 작전들의 절반 이상이 공습 거부된 지역에서 펼쳐졌다. 추가적

---

67 Multi-National Division - North, "Operation Lightning Hammer II Expands Pursuit of al-Qaeda," press release, September 6, 2007.

68 Dale Andrade, *Surging South of Baghdad: The 3rd Infantry Division and Task Force Marne in Iraq, 2007~2008* (Washington, D.C.: Center of Military History, 2010), pp. 180~190.

69 같은 책, pp. 123~161.

2007년 6월 마른 토치 작전 기간에 아랍 자부르 지역을 순찰 중인 미군과 이라크군 병사.
자료: Army46Q (Wikimedia Commons).

인 41번의 대포 공격은 적의 로켓이나 박격포 공격에 대응하는 대응사격 임무였다. 린치 장군은 미군 기지나 순찰대에 행한 모든 공격에는 대가가 따른다는 점을 적군이 알게 되기를 원했다. 그는 "포화가 올 때마다, 나는 즉시 대응하길 원한다"라고 말했다.[70]

대응사격과 대화력전이 특별히 '주민 중심적'이지는 않았으나, 린치 장군은 바그다드 남쪽 지역에서 이러한 방식으로 전투를 수행했다. 바그다드 외곽 지역에서도 여전히 화력이 사용되었으며, 주민 피해는 주요하게 고려된 사항이 아니었다.

2008년 오디어노 장군의 이라크 다국적 부대(Multinational Corps-

70 같은 책, pp. 155~156.

Iraq: MNC-I)가 수행한 팬텀 피닉스 작전(Operation Phantom Phoenix)은 이라크 전역을 가로지르는 일련의 대규모 공격이었다. 이 과정에서 마른 기동부대(Task Force Marne)는 '마른 선더볼트 작전(Operation Marne Thunderbolt)'으로 기여했다. 2008년 시작부터 미군은 티그리스 계곡을 화력으로 휩쓸었다. 린치 장군은 "우리 병사를 죽이기 전에 먼저 날려 버려라(blow it up before it kills our soldiers)"라는 말로 화력에 대한 태도를 드러냈다.[71] 그 작전을 수행하는 10일 동안, 미국은 11만 4500파운드의 폭탄과 포탄, 그리고 다연장로켓을 사용했다.[72] 육군은 여전히 '화력 중심의 제한전'에 빠져 있었다.

하지만 이라크에서 수니파와 시아파 세력의 대립이 시작되고, 종파에 따라 거주 지역이 완전히 분리되면서 안정화 단계에 접어들고 있었다.[73] 이라크에서는 폭력과 폭동이 줄어들었지만, 아프가니스탄에서는 상황이 점차 악화되고 있었으므로 육군으로서는 이 안정화 단계가 꼭 필요한 상황이었다. 2009년부터 시작해 2010년 들어 점차 육군은 이라크를 떠나 아프가니스탄에 투입되었다.

아프가니스탄에서는 폭력과 폭동 상황이 결코 뚜렷하게 안정화되지 않았으므로 이라크보다 문제가 심각했다. 육군은 탈레반 세력을 격퇴할 수 있었지만, 안정을 지속시키지는 못했다. 2012년에 미군 병력이 철수하기 시작하면서 탈레반 세력은 이전의 판도를 회복했다.

아프가니스탄에 대한 증파는 제101공중강습사단을 중심으로 이루어졌다. 보병여단 4개, 지원여단 1개, 전투항공여단으로 구성된 모

71 같은 책, pp. 308~326, 인용문은 p. 317.

72 같은 책, pp. 318~319.

73 다음 논의를 참고할 것. Austin Long et al., "Correspondence: Assessing the Synergy Thesis in Iraq," *International Security*, Vol. 37, No. 4 (Spring 2013).

듈화 이후의 전체 병력이 아프가니스탄에 증파되었다. 그들은 아프가니스탄 전쟁을 통틀어 가장 힘겹게 이어진 전투를 경험했다. 제101공중강습사단은 투입된 병력 중 131명의 병사를 잃었다. 이는 베트남 전쟁 이후 가장 큰 피해였다.[74]

그러나 이 사단 내에서 그들이 지속적인 변화에 기여했다고 느끼는 경우는 별로 없었다. 한 지휘관은 "변화를 확인하기는 매우 어려우며…… 그 변화가 내 병사들에게 전달되기도 매우 어렵다"라고 지적했다. 장교 중 한 명만이 약간 긍정적이었다. "그들은 이 전쟁이 가치 있다는 점을 인정해야 한다. …… 필요한 전쟁이었으며, 헛되이 죽은 병사는 아무도 없다."[75]

결코 끝나지 않을 것처럼 보였던 전쟁으로 병력에 심각한 타격을 입혔다. (많은 비극적인) 사상자 증가와 함께, 참전 군인들의 외상 후 스트레스 장애(PTSD)로 육군은 심각한 문제에 직면했다. 2012년 미국의 전투 병력이 이라크를 떠나고 아프가니스탄에서 빠르게 줄어들었던 시기에, 미군 현역 병사의 자살자 숫자는 전사자 숫자를 추월했다.[76]

육군은 이라크 전쟁과 아프가니스탄 전쟁에서 고군분투하던 때에도 계속해서 미래를 위한 계획을 세워갔다. FCS는 육군 현대화의 중심에 놓였지만, 비용이 과다하고 기술적으로 위험부담이 큰 까닭에

---

74 Kristin M. Hall, "Army's 101st Pays High Price for Afghan Surge Year," *NBC News*, May 6, 2011. 다음 자료도 참고할 것. Daniel Bolger, *Why We Lost: A General's Inside Account of the Iraq and Afghanistan Wars* (Boston: Houghton Mifflin Harcourt, 2014).

75 Hall, "Army's 101st pays high price for Afghan surge year."

76 Ed Pilkington, "US Military Struggling to Stop Suicide Epidemic among War Veterans," *The Guardian*, February 1, 2013.

점차 많은 비판에 직면했다. 결국 2009년 로버트 게이츠(Robert Gates) 국방장관은 FCS 계획을 취소했다.[77]

그러나 육군은 현대화 노력을 멈추지 않았다. FCS체계의 상당 부분은 여단 전투단 현대화(Brigade Combat Team Modernization) 프로그램으로 이어졌다. 이 프로그램은 2011년 당시 육군참모총장이던 조지 케이시(George Casey) 장군에 의해 BMC(Brigade Modernization Command)로 자리를 잡았다.[78]

육군의 다른 요소들과 마찬가지로 BMC 모델은 나선형 개발(spiral development)의 하나가 되어야 했다. 육군은 유망한 하드웨어를 지속적으로 실험하는 동시에 새로운 개념을 발전시키는 방식을 통해 FCS의 한계를 극복하고 군사력의 현대화를 추구했다.[79] 추구하는 기술 수준은 하향 조정되었지만, 특히 미국이 처해 있는 국내 상황을 고려하면 이 모델은 더욱 현실적으로 보인다.

미국 정부의 지출 삭감 노력은 육군에 중대한 영향을 끼친 국내적 요소였다. 이는 2008년 금융위기 이후에 시작되었는데, 두 정당 간, 또는 정당 내 정치적 견해 차이로 말미암아 상당 부분 지속되었다. 방위비 지출을 제한하려는 노력에 따라 육군의 예산은 제한되었는데, 육군의 인건비가 증가하면서 상황은 더욱 악화되었다. 국방부 장관 척 헤이글(Chuck Hagel)에 따르면, 2013년 인건비는 국방부 예산의 거의 절반에 해당하는 것으로 산출되었다.[80]

---

77 See summary in Christopher Pernin, et al., *Lessons from the Army's Future Combat Systems Program* (Santa Monica, CA: RAND, 2012).

78 https://www.bliss.army.mil/BMC/History/History.html

79 Daniel Wasserbly, "The right choice: US Army experiments examine future structure options," *Jane's International Defence Weekly*, April 28, 2014.

2014년 말에 아프가니스탄에서의 전투작전이 끝나면서, 육군은 비록 지치고 소진되기는 했지만 40년 전 베트남 전쟁이 끝났을 때만큼 약화되지는 않았다. 1973년과 2014년 모두 미국 육군은 전략적 목표가 모호하다는 심각한 문제에 직면하고 있었다. 이라크와 아프가니스탄에서 두 차례에 걸친 '영원한 전쟁' 이후, 현재 미국은 대규모 지상전투를 수행하려고 하지 않는다.[81] 그렇다면 육군은 어떻게 해야 하는가?

5 | 백 투 더 퓨처?: 2015년 이후의 미국 육군

미래의 세계에서 미국 육군은 두 가지 가능성을 가진다. 첫째는 현재의 육군에 상당히 급격한 변화로, 화력 중심의 제한전을 포기하고 아시아에서 새로운 역할을 찾는 것이다. 이는 베트남 전쟁이 끝난 이후 육군의 중요한 관심이 되어왔던 한반도 외부에서의 아시아 전쟁 시 미국 육군이 스스로 중요한 역할을 찾기 위한 노력이 체화된 것이다. 일련의 '태평양 경로(Pacific Pathways)' 훈련을 통해 육군이 아시아 동맹국들과 함께 다양한 공동 훈련을 수행한 것은 그러한 접근의 예

---

80 Jim Garamone, "DOD Must Control Rising Personnel Costs, Hagel Tells NCOs," American Forces Press Service, November 6, 2013; Cindy Williams, "Accepting Austerity: The Right Way to Cut Defense," *Foreign Affairs* (November/December 2013).

81 이와 관련한 예로, 로버트 게이츠 국방장관의 경고를 다음 글에서 볼 수 있다. Thom Shanker, "Warning Against Wars Like Iraq and Afghanistan," *The New York Times*, February 25, 2011.

시가 된다.[82] 이러한 훈련의 목표는 미국 육군의 전략적 이동성과 여러 운영 소요의 호환성을 보여주는 데 있다.

아시아로의 이동을 위한 육군의 다른 노력은 아시아의 강대국을 상대로 한 잠재적인 전쟁에서 그 역할을 찾기 위한 것이다. 비록 미국 정부가 공식적으로 거명하지는 않았지만, 여기서 말하는 강대국은 분명 중국이다. 최근까지 중국과의 잠재적인 전쟁은 해군과 공군의 일일 뿐 거기에 육군은 제한적으로만 관여하는 것으로 간주되었다. 따라서 해양에서 강대국에 맞서는 전반전인 작전 개념은 해군과 공군 중심의 공해전(AirSea Battle)으로 알려져 있다.

그러나 그 개념은 2015년 초반에 육군력을 포함하는 것으로 확장되었다. 새로운 개념인 JAM-GC(Joint Concept for Access and Maneuver in the Global Commons)는 명시적으로 적어도 중국과의 전쟁에서 육군의 역할을 새롭게 정립하도록 의도된 것이다. 미국 합동참모부의 릭 슐츠(Ric Schulz)가 언급했듯이, "반접근(anti-access: A2) 도전을 극복하는 데 지상군의 역할이 있으며, 이것이 그들이 그 틈새를 열기 원했던 이유들 중 하나다".[83]

JAM-GC는 '합동진입', 즉 지상군을 포함한 군사력의 강제 진입을 가능하게 하는 것을 의도하고 있다. 그러나 중국을 상대로 한 전쟁에서 육군이 주요 지상전에 개입하는 역할을 맡게 될 개연성은 낮다. 그 대신에 육군은 패트리어트미사일과 ATACMS와 같은 타격 자원뿐만 아니라 사드(THAAD) 지대공미사일 등과 같은 통합 방공 자원을 운용

---

82 Sydney J. Freedberg Jr., "Reinventing The Army Via 'Pacific Pathways'," *Breaking Defense*, February 13, 2015.

83 Paul McLeary, "New US Concept Melds Air, Sea and Land," *Defense News*, January 24, 2015.

하는 소규모 보조 역할을 담당하게 될 것이다. 또한 육군은 육상 대함 미사일을 운영하면서 새로운 역할과 임무를 수행할 수 있으며, 이에 대한 논의가 제기되어왔다.[84]

두 번째 가능성은 좀 더 급진적인 것으로, 육군의 역할을 유럽에서 새롭게 정립하는 것이다. 2015년 이전에 이는 공상에 가까운 개념이었고, 과거의 영광에 집착하는 것으로 여겨졌다. 그런데 우크라이나에 대한 러시아의 군사행동은 NATO에 대한 재래식 위협에 대한 우려를 자아냈다. 비록 발칸 국가들과 폴란드 등 NATO의 동부 회원국이 그 위협을 가장 강하게 느끼고 있기는 하지만, NATO는 모든 구성원들을 안심시키기 위해 무엇이 필요한지에 대해 광범위하게 검토하고 있다.

NATO 동맹국들을 안심시키기 위한 노력인 '애틀랜틱 리졸브 작전(Operation Atlantic Resolve)'에서 미국 육군은 단순히 참여하는 것이 아니라 핵심 요소로 부각되었다.[85] 2015년 3월, 미국 육군은 다수의 스트라이커 부대를 동부 유럽과 중부 유럽을 가로질러 행군시켰다. '드래군 라이드(Dragoon Ride)'라는 이름으로도 불린 이 작전을 통해 미국 육군은 수십 년간 볼 수 없었던 방식으로 자신의 존재감을 드러냈다.[86] 드래군 라이드가 끝나고 몇 개월 후에 미 국방부는 탱크, 보병전투차량과 대포를 포함한 육군 중장비를 동부 유럽으로 사전 전개

84 Terrence Kelly, et al., *Employing Land-Based Anti-Ship Missiles in the Western Pacific* (Santa Monica, CA: RAND, 2013).

85 U.S. Army Europe, "Operation Atlantic Resolve," http://www.eur.army.mil/atlanticresolve/

86 Dan Lamothe, "In show of force, the Army's Operation Dragoon Ride rolls through Europe," *The Washington Post*, March 24, 2015.

2015년 3월 '드래군 라이드' 행군을 하고 있는 미군 제2기병연대 3대대 소속 스트라이커 차량.
자료: U.S. Army (Wikimedia Commons).

배치한다고 발표했다.[87]

미국 육군이 유럽에서 다시금 중요한 역할을 맡을 가능성은 더 이상 공상적으로 보이지 않는다. 하지만 냉전은 부활하지 않았고, 유럽 이외 지역의 중요성 또한 무시할 수 없다. 2015년 이후 미국 육군의 핵심 문제는 유럽 전쟁의 가능성과 비유럽 전쟁의 가능성 사이에서 균형을 유지하는 방법이다. 그리고 한반도 상황을 제외한다면, 비유럽 전쟁에서 육군이 선호하는 '화력 중심의 제한전'이 벌어질 가능성은 크지 않다. 하지만 중국이 부상하는 한, 아시아 지역에서의 다양한 가능성에 대비하는 것이 중요하다.

87 Phil Stewart and David Mardiste, "U.S. to Pre-position Tanks, Artillery in Baltics, Eastern Europe," *Reuters*, June 23, 2015.

6 | 결론

지난 25년간 미국 육군이 경험한 바를 통해 우리는 크게 다음 두 가지 교훈을 얻을 수 있다. 첫째, 미국 육군은 근원적으로 화력 중심의 제한전을 수행하기 위한 조직이다. 이라크와 아프가니스탄에서 대반란전을 수행했지만, 2015년 미국 육군의 혼은 1991년 걸프 전쟁 시기와 동일하다.

미국 육군이 전투 능력을 상실했다고 주장한다면 그것은 잘못된 평가이다. 이라크 전쟁의 논의가 보여주듯이, 이라크 전쟁 전체 기간 동안 육군은 화력을 집중적으로 활용했다. 냉전 기간에 서독을 방어하거나 1991년에 이라크 탱크를 공격했던 것과 그다지 비슷하지는 않았지만, 이는 미국 육군이 전투 경험을 바탕으로 다른 강대국 군대들보다 더욱더 정교해지도록 했다. 또한 지난 25년간 정밀타격 기술과 발전된 네트워크 능력은 육군을 통상전투에서 더욱 파괴적으로 만들었다.

현재 세계에서 미국 육군이 이러한 능력을 발휘할 몇몇 장소가 있다. 하나는 유럽이며, 다른 하나는 한반도이다. 미국 육군의 일상적인 임무는 보스니아와 '태평양 경로' 같은 형태로 수행될지라도, 이 두 곳은 미국 육군의 혼이 깃든 장소가 될 것이다.

통상전투에서 육군의 능력에 대한 우려가 있다면, 그것은 육군이 (그리고 미국 정부가) 대규모 사상자 발생 상황에 어떻게 신속히 대응할 것인가에 관한 것이다. 이라크 전쟁과 아프가니스탄 전쟁에서도 미국 육군은 사상자가 늘어났지만 수백 명이 사상하는 경험은 하지 않았다. 난시 몇몇 사례에서, 예를 들면, 아프가니스탄에서 반군에 의해 소대 단위의 부대가 피해를 입었을 뿐이다.

하지만 유럽에서 러시아와, 또는 한반도에서 북한과 전투를 벌이게 된다면, 사상자는 엄청날 것이다. 분석가 필 카버(Phil Karber)는 우크라이나 동부 지역에서 나타난 현대식 무기의 충격을 다음과 같이 설명했다.

> 러시아의 최신 무기가 동원되었다. …… 대포와 다연장로켓발사기는 전체 사상자 가운데 85%의 발생 원인이 되며 한 번의 타격으로 대대 규모의 군을 무력화했다.[88]

예멘에서는 한 번의 전술탄도미사일 타격으로 저항세력 지휘부 전체가 소멸했다.[89]

미국 육군이 한 번의 타격으로 대대 전체를 잃은 지 꽤 시간이 흘렀다. 최근의 전투 경험에도 불구하고 대대급 부대가 순식간에 파괴된다면, 그에 따른 심리적 충격은 어마어마할 것이다. 특히 정책결정자들은 작전을 지연시키거나 덜 위험한 방식으로 작전을 수행하려고 노력할 것이다.

두 번째 교훈은 가까운 미래에 나타날 전투 양상과 관련된다. 21세기 미국은 전술과 작전적 차원에서 탁월했지만, 전략적 차원에서는 많은 문제에 직면했다. 작전적 차원과 전술적 차원에서 두 가지 교훈은 분명해 보인다. 다만 전략적 차원의 교훈은 좀 더 혼재되어 있다.

첫째로, 작전적 차원과 전술적 차원에서 센서를 통한 상황 인식

---

88 Phillip Karber, "Russia's "New Generation Warfare" Implications of Ukraine for US & Allies," briefing, May 1, 2015.

89 "Scores of Gulf troops killed in Yemen conflict," *Aljazeera*, September 5, 2015.

에는 한계가 있다는 사실을 인정해야 한다. 아프가니스탄과 같이 제공권을 완전히 장악한 상황에서도 센서를 통한 상황 인식은 불가능했다. 그렇다면 대공방어 능력을 가진 러시아와 북한 지역에서 불확실성은 가중된다. 지휘관은 끊임없이 불확실성에 대처해야 하며, 전통적인 방식의 정찰과 재래식 접적 기동에 대해 주의를 기울여야 한다.

이것은 정보와 정찰의 중요성을 부정하는 것이 아니라, 새로운 기술에 대한 우리의 기대를 줄여야 한다는 의미이다. 정밀타격 자원을 갖춘 잘 개발된 킬 체인은 파괴적인 화력에 중요한 기여를 하게 될 것이다. 다만 이에 대해 좀 더 합리적인 기대를 펴야 한다. 대포병 사격을 위해 적의 포병부대를 찾는 것과 전장에 잠복해 있는 모든 잠재적 적들을 탐지해내는 것은 다르다.

둘째로, 개별 전투원의 기량도 중요하다. 사막의 폭풍 작전에서 현재에 이르기까지 미국 육군은 기술적으로 우위에 있었지만, 기술이 작동하지 않은 여러 사례에서 상대를 뛰어넘는 기량을 바탕으로 승리를 거두기도 했다. 한 사례로, 몽고메리 전투에서 이라크 탱크가 직사거리에서 빗맞히자 그 즉시 미군이 효과적으로 응사했다. 이는 포트어윈의 훈련센터와 그 밖의 지역에서 다년간 실제 상황처럼 이루어진 훈련 덕분에 가능했다.

이라크인들이 좀 더 숙련되어 있었다면, 미군 병력에게는 대응사격을 할 기회가 없었을지도 모른다. 이러한 맥락에서 북한의 제한적인 훈련과 대조되는 KCTC에서의 훈련은 한국 육군의 전력 증강에 핵심적인 사항이 되어야 한다.

전략적 차원에서 질 좋은 장비, 훈련 그리고 인력에 초점을 둔 베트남 전생 이후 육군의 군사 구성 방식은 화력 중심의 제한전의 작전상 그리고 전술상의 성공에 의문이 제기되지 않도록 했다.

전략적 차원에서 도출되는 교훈은 약간 모호하다. 베트남 전쟁 이후 미국 육군은 일종의 소수정예 병력의 군대로 변신했고, 이를 통해 전술적·작전적 차원에서 탁월한 능력을 발휘했다. 이라크에서 미군은 사담 후세인의 정규군을 격파하고 저항세력을 약화시켰으나, 전술적·작전적 차원의 승리가 전략적 차원의 승리를 보장해주지는 않았다.

전략적으로 성공했던 것은 결국 반격작전이었다. 이것은 어떤 면에서는 당연하다. 미국 육군의 변모에 큰 영향을 주었던 1973년 중동전쟁과 가상적 상황에서 소련군의 공격을 저지하고 반격하려는 미군의 노력 등이었으며, 이것은 모두 반격작전이었다. 육군은 쿠웨이트를 침공한 이라크 군대를 격파해야 했던 사막의 폭풍 작전에서 결정적으로 승리했다.

미국 육군은 이라크 침공을 비롯해 공격작전에서는 전략적으로 성공했다. 그런데 통상전투에서 거둔 결정적인 성과를 전략적으로 공고히 하지는 못했다. 이는 한국 육군에 많은 시사점을 준다. 우선 현재의 미국 육군은 북한의 통상전력 공격을 격퇴하는 데 큰 도움을 줄 것이다. 하지만 북한을 점령하고 북한 정권이 무너진 뒤에 지역을 통제하는 일에는 도움이 되지 않을 수 있다.[90]

---

90 북한 붕괴 후 점령 과제와 관련한 전망은 다음을 참고할 것. Bruce Bennett and Jennifer Lind, "The Collapse of North Korea: Military Missions and Requirements," *International Security*, Vol. 36, No. 2 (Fall 2011).

제2장

다음 한국전쟁: 이스라엘의 경험에서 무엇을 배울 것인가

니브 파라고 *Niv Farago*

1 | 서론

2002년 말 제네바 합의가 붕괴한 이후, 북한은 핵무기와 탄도미사일 개발에 박차를 가했다. 지난 10년 동안, 북한은 몇 차례 핵실험과 미사일 시험 발사를 실시했고, 영변에 자체 기술로 30MW 경수로와 우라늄 농축 시설을 세웠다.[1] 또한 2013년 무렵에는 북한이 5MW 규모의 흑연감속형 플루토늄 처리 시설을 재가동했다는 징후가 포착

---

* 이 글의 영문판은 다음에 수록되었다. *The Korean Journal of Defense Analysis*, Vol. 28, No. 1 (March 2016), pp. 123~138.

1 Sang-hun Choe, "North Korea Said to Resume Work on Nuclear Reactor," *The New York Times*, May 17, 2012.

되었다.[2] 중국 전문가들은 북한이 이미 핵무기를 20기 정도 보유한 것으로 평가하며,[3] 미국 존스홉킨스 대학 한미관계연구소(US-Korea Institute)에서는 북한이 2020년에 이르면 핵무기 50기 이상을 보유하게 될 것이고 그 성능 또한 50kt 이상일 것으로 예상했다.[4]

2010년의 천안함 피격 및 연평도 포격 사건에서 나타났듯이, 북한은 한국에 대한 도발 수위를 높이고 있다. 한반도에서의 갈등을 해소하기 위한 협상이 이루어지지 않고 있는 가운데, 외교적·경제적으로 고립된 북한은 핵 억지력을 강화하고 있으며, 휴전선 근처에서 위기를 심화시키고 있다. 현재 북한의 행보는 과거 파키스탄이 보여준 것과 유사하다. 1998년 핵실험에 성공한 이후 파키스탄은 1999년 봄에 인도 측 통제선(Line of Control) 안으로 군대를 보내는 등 1972년 인도와 합의한 자무·카슈미르 지역 통제선에 대한 도발을 자행했다.

만약 북한과 한국 간의 심각한 긴장 관계가 전쟁으로 비화된다면, 그 전쟁은 어떠한 형태를 띨 것인가? 그리고 이러한 전쟁에 한국은 어떻게 대비해야 하는가? 이 글은 이러한 질문들에 대해서 이스라엘과 아랍·팔레스타인 간의 계속된 무력충돌에서 얻은 교훈을 통해 답해보고자 한다.

2절과 3절에서는 미래에 나타날 수 있는 한국전쟁을 1973년 욤키푸르 전쟁의 통상적, 핵무기 사용의 측면을 고려해 간략하게 그려

---

2 Nick Hansen and Jeffrey Lewis, "North Korea Restarting Its 5 MW Reactor," *38 North*, September 11, 2013.

3 Jeremy Page and Jay Solomon, "China Warns North Korean Nuclear Threat Is Rising," *Wall Street Journal*, April 22, 2015.

4 Rose Troup Buchanan, "North Korea could possess 100 nuclear weapons by 2020, warn US researchers," *The Independent*, February 25, 2015.

볼 것이다. 북한군이 한국군보다 통상전력이 열세이기는 해도, 휴전선 근처에 대해서는 제한적이지만 성공적으로 지상기동을 할 수 있다는 것을 경고하는 측면에서 이집트의 목표와 전략을 검토할 것이다. 특히 이스라엘의 핵무기 위협에 대한 아랍과 미국의 반응은 한국군의 지상기동 범위가 왜 제한적일 것인지 이해하는 데 도움을 줄 것이다. 이에 따르면, 한반도 통일과 북한 정권의 실각을 목표로 하여 수립된 전쟁 계획은 비현실적이며, 한국군은 이러한 계획에 시간과 자원을 소요하는 대신에 북한과의 제한적 무력충돌을 대비하는 데 초점을 맞춰야 한다.

4절에서는 한국이 북한과의 제한적 충돌에 직면할 가능성이 크다는 중요한 과제를 분석한다. 이러한 결론은 지난 20년 동안 가자지구의 하마스, 레바논의 헤즈볼라와 제한전을 벌인 이스라엘의 경험에 기초한 것이다. 이러한 측면에서 제시될 경험적 증거와 전후 분석은 군인과 민간인을 겨냥한 미사일, 로켓, 포격, 박격포 공격과 지하 게릴라 전쟁에 맞서기 위한 폭격과 미사일 방어체계의 제한적 효과를 강조한다.

당시 이스라엘은 로켓, 국경을 넘나드는 공격용 터널의 위협에 대응하기 위해 상대방의 영토 안으로 지상군을 파견할 수밖에 없었다. 2006년 남부 레바논에 이스라엘군이 진입했을 때, 이스라엘 지상군은 제대로 된 훈련을 경험하지 못한 상태였고, 지휘관 또한 기갑, 보병, 공병으로 이루어진 사단급 제병협동작전을 지휘해본 경험이 부족했다. 이에 더해, 지상군과 공군 간에 발생한 몇 차례 지휘·통제 문제로 이스라엘 지상군은 근접항공지원을 받지 못했다.

이러한 실패는 2006년 레바논 전쟁 이전에 만들어진 이스라엘의 군사교리에서 초래된 것이다. 1991년 사막의 폭풍 작전과 같은 미군의 대규모 공습작전은 이스라엘의 최고위 군사전략가들에게 깊은 인상을 남겼는데, 그러한 영향으로 이스라엘군은 강한 공군이 이스라엘을 승리로 이끌어줄 것이라고 믿었고 스스로 그렇게 행동했다. 결과적으로 이스라엘 지상군에 대한 예산은 상당 부분 삭감되었다. 그러나 이스라엘이 1991년과 2003년 두 차례의 이라크 전쟁에서 찾아야 했던 교훈은 전장에서의 승리가 결국 상대방의 영토를 점령함으로써 이루어진다는 점이다. 따라서 지상군의 전투준비태세를 희생시키면서 공군의 역량을 확충하는 것은 잘못된 전략이라 할 수 있다. 한국의 정책결정자들 또한 이러한 교훈을 깊이 명심해야 한다.

결론 부분에서는 남한과 북한 간의 제한적 충돌의 최종 단계에 관해 다룬다. 레바논에서 이스라엘이 경험한 바를 고려해, 한국군이 휴전선을 넘어 휴전선 북쪽에 영구적으로 존재할 수 있을지에 대해 질문을 제기한다. 그리고 외교적·정치적 목표와 관련해 휴전선 북쪽에 대한 한국군의 제한적 군사 기동성이 지닌 함의를 분석한다.

2 | 1973년 욤 키푸르 전쟁의 교훈: 통상적 차원

1980년대 초반 이후 북한 경제가 급격히 쇠퇴하면서 북한은 한국에 대해 유지했던 군사력 우위를 점차 상실하기 시작했다.[5] 1990년대에 들어서면서 한국 국방 예산은 북한 국방 예산의 5배를 넘어섰다.[6] 2000년대 후반 한국의 국방 예산은 250억 달러로 북한 국방 예

5 Nicholas Eberstadt, *The End of North Korea* (Washington, D.C.: The AEI Press, 1999), p. 34.

산 82억 달러의 3배에 달한다.[7] 경제적 불안으로 북한은 새로운 무기와 기술을 도입할 수 없었을 뿐만 아니라, 기존 무기의 유지 보수에도 어려움을 겪고 있다. 북한군의 주요 무기체계는 1960년대 또는 그 이전에 개발된 것이며, 북한이 수량에서는 군인 수(120만 명 대 68만 3000명)와 탱크 수(4100대 대 2400대) 등에서 한국을 압도하고 있지만, 질적 측면에서는 한국군이 우위를 점하고 있다. 또한 해군과 공군을 살펴보아도 한국군은 북한이 운용하고 있는 무기체계를 훨씬 초월한 첨단 무기체계를 운용하고 있다. 이러한 사실 때문에 영국의 국제전략연구소(IISS)는 북한의 남한 침략에 대한 위협은 줄어들고 있다고 본다.[8]

그러나 한국은 1973년 이스라엘이 경험한 정치적 안주와 자만의 덫에 빠져서는 안 된다. 1973년 욤 키푸르 전쟁 직전에 이스라엘 정책결정자들과 군사전략가들은 위와 유사한 세력 균형에 대한 계산을 토대로 이집트가 이스라엘을 공격하지 않을 것으로 오판했다. 그리고 이러한 잘못된 계산은 1970년에 정권을 잡은 모하메드 안와르 사다트(Mohammed Anwar Sadat) 당시 이집트 대통령의 군사적 목표와 정치적 목적을 오해한 데서 비롯되었다. 1970년 대 초기, 이스라엘은 사다트가 앞서 1948년, 1967년의 전쟁과 같은 전면전을 준비하고 있다고 예상했다. 클라우제비츠(Karl von Clausewitz)의 용어로 표현한다면,

---

6 Scott D. Sagan and Kenneth N. Waltz, *The Spread of Nuclear Weapons: A Debate Renewed*, 2nd ed. (New York: Norton and Co. 2003), p. 39.

7 IISS, "The Conventional Military Balance on the Korean Peninsula," in Mark Fitzpatrick(ed.), *North Korean Security Challenges: A Net Assessment* (London: The International Institute for Strategic Studies, 2011), p. 51, table No. 5.

8 같은 책, pp. 47~63.

레바논
LEBANON
UNDOF 구역
골란
고원
Golan
Heights
시리아
SYRIA
하이파
Haifa
지중해
텔아비브
Tel Aviv-Yafo
서안지구
West Bank
요르단 강
예루살렘
Jerusalem
사해
가자지구
Gaza Strip
요르단
JORDAN
이집트
EGYPT
에일라트
Eilat

1차와 3차 중동전쟁은 시오니스트 공동체의 전멸을 목적으로 하는 총력전이었다. 하지만 사다트의 전쟁 계획은 달랐다.

사다트는 이집트의 통상전력이 이스라엘보다 열세에 있다는 것을 잘 알고 있었고, 따라서 전임자인 가말 압델 나세르(Gamal Abdel Nasser)와는 다른 방식으로 전쟁을 수행하기로 결심했다. 사다트의 지휘 아래 이집트는 더 이상 이스라엘에 대한 전면전을 준비하지 않았다. 그 대신에 사다트는 수에즈 운하 동쪽 제방에 대해 이집트의 기반을 확보하려는 목적으로 이스라엘과의 제한전을 준비하게 했다. 사다트는 이집트군의 제한적이지만 성공적인 작전이 이스라엘의 골다 메이어(Golda Meir) 총리가 퇴짜를 놓았던 1971년 2월의 '영토와 평화의 교환' 제안에 기초한 협상으로 이어질 것으로 믿었다.

기획 단계에서 이집트군 지휘부는 사다트의 생각에 반대했다. 전면전 사고방식은 여전히 이집트군 지휘부의 사고를 지배하고 있었고, 또한 1967년 육일전쟁에서 경험한 아랍의 치욕스러운 패배와 시나이반도 할양은 여전히 이집트군 지휘부에게 잊을 수 없는 기억이었다. 이스라엘군 수뇌부 또한 여전히 총력전을 생각하고 있었다. 1970년대 초반, 이스라엘은 이집트군이 총력전 준비를 다 마치고 나서야 공격할 것이라는 가정하에 이집트군의 증강과 빈번한 동원령을 분석했다. 이스라엘은 소련이 이집트에 스커드미사일과 첨단 장거리 전폭기를 제공하지 않는 한 이집트가 이스라엘에 대해 전면전을 감행하지 않을 것으로 판단했다. 당시 소련은 중동에서의 전쟁이 미국과의 데탕트를 위협할 것으로 우려해 이러한 무기 공급을 거부했다.[9]

---

9 Ahron Bregman, *Israel's Wars, 1947~1993* (New York: Routledge, 2000), pp. 70~75, 81.

1973년 욤 키푸르 전쟁 당시 수에즈 운하를 건너는 이집트군.
자료: Central Intelligence Agency (Flickr.com).

1973년 10월 6일, 이집트군이 수에즈 운하를 건너고 시리아군이 골란 고원을 공격했을 때, 이스라엘군은 완벽하게 기습당했다. 그렇지만 단지 그 기습 때문에 이스라엘의 1선과 2선 방어선이 붕괴하고 10월 8일 이스라엘군의 반격이 실패한 것은 아니다. 1967년 3차 중동전쟁에서 거둔 신속하고 결정적인 승리에 대한 계속된 기억은 이스라엘로 하여금 무적이라는 환상에 빠지게 했으며, 이러한 환상으로 말미암아 메이어 내각은 이스라엘군을 과대평가하고 이집트군과 시리아군을 과소평가했다.

전쟁 발발 전날인 10월 5일, 이집트군과 시리아군이 전투준비를 완료했다는 정보를 입수한 후에도 메이어 내각은 총동원령을 내리지 않았다. 이러한 결정은 두 가지 가정에 기초한 것이었다. 첫째, 총동원령의 경제적 부담이 만만치 않으며, 더 막대한 비용이 소모되는 전쟁을 자초할 수 있다. 둘째 이집트와 시리아가 공격한다 해도 이스라엘 정규군과 공군이 예비군이 동원되기 전까지는 충분히 방어할 수 있다. 10월 6일 이른 아침, 모셰 다얀(Moshe Dayan) 국방장관은 이스라엘 공군이 아랍의 기습 공격을 억제할 수 있을 것이라는 자신감을 보였고, 이에 따라 총동원령 발동에 반대했다. 전쟁이 발발하기 직전에야 이스라엘 참모총장 다비드 엘라즐(David Elazr) 장군이 메이어 총리를 설득해 총동원령을 발동할 수 있었다.[10] 결과적으로, 10월 6일 오후 2시에 이집트와 시리아군이 공격을 개시했을 때, 이스라엘의 병력 동원은 초기 단계에 머물러 있었다.

24시간도 지나지 않아 이스라엘은 정규군과 공군만으로 이집트와 시리아군을 방어할 수 있다는 자신감이 착각이었다는 사실을 깨달았다. 수에즈 운하를 따라 지어진 16개의 이스라엘 요새를 방어하던 450개 분대와 290대의 탱크는 9만 명과 850대의 탱크로 이루어진 이집트 침공군에 압도당했다. 이집트군은 퇴각하는 이스라엘군의 탱크 290대 중 절반 이상을 파괴했다. 골란 고원에서도 이스라엘 탱크 178대가 요르단 강 쪽으로 빠르게 전진하는 시리아군의 탱크 800여 대를 저지하는 데 실패했다. 소련이 이집트와 시리아에 제공하여 수에즈 운하와 이스라엘·시리아 국경에 배치된 지대공미사일(SAM) 포대는 이스라엘 공군에 막대한 피해를 입혔다.[11] 전쟁 발발 24시간 만에 이스라엘 공군의 모든 작전은 실패로 돌아갔다.[12] 이스라엘 공군은 자신이 가지고 있던 공군력에서의 우위를 활용하지 못했고, 이스라엘 지상군을 돕지도 못했다. 1973년에 이스라엘 공군은 이스라엘 전체 국방 예산의 52%를 사용했으며, 따라서 공군의 실패는 전쟁 패배의

10 같은 책, pp. 79, 81, 84~85.

11 같은 책, pp. 80~83, 85~87.

12 Tactical Operations Center, "Egyptian Air Defense During the Yom Kippur War." http://www.tacticaloperationscenter.com/Air%20Defense.htm

위기로 이어졌다.[13]

10월 8일 이스라엘의 예비 병력이 시나이 반도에 배치되었고, 군사력의 균형은 다시금 이스라엘에 유리하게 변한 듯 보였다. 대부분이 T-55였으나 T-54와 T-62도 포함된 약 1000여 대의 이집트 탱크는 이보다 기술적으로 훨씬 앞선 센추리언 및 M-48과 M-60이 주를 이루는 960여 대의 이스라엘군 탱크에 맞서야 했다. 이스라엘군은 수에즈 운하 동쪽 제방을 따라 이집트군이 방어진지를 구축하는 것을 저지하고 이집트군을 운하 서쪽 제방으로 밀어내기 위해 대규모 반격을 시작했다. 하지만 이스라엘군의 반격은 이스라엘군 역사상 최악의 순간 중 하나로 귀결되었다. 이집트군은 이미 사막 안으로 10~15km 연장한 방어진지를 구축하고 있었다. 이집트군은 진지를 방어하는 데 성공했을 뿐만 아니라, 이스라엘 공격군에 엄청난 인적·물적 피해를 입혔다.[14] 수에즈 운하 서쪽 제방을 따라 배치된 이집트의 지대공미사일 포대는 전투의 형세를 뒤엎으려 하던 이스라엘 전투기를 효과적으로 요격하고 격추했다. 그 결과, 10월 8일 늦은 오후에 이스라엘 전투기들은 긴급 임무일 경우를 제외하고 운하에서 24km 정도의 거리를 유지하라는 지시를 받게 된다.[15] 10월 8일이 끝날 무렵 이스라엘군은 패배했고, 그들의 사기는 암울했다.

만약 북한이 심각한 경제적·정치적 곤경에 빠져 한국에 군사력을 사용한다면, 아마도 북한은 1973년 10월 전쟁 전야에 사다트를 이끌었던 전략적 교훈을 따라 움직이게 될 것이다. 통상전력의 열세에

---

13 Bregman, *Israel's Wars, 1947~1993*, p. 86.

14 같은 책, p. 89.

15 Walter J. Boyne, *The Two O'Clock War* (New York: Thomas Dunne Books, 2002), p. 65.

있는 북한군은 휴전선 남쪽 일부 지역을 점령할 것이며, 한반도의 통일을 목표로 한 공격은 패배와 치욕으로 이어질 것이므로 자제할 것이다. 이러한 측면에서, 1973년 10월 전쟁을 공부한 북한의 전략가들은 1973년 전쟁의 두 번째 주에 이집트가 저질렀던 치명적인 실수를 반복하지 않으려고 노력할 것이다.

10월 14일, 전장에서 거둔 승리에 고무된 사다트는 국방장관 알리 이스마일(Ali Ismail)과 참모총장 사드 엘 딘 샤즐리(Saad el Din Shazli)의 충고를 무시한 채[16] 이집트군에 운하 동쪽으로 약 35km 떨어진 레피딤, 기기, 미틀라 지역을 향해 진격할 것을 명령했다. 이러한 명령에 따라 이집트군은 지대공미사일 반경 내에 구축한 참호와 진지를 벗어나 이동하게 되었다. 전략적 우위를 상실한 채 진격한 이집트군은 전쟁 발발 후 처음으로 효과적인 공군 지원을 얻은, 또한 질적으로 우세한 이스라엘 지상군의 상대가 될 수 없었다. 결과적으로 이집트군은 대규모 손실을 입었고, 다시금 운하 쪽으로 밀려날 수밖에 없었다. 그리고 48시간도 지나지 않아, 이스라엘군은 이집트군의 방어선을 돌파했으며, 이집트의 2군과 3군 사이의 틈을 이용해 수에즈 운하를 건너는 데 성공했다. 10월 24일에 국제사회의 압력으로 전쟁이 끝났을 때 이스라엘군은 카이로에서 불과 100km 떨어진 수에즈 운하 서쪽 제방에 위치해 있었고, 이집트 3군 4만 5000명을 포위하고 있었다.[17] 군사적으로 말하면, 이집트는 패배했다.

---

16 같은 책, p. 72.

17 같은 책, pp. 89~92.

3 | 욤 키푸르 전쟁의 교훈: 핵무기 사용의 측면

특히 북한군의 공격에 대한 반격에서, 한국은 이스라엘의 행보를 따라가서는 안 된다. 만약 북한 영토 깊숙이 진격해 김정은 정권을 곤경으로 몰아넣는다면, 핵무기 사용이라는 대재앙이 초래될 수 있기 때문이다. 따라서 한국의 반격은 휴전선 근처나 그 근방에서 멈춰야 한다. 이에 관해 이해하려면, 10월 8일 이스라엘의 재앙적인 반격 이후 그 주 동안에 벌어진 사건들을 다시금 검토해보아야 한다.

전쟁 발발 4일 만에 이스라엘군이 탱크 500여 대, 전투기 49기, 병력 500명 정도의 심각한 피해를 입은 후, 다얀 국방장관은 이러한 피해가 계속된다면 며칠 안에 이스라엘의 방어선이 무너지고 이집트군이 텔아비브 근처까지 진격할 것이라고 판단했다. 비록 미국이 이집트의 구체적인 전쟁 계획을 이스라엘 정보 당국에 제공해주었지만,[18] 다얀은 신중하게 이집트의 제한작전을 단순히 전면전 초반의 전략으로 인식하기 시작했다. 10월 9일 다얀은 이스라엘군의 상황과 이집트의 의도를 새롭게 분석했고, 수도 텔아비브가 위협을 받게 된다면 최후의 저항을 위해 노약자를 동원하고 바주카포로 무장시킬 것을 제안할 정도로 절망적이었다.[19]

이스라엘군이 처한 상황, 특히 골란 고원의 상황 때문에 다얀은 메이어 총리에게 전장의 상황을 변화시키기 위한 핵무기 사용을 요청했다. 당시 내각의 일원이었던 이스라엘 갈릴리(Israel Galili)의 보좌관 아르난 아자랴후(Arnan Azaryahu)는 제임스마틴 핵확산방지연구센터

18 같은 책, p. 80.

19 같은 책, pp. 58, 63, 68, 82.

(James Martin Center for Nonproliferation Studies)의 애브너 코헨(Avner Cohen)과의 인터뷰에서, 10월 7일 내각회의 이후 다얀이 핵무기 '과시'를 준비하자는 의견을 제시했다고 증언했다. 그에 따르면, 갈릴리와 알론(Yigal Allon) 부총리는 "핵 옵션을 고려하기에는 시기상조이며, 통상전력을 통해 이스라엘군이 압도할 수 있을 것"이라는 의견을 밝히면서 핵 과시 의견에 반대했다.[20] 메이어 총리 또한 갈릴리와 알론의 의견을 지지했다. 그리하여 이스라엘 핵에너지위원회의 살헤베트 프라이어(Shalheveth Freier) 위원장은 다얀의 제안에 대한 예비조치를 취하지 말라는 지시를 받았다.[21]

하지만 세이머 허시(Seymour Hersh)와 월터 보인(Walter Boyne)에 따르면, 10월 9일 메이어 총리는 핵 경계태세를 준비할 것을 결정했고, 카이로와 다마스쿠스 근교에 위치한 이집트와 시리아 사령부를 목표로 13기의 핵무기가 준비되었다.[22] 특히 허시와 보인은 10월 8일 이스라엘의 반격이 실패로 돌아간 뒤 열린 내각회의에서 근거를 찾았다. 반격에 실패하자 메이어 총리는 다얀의 요구를 수용하고 핵무기 사용을 승인한 것이다.

---

20 Avner Cohen, "When Israel Stepped Back From the Brink," *The New York Times*, October 3, 2013; 유튜브에 있는 애브너 코헨의 다음 인터뷰를 참고할 것. "So how close did Israel come to using nuclear weapons during the Yom Kippur War?" https://www.youtube.com/watch?v=msEfXJp3M1s

21 애브너 코헨과 아르난 아자랴후의 인터뷰 영상과 글은 다음을 웹페이지에서 볼 수 있다. https://www. wilsoncenter.org/arnan-sini-azaryahu

22 보인에 따르면, 1973년 당시 이스라엘의 핵무기 보유고에는 각각 약 25kt 핵무기 25기가 포함되었을 수 있다. Seymour M. Hersh, *The Samson Option: Israel, America and the Bomb* (London: Faber, 1991), pp. 222~231; Boyne, *The Two O'Clock War*, pp. 59~61, pp. 67~68.

한편 허시와 보인은 이스라엘이 핵 위협 카드를 사용한 것이 미국으로 하여금 이스라엘군에 대한 즉각적이고 대규모 공수를 시행할 것을 요구하기 위해서였다고 주장한다. 이러한 측면에서 허시와 보인 모두 미국 주재 이스라엘 대사 심차 디니츠(Simcha Dinitz)가 이스라엘의 핵무기 사용을 가지고 헨리 키신저(Henry Kissinger) 국무장관을 위협했다고 본다. 메시지의 핵심은 "이스라엘의 핵무기 사용 가능성은 미국의 효과적이고 긴박한 지원에 달려 있다는 것이었다".[23]

코헨은 10월 7일에 다얀이 핵무기 사용을 주장했으나 기각되었다고 주장하면서도, 전쟁 초기에 이스라엘이 핵무기 사용 위협을 최소 두 차례에 걸쳐서 했다는 사실 자체를 부정하지는 않는다. 코헨에 따르면, "경계태세의 각 단계는, 예를 들어 미사일 기지에서 예리코미사일을 이동시키고, 연료를 주입하고, 또한 관련된 다른 행동을 취하는 것과 같은 특정한 준비된 배열을 포함한다. 각각의 행동은 총리와 국방장관의 승인을 요하지만, 전쟁 내각의 공식적인 결정을 분명하게 필요로 하지는 않았다".[24]

허시와 보인과는 달리, 코헨은 이스라엘의 핵 위협이 즉각적인 군사적 지원을 위해 의도적으로 미국을 협박하기 위한 것이었다고 보지 않는다. 그러나 그는 그러한 지원을 이끌어내기 위해 미국을 설득하는 데 핵무기가 결정적인 역할을 했다는 점은 인정한다. 코헨은 그의 저술에서 국가안전보장회의 보좌관이었던 윌리엄 콴트(Wiliam Quandt)의 설명을 제시한다. 콴트는 "(핵 위협 동안의) 이러한 '배치'에 관

---

23 Hersh, *The Samson Option: Israel, America and the Bomb*; 인용문은 Boyne, *The Two O'Clock War*, p. 68.

24 Avner Cohen, *Worst-Kept Secret: Israel's Bargain With The Bomb* (New York: Columbia University Press, 2010), p. 80

한 미국 정보기관의 보고서가 키신저에게 얼마나 큰 충격으로 작용했는지" 상기시키면서, "미국이 이스라엘에 대한 공수를 시작하기로 결정하는 데 이러한 보고서들이 결정적이었다고 믿었다".[25]

미국에서 키신저와 제임스 슐레진저(James Rodney Schlesinger) 국방장관, 윌리엄 콜비(William Colby) CIA 국장은 이스라엘이 패전이 확실시되면 핵무기를 사용할 것으로 판단했다.[26] 미국은 이스라엘의 핵위협, 그리고 10월 9일 오전 이스라엘 육군무관 모르데차이 구르(Mordechai Gur) 장군이 보고한 이스라엘 반격의 충격적인 실패로 사태의 심각성을 깨달았다. 이스라엘의 패전이 거의 확실시된 것인가? 아니면 콜비 국장이 평가한 것처럼 적어도 2주 이상 계속해서 전쟁을 지속할 충분한 자원을 보유하고 있는 것인가? 미국은 어떤 위협도 무릅쓸 수 없었다. 그날 늦게 닉슨 대통령은 키신저와 여타 참모들과의 논의 끝에 이스라엘의 패전을 용납하지 말고 이스라엘에 대한 군사적 지원을 신속히 처리할 것을 지시했다. 이에 더해 닉슨은 전쟁에서 이스라엘이 입은 손실을 보충해줄 것과 이스라엘군에 엄청난 양의 전쟁 예비물자를 전달할 것을 결정했다.[27] 닉슨의 지시는 신속하게 이행되었다. 다음 날 엘알(El-Al) 이스라엘 항공의 민항기편으로 신형 토우(Hughes BGM-71 TOW) 대전차미사일 보급품이 이스라엘로 수송되었다. 그리고 이 신형 대전차미사일은 10월 14일 이집트 기갑부대를 대파하는 등 이집트군의 공격을 격퇴하는 데 핵심적인 역할을 했다.[28]

---

25 같은 책, p. 81.

26 Hersh, *The Samson Option: Israel, America and the Bomb*, p. 230.

27 Henry Kissinger, *Years of Upheaval* (Boston: Little, Brown and Company, 1982), pp. 491~495.

28 Boyne, *The Two O'Clock War*, p. 131.

1973년 전쟁의 핵무기 사용을 둘러싼 일화에서 두 가지 중요한 교훈을 얻을 수 있다. 첫 번째 교훈은 전쟁이 격화됨에 따라 적의 움직임과 의도를 판독하고 분석하는 데에서 나타나는 심각한 곤경에 관한 것이다. 사다트 대통령은 텔아비브를 점령하거나 시나이 반도 전체를 해방할 것을 계획하지 않았다. 하지만 이스라엘에서는 이집트가 제한전에서 거둔 군사적 성공 때문에 다얀이 핵무기 사용을 제안하고 전쟁 첫 주에 두 차례에 걸쳐 핵무기 사용 위협을 할 정도의 공포와 절망이 야기되었다. 이러한 측면에서 보인은 10월 9일 골란 고원에서의 시리아군의 퇴각이 "이스라엘의 핵무기 과시에 기인한 것이며, 시리아군은 이스라엘군보다 여전히 강력했다"라고 주장한다.[29] 그렇지만 사다트 대통령은 이스라엘의 핵 위협을 대단치 않다고 여겨 이집트군에 제한전을 확대하고 10~15km 더 진격할 것을 지시한 듯 보인다. 만약 10월 14일 이집트의 공격이 성공했더라면, 다얀의 핵 과시에 대한 요청은 다른 내각 구성원들에게서 지지를 받았을 것이다.

특히 1973년 전쟁은 텔아비브 남쪽으로 400km 떨어진 시나이 반도와 그곳으로 깊숙이 진입하는 20km도 되지 않는 가느다란 땅에서 벌어졌으며, 그곳은 1967년 전쟁 전 이스라엘 영토의 3배가 넘는 크기의 사막이었다. 하지만 평양은 휴전선에서 북쪽으로 불과 180km 떨어진 거리에 있다. 이러한 측면에서, 북한군의 침입에 대한 한국군의 성공적인 반격이 평양의 정책결정자들에게 가져다줄 충격은 이스라엘에 대한 이집트군의 성공적인 제한전이 가져다준 충격보다 심대할 것으로 보인다. 따라서 한국군은 북한군을 휴전선 북쪽으로 밀어낸 뒤에 휴전선을 넘지 않는 편이 현명할 것이다. 그리고 만약 휴전선

---

29 같은 책, pp. 70~72.

을 넘어 진격하는 것이 결정되었다면, 한국군의 지상기동은 휴전선 부근으로 제한되어야만 한다. 다얀과 유사하게, 군사적으로 패배한 북한 지도층은 한국군의 무력화 시도를 두려워할 것이며, 또한 휴전선을 넘는 한국군의 움직임에 대해 한반도 통일 시도라고 해석할 수도 있다. 이스라엘의 사례처럼, 최악의 사태에는 북한 역시 그들의 핵무기 사용 위협을 가할 것이며, 이를 통해 중국과 러시아에 군사적·외교적 지원을 요청하게 될 것이다.

1973년 전쟁의 핵무기 사례에서 얻을 수 있는 두 번째 교훈은 이스라엘·미국 같은 비대칭적 동맹 관계에서 약소국 동맹국은 핵 억지력을 통해 강대국 동맹 파트너에 대해 상당한 영향력을 행사할 수 있게 된다는 사실이다. 1973년 전쟁 첫날, 이스라엘이 큰 피해를 입고 있을 동안에 미국은 관여하지 않고 방관했다. 미국은 1971년 사다트가 제시한 평화안을 메이어 총리가 오만하게 거부한 탓에 전쟁이 발발했다는 점을 이스라엘에 알려주고자 했던 것이다. 그러나 10월 9일 미국은 중동 지역에서 핵전쟁이 일어나는 사태를 막으려면 전쟁의 흐름을 바꾸고 이스라엘의 체면을 살리기 위해 도울 수밖에 없다는 점을 깨달았다. 이스라엘 지원에 따른 아랍과의 관계나 유가에 끼칠 부정적 영향 등 다른 사항들은 핵전쟁 방지라는 목표 앞에서 고려 대상이 되지 못했다. 이와 같이, 한국과 중국 간의 점증하는 경제적·외교적 협력 관계 또한 북한의 핵무기 위협에 직면한 중국의 정책 결정에 미미한 영향만을 끼칠 것이다. 1973년의 워싱턴과 유사하게, 베이징 또한 한반도에서의 핵 위기를 막기 위해서라면 북한을 지지해야 한다고 인식하게 될 것이다.

그리고 북한이 핵무기 사용 위협을 가하고, 미국과 중국, 러시아로 하여금 전례를 따르게 했을 때, 한국은 한국군을 지체 없이 휴전선으로 철수하는 것을 선택할 수밖에 없다. 만약 한국이 철수를 거부한다 해도, 곧바로 중국, 러시아, 심지어 미국의 강한 압력에 직면하게 될 것이다. 따라서 북한의 공격에 대해 한국이 선택할 수 있는 가장 좋은 전략은 강력한 반격과 휴전선 이남에 대한 통제의 재확립이지만, 동시에 퇴각하는 북한군을 휴전선 넘어서 추격하고 북진하는 것은 위험할 수 있다.

4 | 게릴라 전쟁과 로켓 공격의 도전

한반도에서 또다시 전쟁이 벌어진다면, 양측 모두 지상군에 기반을 둔 기동을 하면서 영토에 대한 주장을 시도할 것이기 때문에 대규모 통상전 형태를 띨 것이다. 하지만 전쟁의 성격은 쉽게 변할 수 있다. 휴전선을 넘겠다는 한국의 결정은 도시 내 아지트, 지형지물, 땅굴 같은 미지의 세계, 북한 영역에 한국군이 진주한다는 것을 뜻한다. 이렇게 된다면, 북한군은 영토 탈환을 위한 전투 대신에 게릴라전을 선택하게 될 것이다. 북한의 게릴라전의 목적은 가능한 한 많은 인적·물적 손실을 야기함으로써 한국군을 약화시키는 데 있을 것이다.

2006년 2차 레바논 전쟁과 2014년 프로텍티브 에지 작전(Operation Protective Edge)에서 헤즈볼라와 하마스는 이스라엘 침공군에 바로 이러한 방식으로 대응했다. 예를 들어, 2006년 헤즈볼라는 이스라엘의 가능한 진격로를 추정하기 위해 레바논 남부의 지형지물을 적극 활용했다. 그러고 나서 이스라엘군의 진격에 대전차포와 박격포 세례와 함께 맞섰다. '자연보호지역' 내에서 헤즈볼라가 강화한 참호들은 이스라엘군을 기습하는 또 다른 수단으로 작용했다.[30] 들리는 바에 따르면, 북한은 2006년 레바논 전쟁이 발발하기 전 지하 군사기지와 터널망 구축에 필요한 지원을 헤즈볼라에 제공했다.[31] 이에 더해, 북한의 교관들은 헤즈볼라 전사들에게 지하 게릴라 전쟁에 대비한 훈련을 시켰다.[32] 전쟁이 끝난 뒤에 헤즈볼라는 전쟁에서의 교훈을 습득하는 과정으로서 남부 레바논의 마을들 내에 위치한 복잡한 터널과 은신처망들을 확장했다. 확장 작업은 아마도 국경을 넘나드는 터널들을 포함하여 진행되었을 것이며, 이러한 터널들은 레바논·이스라엘 국경을 따라 건설된 이스라엘 군사시설들 밑으로 병력을 이동시키거나 폭발물을 매설하는 등의 용도로 사용할 수 있었다.

헤즈볼라는 2006년 레바논 전쟁이 발발하기 오래전부터 이스라엘 목표물을 공격하는 데에 터널을 활용해왔다. 1996년 9월, 이스라엘 특수군은 남부 레바논 지역의 이스라엘 전초기지 가까이에 있는 자발 수주드(Jabal Sujud)에서 이러한 터널망들을 발견했다. 1980년대 이후 계속해서 헤즈볼라의 핵심 간부들에 대해 북한이 군사훈련을 제공해왔다는 사실은 헤즈볼라의 지하 프로젝트 시작부터 북한이 개입되어 있다는 것을 시사한다.[33]

하마스 또한 이스라엘에 대항하기 위해 공격용 터널을 뚫고, 지

---

30 Gabriel Siboni, "The Military Campaign in Lebanon," in Shlomo Brom and Meir Elran(eds.), *The Second Lebanon War: Strategic Perspectives* (Tel Aviv: INSS, 2007), pp. 61~63.

31 Andrea Berger, "North Korea, Hamas, and Hezbollah: Arm in Arm?" *38 North*, August 5, 2014.

32 Victor D. Cha and Gabriel Scheinmann, "North Korea's Hamas Connection: 'Below' the Surface," *The National Interest*, September 4, 2014.

33 Carl Anthony Wedge, "The Hizballa-North Korean Nexus," *Small Wars Journal*, January 23, 2011.

2014년 7월, 가자지구에서 하마스의 테러용 터널을 찾아 파괴하는 작전을 수행 중인 이스라엘군.
자료: Israel Defence Forces (Flickr.com).

하 게릴라 전투를 수행하는 수년간의 경험을 축적해왔다. 예를 들어, 2006년 6월 25일, 하마스 전투원들은 이스라엘 국경 안 100m 지점까지 뚫은 터널을 이용해 침투한 후, 2명의 이스라엘 군인을 살해하고, 길라드 샬리트(Gilad Shalit) 상병을 납치했다. 이와 유사하게 2014년 프로텍티브 에지 작전 중에도 하마스와 이슬라믹 지하드(Islámic Jihád)는 이스라엘에 대항하면서 침투, 공격, 군인 납치라는 지하 전략을 활용했다. 2014년 7월 17일, 하마스 전투원들은 이스라엘의 수파(Sufa) 키부츠 근처까지 침투하려 했다가 실패했다. 이러한 도발이 이어지자 이스라엘은 국경을 따라 공격용 터널들을 파괴하는 것을 목표로 지상 작전을 시작했다.[34]

먼저 이스라엘은 9일 동안 장거리 포격과 폭격을 감행했다. 하지만 이러한 장거리 공격은 효과적이지 못했다. 게다가 장거리 폭격과 포격은 하마스가 이스라엘 시민과 군인을 목표로 끈질기게 자행하던 로켓포와 박격포 세례를 억제하지도 못했다. 프로텍티브 에지 작전의 첫 번째 단계는 이스라엘 정부가 2006년 레바논 전쟁에 관한 연구를 위해 임명한 위노그라드 위원회(Winograd Commission)의 결론을 입증하는 데 있었다. 위노그라드 위원회는 2006년 레바논 전쟁에 앞서 지상기동에 대한 준비보다 원거리 폭격에 전적으로 의존하는 새로운 군사교리를 도입한 이스라엘 최고사령부를 비판했다. 이러한 교리에 따라 2002년부터 2006년까지 육군에 대한 예산은 25% 삭감되었고, 요르단 강 서안지구에서 팔레스타인 문제에 대처하기 위한 이스라엘 지상군의 훈련과 장비 구입에 대부분의 예산이 소요되었다.[35]

위노그라드 위원회에 따르면, 역사적으로 볼 때 이스라엘의 군사교리는, 전쟁을 최대한 신속하게 상대방의 영토로 옮겨가 상대방의 지상군을 격퇴하고 영토를 점령하면서 승리를 획득할 지상군 역량을 강조했다. 그리고 이스라엘 공군의 주요 임무는 지상군을 엄호하는 것이었다. 하지만 2006년 무렵의 새로운 군사교리는 전장에서의 지상군의 제한적인 역할 수행을 규정하고 있었다. 지상군은 여전히 이

---

34 Siboni, "The Military Campaign in Lebanon," pp. 61~63; Yiftah S. Shapir and Gal Perel, "Subterranean Warfare: A New-Old Challenge," in Anat Kurz and Shlomo Brom(eds.), *The Lessons of Operation Protective Edge* (Tel Aviv: INSS, 2014), pp. 51~53.

35 Amir Rapaport, "Tzahal Khozer Le-2006? [Is the IDF Going Back to 2006? (in Hebrew)]," *Israel Defense*, November 29, 2013; Benjamin S. Lambeth, *Air Operations in Israel's War Against Hezbollah: Learning from Lebanon and Getting It Right in Gaza* (RAND, prepared for the United States Air Force, 2011), pp. 209~212.

스라엘의 국경을 방어하는 역할을 수행하지만, 전시에 지상군은 특정 목표물을 대상으로 특수작전을 수행하는 역할만을 부여받았다. 사막의 폭풍 작전 동안 미 공군이 거둔 성과에 감명을 받은 이스라엘의 주요 군사전략가들은 공군이 항공무기와 정보 수집 역량에서의 비약적인 기술적 발전을 이용해 다음 전쟁의 승패를 결정짓게 될 것이며, 이스라엘 공군이 그러한 역량을 지니고 있다고 강하게 믿었다. 이에 따라 이스라엘의 새로운 군사교리에서 원거리 정밀 폭격이 핵심이 되었고, 육군의 공격은 보조적인 요소로 자리했다. 원거리 폭격 덕분에 지상전투로 야기될 사상자는 줄어들 것이며, 상대방을 가차 없이 파괴하고 항복을 이끌어낼 수 있을 것으로 기대되었다.[36]

2006년 레바논 전쟁의 수행 방식에 대해 위노그라드 위원회는 당시 이스라엘 참모총장이자 전투기 조종사로서는 최초로 참모총장 자리에 오른 단 할루츠(Dan Halutz) 장군을 비난했다. 위원회는 할루츠 장군이 폭격과 포격으로 작전 목표를 달성할 수 없다는 사실을 인지했으면서도 새로운 군사교리의 원칙에 계속해서 집착했다고 밝혔다. 이스라엘의 작전 목표는 레바논에 위치한 헤즈볼라의 기반 파괴와 지도부 제거, 로켓 공격의 중지 압박, 납치된 두 군인의 귀환이었다. 특히 공중작전이 시작된 지 이틀 뒤인 7월 14일에 이스라엘군 정보국장이자 주요 선임 전투기 조종사 중 하나인 아모스 야들린(Amos Yadlin) 장군은 새로운 군사교리로는 이러한 목표를 달성할 수 없을 것으로 판단했다. 2주 뒤에 또 다른 선임 조종사이자 이스라엘군 기획부서장인 이도 네후스탄(Ido Nehushtan) 장군 역시 할루츠 장군에게 전략 수정과 대규모 지상작전 개시를 조언한 것으로 알려져 있다. 위노그라

---

36 같은 책.

드 위원회에 따르면, 그럼에도 할루츠 장군은 "충분한 시간만 주어진다면 공중의 중요한 방식으로 헤즈볼라에게 피해를 입힐 수 있고 영토의 통제와 불화, 심각한 손실과 같은 문제없이 군사적·정치적 성공을 거둘 수 있을 것"이라는 입장을 고수했다고 한다.[37]

할루츠 장군은 폭격 중심의 군사교리를 고집했다. 하지만 여기에는 앞서 몇 년 동안 대규모 작전 수행을 위한 적절한 훈련과 준비태세를 갖추지 못했던 이스라엘군의 역량에 대한 불신 또한 작용했다. 실제로 앞서 남부 레바논에 대한 대규모 지상 공격 초기에 이스라엘군은 작전을 수행하는 데에 굉장한 어려움을 경험했다. 전쟁이 발발하기 전 몇 년 동안, 육군 부대 대부분이 요르단 강 서안지구에서 순찰 활동에 투입되었다. 이 때문에 2006년 이스라엘 사단장과 그 예하 부대원들 대부분이 헤즈볼라의 게릴라전에 성공적으로 맞서기 위한 탱크·보병·공병의 제병협동작전을 구현하는 데 필요한 지식과 경험이 부족한 상태였다.

게다가 폭격에 입각한 이스라엘의 새로운 군사교리는 육군과 공군 간의 전쟁 중 협력에도 부정적인 영향을 끼쳤다. 새로운 군사교리에 따르면, 공군은 전쟁 초기 3주 동안 레바논에서 이스라엘의 전략적 목적을 달성하는 데 핵심 요소였다. 전쟁이 종반에 이르자 새로운 군사교리가 애초에 기대했던 목적을 달성하는 데 실패했다는 것이 명확해졌고, 공군은 대규모 지상작전으로 전쟁을 결정짓겠다는 기존 교리로의 복귀라는 최고사령부의 결정 사항을 따르는 데 어려움을 겪었다. 공군 또한 근접항공지원 임무를 통해 지상작전을 지원하는 공지합동작전 경험이 부족했다. 공군의 수송헬기 부대는 남부 레바논에서

37 같은 책, pp. 47, 49, 200~201, 213.

작전하는 육군 부대의 기동에 큰 도움을 줄 수 있었지만, 그렇게 하는 대신에 레바논 깊숙이 침투하는 특수부대를 지원하는 데 집중했다.

리타니 강 남쪽에서 이스라엘군 주도로 이루어진 대규모 지상작전에서 공군의 지원이 불충분했었던 것은 이스라엘 최고사령부가 북쪽 전선을 두 개의 작전 권역으로 분할한 데서 부분적인 설명이 가능하다. 전쟁 초기에 공군은 역사상 최초로, 그리고 북부사령부의 희생 속에 리타니 강 북쪽 작전 권역을 책임졌다. 그러나 전쟁 후기에 공군은 레바논 전역의 목표물에 대한 원거리 공격을 강화하는 데 여념이 없었다. 결과적으로 리타니 강 남쪽의 육군은 근접항공지원을 요청하는 데 어려움을 겪었다. 전쟁 최후 72시간 동안의 대규모 지상작전을 감독했던 북부사령부는 공군에 대한 작전 지시 권한을 가지고 있지 않았다. 따라서 북부사령부는 리타니 강 북쪽의 전투 임무를 포기하고 강 남쪽 전투 지원을 위한 출격을 증강해달라고 공군을 압박할 수 없었다.[38]

2006년 8월 14일, UN 안전보장이사회 결의안(UNSCR) 제1701호에 따라 레바논 전쟁은 종결되었다. 그러나 이스라엘 정부는 애초에 세웠던 목적을 달성하지 못했다. 원거리 폭격과 포격으로는 헤즈볼라의 '자연보호구역'과 지하 기반, 단거리 로켓 능력을 제거할 수 없었다. 헤즈볼라 지도부는 거의 피해를 입지 않은 채 유지되었고, 전쟁 마지막 날까지 헤즈볼라의 단거리 로켓은 이스라엘 내 목표물을 타격했다. 3주 동안 진행된 원거리 폭격으로도 달성하지 못했던 목표를 준비되지 않은 육군이 단 72시간의 지상전을 통해 달성할 것으로 기

---

38 Siboni, "The Military Campaign in Lebanon," pp. 66~67, 70~73; Lambeth, *Air Operations in Israel's War Against Hezbollah*, p. 66.

대할 수는 없었다. 그렇지만 헤즈볼라는 약 600명의 전투원이 사망하는 심각한 인적 손실을 입었으며,[39] 그들의 이미지는 손상되었다. 레바논 국민은 전쟁이 야기한 막대한 피해를 두고 이스라엘 편에서 헤즈볼라를 비난했다.

전쟁 종식 후, 헤즈볼라는 이스라엘에 대한 로켓 공격을 중단했고, 이스라엘·레바논 국경에서 긴장 조성을 자제했다. 그 대신에 헤즈볼라는 작전상의 기반과 역량, 그리고 주로 단거리 로켓과 미사일 전력을 복원 또는 확대·증강하는 데에 집중했다.[40] 의심의 여지 없이 헤즈볼라는 이스라엘과의 다음 전쟁을 준비하고 있었다. 이러한 측면에서 볼 때, ISIS와 시리아 반군과의 전투에서 아사드 정권에 대한 헤즈볼라의 군사 지원은 2014년 7월 가자지구에서의 프로텍티브 에지 작전 동안 이스라엘·레바논 국경을 따라 제2전선이 펼쳐지는 것을 막고자 한다는 점에서 가능하다.

할루츠 장군의 후임으로 참모총장에 임명된 가비 아슈케나지(Gabi Ashkenazi) 장군의 지휘 아래(2007~2011년) 이스라엘은 2006년 레바논 전쟁의 교훈을 실행에 옮겼다. 원거리 공중, 해상, 포격 역량을 유지하기 위한 예산을 삭감하지는 않았지만, 메르카바(Merkava) 주력전차와 레오파드(Leopard) 병력수송장갑차(APC)의 생산을 늘렸다. 또한 육군 훈련에 할당된 시간과 자원이 눈에 띄게 증가했다. 이러한 측면에서 지하와 도시 전투에 효과적으로 대처하기 위한 사단 간의 제병협동작전 훈련과 전투공병용 장비 개발이 강화되었다. 아슈케나지

39 Lambeth, *Air Operations in Israel's War Against Hezbollah*, p. 71.

40 Lilach Shoval, "Hezbollah 2013: Ha-eargoon shelo hekartem [The Organization You Know Little about (in Hebrew)]," *Israel Hayon*, May 11, 2013.

참모총장 시기 육군의 역량 강화는 2000년대 전까지 이스라엘군을 지배했던 군사교리의 부활에 맞춰졌으며, 원거리 화력의 지원을 받는 지상기동에 입각한 교리였다.[41]

2008년 캐스트 리드 작전(Operation Cast Lead), 그리고 다소 낮은 강도이기는 하나 2014년 프로텍티브 에지 작전에서 수행한 이스라엘의 군사작전은 2006년 레바논 전쟁 이후 확립된 새로운 군사교리를 검증할 수 있는 매우 좋은 기회였다. 두 작전의 목표는 가자지구의 하마스 정권 전복이 아니었다. 일주일 이상 포격을 시도했으나, 하마스의 로켓 공격은 지속되었고, 결국 지상군이 동원되었다. 2008년 작전에서 이스라엘군은 10명의 피해를 입고 가자시티 교외까지 도달했었지만, 2014년 작전에서 이스라엘군은 가자지구 안으로 단 2km 진군했으며, 그 대신에 국경을 가로질러 건설된 공격용 터널들을 파괴하는 데 집중했다. 2014년 작전에서 이스라엘군은 가자지구로 매우 제한적으로 진입했는데도 64명의 손실을 입었는데, 이는 2008년 작전 중 가자지구 깊숙이 진격하는 동안에 발생한 피해 규모보다 크다.[42]

2014년 작전에서 이스라엘 군인이 많은 사상자를 낸 것은 2008년 작전 이후 하마스가 그들의 도시·지하전 역량을 향상시켰음을 의

---

41 Amir Rapaport, *Tzahal Velikchei Milhemet Levanon Hashniya [The IDF and the Lessons Drawn From the Second Lebanon War, in Hebrew]* (Ramat Gan: Begin-Sadat Center, Bar Ilan University, 2010), pp. 7~18; 다음 글도 참고할 것. Rapaport, "Tzahal Khozer Le-2006? [Is the IDF Going Back to 2006? (in Hebrew)]."

42 Raviv Drucker, "Tzook Eitan—Mivtza Mootzlach? Hashva'ah Le-Oferet Yetzooka [Protective Edge—a Successful Cooperation? A Comparison to Cast Lead (in Hebrew)]," Raviv Drucker's Blog, August 6, 2014, http://drucker10. net/?p=2333

미한다. 또한 사상자가 늘면서 이스라엘의 정책결정자들은 가자지구 깊숙이 진격하는 데에 반대했다. 특히 2014년 작전에서 하마스 통제 영역 깊숙이 진격하지 말라는 결정은 2008년 작전 중 가자지구 깊숙이 진격하면서 이스라엘 목표물에 대한 로켓과 박격포 공격 횟수가 급감했는데도 사상자 증가에 대한 우려 때문에 불가피했다.[43]

2014년 작전에서 이스라엘은 아이언돔(Iron Dome) 대공방어체계에 의존해 로켓을 격추시켰다. 하지만 아이언돔이 로켓 공격의 위협에 대한 효과적이고 완전한 해결책은 아니었다. 이스라엘을 향해 발사된 로켓의 80% 이상을 격추하는 데 성공했다는 이스라엘 국방부 관계자의 주장이 있었지만, 테슬라 연구소(Tesla Laboratories)의 리처드 로이드(Richard M. Lloyd)는 실제 요격률이 40% 미만이었다고 주장했다. 심지어 MIT의 시어도어 포스톨(Theodore Postol)은 요격률이 5~10%에 그친다고 주장하기도 했다.[44] 이러한 전문가들의 의견과 더불어, 실제 발사된 로켓의 60% 이상이 목표물에 명중하지 않은 채 도심 외곽 공터에 추락했다는 사실은 2014년 작전 중 하루 평균 115건 이상의 로켓 발사에 효과적으로 대처했다는 아이언돔의 능력에 대해 의문을 제기하게 한다. 게다가 아이언돔이 단거리 로켓과 박격포에 효과적으로 대처하지 못했다는 것을 놓고는 전문가 사이에 반론이 존재하지 않았다.[45]

43 이스라엘을 향해 발사된 로켓 수는 감소했다. 작전 초기에는 일평균 39회였으나, 3주차에 들어서자 그 숫자는 15회로 줄어들었다. 하지만 2014년에는 작전이 종료되는 시점까지도 하마스의 로켓 공격은 일평균 97회에 달했다.

44 Emily B. Landau and Azriel Bermant, "Iron Dome Protection: Missile Defense in Israel's Security Concept," in Anat Kurz and Shlomo Brom (eds.), *The Lessons of Operation Protective Edge* (Tel Aviv: INSS, 2014), pp. 37~38.

반면에 북한군은 하마스 또는 헤즈볼라와는 비교할 수 없을 정도로 진보된 미사일, 로켓, 박격포 등을 다수 보유하고 있다. 만약 북한이 한국의 민간인을 목표로 하여 미사일과 로켓을 발사하려고 한다면, 미사일과 로켓 요격체계에 의존하는 것은 현실성이 없다. 따라서 북한과의 무력충돌에 대비한다면, 대피시설과 같은 한국 내 안전 조치의 유지 및 확대를 강화해야 한다.

5 | 한반도에서 제한전쟁을 종식시키는 방법

지금까지 몇 가지 중요한 사안을 강조했다. 첫째, 북한의 핵무기 때문에 한국은 북한에 대해 반격하는 경우에 그 범위가 제한될 것이다. 둘째, 한국으로서는 공군보다는 육군이 북한군의 공격을 격퇴하는 데 가장 큰 짐을 짊어지게 될 것이다. 셋째, 한국군은 군사분계선을 넘어 진격할 경우에 도시 및 지하시설을 기반으로 한 게릴라 전쟁에 직면하게 될 것이다. 앞서 언급한 사안에 근거하여 한국은 북한과의 발생 가능한 무력충돌에서의 군사적·정치적 목적을 설정하고, 또한 그러한 목적을 달성할 전략을 고안하는 것이 필요하다.

한국과 북한의 무력충돌에서 북한의 핵무기 때문에 한국군은 북한 지역 깊숙이 진격하는 데 많은 어려움에 직면할 것이다. 한국군의 평양 진격은 아마도 김정은 정권의 위신과 국내 통제력을 파괴할 것이며, 북한 정권은 핵무기 사용 위협을 가할 것이다. 따라서 한국과

---

45 같은 글; Oded Amichai, "Hamigbalot Shel Kipat Barzel [The Limitations of Iron Dome (in Hebrew)]," *Haaretz*, August 19, 2014.

북한 간의 무력충돌은 휴전선 부근으로 제한될 것이다. 한국군의 훈련 및 전쟁 계획은 이러한 제한적 지상기동을 염두에 두고 수립되어야 한다.

북한의 공격에 대비해 한국은 공군과 해군 예산을 일부 희생해야 한다 하더라도 육군의 장비 및 훈련에 충분한 예산을 할당해야 한다. 한국은 이스라엘이 공군력 강화에 많은 자원을 투입하고 육군의 중요성을 간과함으로써 1973년 전쟁에서 패배의 위기를 경험하고 2006년에 막대한 인명 피해를 입었었다는 사실을 명심해야 한다.[46] 만약 한반도에서 교전이 발생한다면, 미국이 직접적인 개입이나 기술적·물적 지원을 통해 공군력을 지원할 것이다. 하지만 미군보다는 한국군이 지상에서 상대방과 교전을 벌이고, 제한적 영토 강탈을 노리는 북한의 공세작전을 격퇴하게 될 것이다.

그렇다면 북한의 침공을 저지하고 격퇴한 다음, 필요하다면 영토 수복을 위해 한국군은 군사분계선을 넘어 북진할 수 있을 것인가? 2006년 레바논 전쟁과 2014년 프로텍티브 에지 작전의 경험에 따르면, 도시 및 지하를 기반으로 한 게릴라 전쟁 상황에서는 통상전력이 우위에 있는 군대라 하더라도 많은 인명 피해를 겪을 수밖에 없다. 또한 북한의 핵 억지력이 한국군이 평양을 향해 진격하는 것을 억제할 것이라는 점과 김정은 정권이 오로지 한국군이 휴전선으로 철군할 경우에만 휴전에 동의할 것이라는 점을 고려하면, 한국은 휴전선을 넘어 북진한다는 결정에 신중해야만 한다.

상대방 군대를 포위하는 등 작전적 차원에서는 잠정적으로 휴전

46 이스라엘군은 2006년 레바논 전쟁에서 119명을 잃었다. 다음을 참고할 것. Lambeth, *Air Operations in Israel's War Against Hezbollah*, p. 70.

선을 넘어 북진하는 것이 가능하다. 하지만 이러한 전장의 승리와는 별도로, 한국이 군사분계선을 넘어 북진하여 해당 지역을 영구히 점령하는 것은 현명하지 않다. 이러한 점에서, 1985년 제1차 레바논 전쟁 이후, 남부 레바논 지역에 안보벨트(security belt)를 구축했던 이스라엘의 경험은 한국에 귀중한 교훈으로 작용할 것이다. 안보벨트를 유지함으로써 이스라엘군 수송차량과 전초기지가 헤즈볼라 게릴라전의 목표가 되면서 이스라엘은 막대한 인적·경제적 자원 손실을 입었다. 레바논의 수렁에 빠진 채 15년간 교착 상태에 있던 이스라엘은 결국 남부 레바논에서 완전히 철수했다. 만약 휴전선 북쪽 지역을 한국이 점령하고 한국군이 주둔하게 된다면, 북한 정권이 이러한 상황을 '치욕적'으로 받아들이고 한국 민간인을 목표로 한 미사일·로켓 발사와 같은 무모한 수단에 의존할 가능성이 커질 것이다. 또한 북한은 위기를 격화시킴으로써 한국군에 대해 휴전선 이남으로 철수를 요구하는 국내외적 압력을 조성하고자 할 것이다.

북한과의 무력충돌 시 한국의 군사적 운용이 제한될 것이라는 사실은 한반도 미래에 관한 한국의 정치적 목표가 신중해야 하며, 또한 목표 추구가 외교 영역에 제한될 것임을 보여준다. 이러한 점에서 한반도 안정에 도움이 될 외교적 조치가 북한에 대한 경제적·정치적 우위를 창출할 수 있을 것이다. 반면, 북한 붕괴를 통해 핵 문제 해결과 통일을 달성할 수 있다고 기대하면서 '전략적 인내'를 고집하는 것은 오히려 북한의 공격적 행동과 한반도 긴장 고조를 유발할 수 있다.

제3장

21세기 한국과 미국의 군사적 경험: 차이와 상호 교훈을 중심으로

이근욱

1 | 서론: 무엇이 문제인가

시인 로버트 프로스트(Robert Frost, 1874~1963)는 1916년에 발표한 「가지 않은 길(The Road Not Taken)」이라는 시에서 이렇게 노래했다. "숲 속에 두 갈래 길이 있었고, 나는— / 사람들이 적게 간 길을 택했다고 / 그리고 그것이 내 모든 것을 바꾸어 놓았다고."[1] 일단 어떤 결정이 내려진 이상 우리의 운명이 결정된다는 프로스트의 시구(詩句)는 단순한 망설임을 넘어서 개인의 선택에 따라 현실 세계에서 파생되는

1 이 부분의 원문은 다음과 같다. "Two roads diverged in a wood, and I — / I took the one less traveled by, / And that has made all the difference."

다양한 가능성을 노래한다. 현실에서 이러한 가능성은 경우에 따라서는 현실화되면서 많은 혜택을 가져오기도 하지만, 동시에 현실화되는 과정에서 많은 문제점을 유발하기도 한다. 이와 같은 가능성은 현실 세계에서는 기회이자 위험이다.

2000년 이후 한국과 미국의 군사적 경험은 이에 비유할 수 있다. 미국이 '테러와의 전쟁'을 수행하면서, 미국 육군은 이라크와 아프가니스탄에 집중했다. 반면 한국은 한반도 외부에서의 군사작전은 삼가면서, 한반도 내부에서 북한 위협에 대응하고 연속적인 도발과 위기를 관리했다. 이러한 차이는 프로스트가 노래한 '두 갈래 길'이었고, 한국과 미국이 각각 '선택해서 걸어갔던 길(roads taken)'은 각자의 운명을 바꾸어놓았으며, 또한 바꾸어놓을 수 있다. 미국은 한반도에서 북한을 억제하고 한국을 방어하는 동맹국으로 한국과 공통의 정치적 목표를 가지고 있다. 하지만 이러한 공통의 정치적 목표를 달성하는 데 필요한 군사적 수단의 측면에서 한국과 미국은 서로 다른 '길을 선택'했고 '서로 다른 길'을 걸었다.

이처럼 '서로 다른 길'을 걸어가면서 한국과 미국은 다른 경험을 했다. 한국군은 2010년 연평도 포격 도발에서 신속하게 대응했고, 2015년 지뢰 도발에서 한국 육군은 북한을 압도하면서 외교적 타결책을 끌어내는 데 결정적으로 공헌했다. 이 과정에서 한국 육군은 북한에 대한 자신감을 강화했으며, 한국이 북한에 대해 보다 적극적으로 행동할 수 있는 군사적 기반을 제공했다.[2] 반면, 미국의 경험은 이와 상반된다. 이라크와 아프가니스탄에서 지역 안정화를 추구하는 미

2 지난 2015년 8월 한국과 북한은 3일 동안 서부전선에서 포격을 주고받았으며, 8월 22일 오후 남북 협상이 시작되어 8월 25일 0시 55분에 타결되었다.

국의 군사작전은 최소한 2007년 이후 2011년까지는 상당한 성과를 거두었지만, 2015년 현재로서는 장기적 안정화를 달성하지 못하고 실패한 것으로 보인다. 이라크에서는 이슬람 국가(Islamic State: IS)가 맹위를 떨치고 있으며, 아프가니스탄에서는 탈레반이 북부 지역의 주요 도시인 쿤드즈(Kunduz)를 잠시 동안이지만 점령하기도 했다.[3]

한국과 미국의 군사적 경험이 '두 갈래 길'로 갈라진 것은 2000년 이후의 상황이다. 냉전 기간에 한국과 미국 육군은 매우 유사한 적과 마주하고 있었다. 1980년대 후반까지 중부 유럽에서 미국이 대치했던 소련군과 서울 북부에 배치되었던 미군이 대적했던 북한군은 그 위협의 성격에서 상당 부분 동질적이었다. 소련군과 북한군은 교리와 장비 측면에서 상당 부분 유사했고, 전장 지형의 차이를 제외한다면 기본적인 전장 환경 또한 큰 차이가 없었다. 소련군이 집중 돌파할 것으로 예상되었던 풀다 간극(Fulda Gap)은 서울을 공격하기 위해 북한군이 병력을 집중했을 파주·문산·동두천 지역과 매우 유사했다.[4]

하지만 2001년 이후 미국이 집중했던 알카에다와 아프가니스탄 및 이라크의 저항세력은 한국이 직면한 북한군과는 매우 큰 차이를 보인다. 이 때문에 테러와의 전쟁을 수행했던 미국의 군사적 경험과 북한을 억제하고 위기에 대응 및 관리했던 한국의 군사적 경험은 상

---

3 탈레반은 쿤드즈를 15일 동안 점령하다가, 2015년 10월 중순에 철수했다. Rod Nordland, "Taliban End Takeover of Kunduz After 15 Days," *The New York Times*, October 13, 2015.

4 풀다 간극은 동서독 국경에서 프랑크푸르트(Frankfurt am Main)까지의 80km 정도의 지역이다. 이 간극은 냉전 기간 소련이 서독을 침공하는 경우에 사용할 가능성이 큰 공격 경로였으며, 미국은 간극 지역을 방어하는 데 많은 노력을 기울였다.

당한 차이를 가져왔다. 냉전 기간과 그 이후에 구축한 군사력으로 미국은 이라크와 아프가니스탄을 침공하는 과정에서 엄청난 파괴력을 보여주었다. 2003년 3월과 4월 미국이 보여주었던 '충격과 공포(shock and awe)'는 사담 후세인의 군사력을 파괴했지만, 전쟁 자체는 종결되지 않았다. 이라크 안정화를 위한 많은 노력은 2007년 여름에 와서야 어느 정도 성과를 가져왔으나, 2011년 12월 미군 철수 이후에 상황은 다시 악화되었다. 지난 10년 동안 미국은, 특히 미국 육군은 안정화를 위한 대반란작전(counterinsurgency: COIN)에 집중했고, 적대세력을 섬멸하기보다는 주민을 보호하고 통제하면서 적대세력의 지지 기반을 무너뜨리는 데 주력했다.

반면 한국군의 경험은 달랐다. 소련이라는 상대방이 사라졌던 미국과는 달리, 한국에 북한은 냉전 이후에도 주적이었다. 북한은 2006년 10월과 2009년 5월, 2013년 1월 등 세 차례에 걸쳐 핵실험을 감행했고, 특히 2010년 이후 제한된 규모에서 군사력을 사용하면서 한국에 도전했다. 2010년 3월 천안함 피격 사건과 11월 연평도 포격 사태 등은 대표적인 사례에 지나지 않으며, 그 밖에도 북한의 사소한 도발은 끊이지 않았다. 이 때문에 한국 육군은 전통적인 목표인 북한에 대한 억지·억제 및 침공 방지와 함께 위기관리에 많은 노력을 기울이고 있다.

그렇다면 한국과 미국의 군사적 경험은 구체적 차원에서 어떻게 달랐는가? 이러한 차이는 한국과 미국에 어떠한 군사적 교훈으로 이어졌는가? 앞으로도 군사적 경험의 차이는 지속될 것인가? 이것이 이 글에서 다루고자 하는 핵심 질문이다. 이러한 질문은 단순한 학술적 차원 이상의 중요성이 있다. 한국은 자신의 안전을 위해서 미국과 동맹을 맺고 있으며, 전시에는 작전통제권을 가지고 있는 미군 장성이 사령관으로 있는 한미연합군사령부의 지휘를 받게 된다. 그렇다면 한국과 미국의 군사적 경험의 차이는 한반도에서 북한을 억지·억제하고 침공을 방어하는 한미 동맹의 핵심과 연관된다. 특히 이러한 군사적 경험의 차이가 상당 기간 유지될 가능성이 존재한다면, 그로 인한 충격과 결과는 한반도의 평화와 안정을 위협할 수 있다.

이러한 사안을 검토하기 위해, 이 글은 다음과 같이 구성된다. 서론에 이어 2절과 3절에서는 각각 한국과 미국이 처한 군사적 상황과 그에 따른 경험을 검토할 것이다. 지난 15년 동안 한국과 미국은 각각 한반도와 중동 및 중앙아시아에서 작전을 수행했고, 그 과정에서 상이한 교훈을 학습했다. 4절에서는 이 기간에 한국과 미국이 집중했던 교훈과 경험의 상호 관계를 검토할 것이다. 만약 양자의 경험이 상호 보완적이라면, 경험이 상이하다는 사실은 문제가 되지 않는다. 하지만 경험이 상호 보완적이지 않다면, 문제가 발생한다. 5절에서는 이와 같이 상이한 경험이 앞으로도 지속될 것인가에 대해서 논의할 것이다. 즉, 지난 15년 동안의 경험이 단순히 우연의 산물인지, 아니면 구조적 변화의 결과인지에 대해 검토할 것이다. 마지막 6절은 앞선 논의를 정리하면서, 한반도의 평화와 안정을 위해 한국이, 특히 한국 육군이 추진해야 할 정책 과제를 제시하고자 한다.

2| 상이한 경험 1: 한반도에서의 한국 육군

한반도에서 군사적 상황은 냉전 시기와 비교해 기본적인 구도에서 큰 변화가 없었다. 1953년 7월 이후, 북한의 위협은 큰 틀에서는 유지되었으며, 한국은 북한의 침략을 억지·억제하고 최악의 경우에 억지·억제에 실패하면 방어에 집중했다. 이러한 구도는 2015년 현재까지도 유지되고 있으며, 한국 육군은 이러한 북한의 위협에 매우 성공적으로 대응해왔다. 하지만 최근 북한은 전면적인 침공이 아니라 제한된 군사력을 사용하는 방식으로 위기를 도발하고 있다.

2.1 | 한국이 직면한 군사·안보 환경

지난 15년 동안 한국이 직면한 군사 및 안보 환경은 상당히 변화했다. 중국의 부상과 일본의 상대적 쇠퇴, 그리고 이에 대한 미국의 적극적 대응 등은 한반도 주변 환경에서 상당한 변화를 가져왔다. 북한 또한 경제 상황 악화와 권력 승계 등으로 내부 안정성과 자체적인 유지 가능성이 감소했다. 특히 북한은 군사적으로 핵무기와 탄도미사일을 개발하면서, 한국에 대한 군사적 우위를 다른 방향으로 유지하려고 시도했으며, 그러한 시도는 상당 부분 성공했다.

그렇지만 한국이 직면한 군사 및 안보 환경은 냉전 이전과 비교할 때 큰 차이는 없다. 기본적으로 북한이라는 실체는 그대로 유지되고 있으며, 북한이 휴전선에 인접하여 집중 배치한 지상군 군사력 또한 질적인 차원에서는 쇠퇴했다고 해도 양적인 측면에서는 여전히 건재하다. 특히 북한군의 배치 측면에서는 사실상 차이가 없다.

『2014 국방백서』는 북한군이 "지상군 전력의 70%를 평양·원산 이남 지역에 배치하여 상시 기습 공격을 감행할 태세를 갖추고" 있으며, "북한 해군 총전력의 60%가 평양·원산선 이남에 전진 배치"되어 있고, 북한 공군기는 대부분 노후 기종이며, "전투임무기 820여 대 중 약 40%를 평양·원산선 이남 기지에 전진 배치"해놓았다고 서술했다.[5] 이는 1988년 당시의 평가와 유사하다. 『1988 국방백서』에 따르면 북한은 지상군 전체를 146개 사단·여단으로 편성했으며, 이 가운데 "60개 정규 사단 및 여단을 평양·원산선 이남에 추진 배치하여 부대의 조정이나 재배치 없이 즉각 공격이 가능"하다. 해군은 전체 함정의 "2/3가 전방 기지에 추진 배치"되어 있다. 북한 공군은 전투기를 740대 정도 보유하고 있으며, 이 가운데 1950년대 생산된 구형 전투기(MiG-15/17)가 300여 대로 보유 전술기의 40%를 차지한다. 북한은 공군력 배치에서도 전투기의 "약 40%를 전방지역에 추진 배치하고 있어 지상군과 마찬가지로 현 기지에서 발진하여 전 남한 지역에 대한 공격이 가능"하다.[6]

즉, 한국에는 주적이자 군사적 위협의 원천인 북한이라는 실체와 북한 위협의 근간인 군사력 배치에서, 27년의 시간이 흘렀는데도 큰 차이는 나타나지 않는다. 북한 위협에 대응해야만 하는 한국군으로서는 핵무기와 탄도미사일 등 전략무기를 제외하고는 기본적인 군사 및 안보 환경에 변화가 없다.

북한에 대한 동맹국의 잠재적 지원이라는 측면에서도 큰 차이는 없다. 『1988 국방백서』는 중국의 역할을 평가하면서, "중국의 안보상 주요 관심 대상은 소련의 군사적 위협"이며, 중국은 "한반도 안정을 지향"한다고 기술했다. 반면 소련에 대해서는 "북한과의 군 인사 교류 및 상호 방문 등으로 북한에 대한 군사 협력을 상당히 증대"시키고 있으며, "신무기 공급을 강화하여 북한의 군사력을 증강시키는 데 크게

5 대한민국 국방부, 『2014 국방백서』 (서울: 대한민국 국방부, 2014),, 25~27쪽.

6 대한민국 국방부, 『1988 국방백서』 (서울: 대한민국 국방부, 1988), 78~88쪽. 북한 지상군 사단·여단 총 146개 가운데 보병은 58개 사단·여단으로 여기에는 23개 교도사단(敎導師團)이 포함된다. 이러한 교도사단은 7~10년간 현역 복무 후 제대한 27~40세까지의 인원으로 편성된 병력이다.

기여"하고 있다고 기술했다.[7] 한편 『2014 국방백서』는 러시아가 북한에 무기를 제공하는 등의 행동은 하지 않는다고 서술하며, 중국은 한반도의 안정을 추구한다고 평가한다.

안보 환경 가운데 전략무기 측면에서 가장 큰 변화가 있었다. 그동안 북한은 세 차례에 걸쳐 핵실험을 감행했고, 초기에는 성공하지 못했지만 2013년 2월 실험에서는 6~7kt의 폭발력을 달성했다. 동시에 북한은 탄도미사일 발사에 성공했다. 2012년 4월에 발사한 미사일은 서해에서 폭발했으나, 2013년 1월에 발사한 탄도미사일은 무사히 궤도에 진입했다. 또한 『2014 국방백서』는 북한의 핵무기 소형화 능력도 "상당한 수준에 이른 것"으로 평가했다.[8]

2.2 | 한국의 군사적 경험: 도발과 위기관리

이러한 환경에서 한국의 군사적 경험은 다음과 같이 나타났다. 정치적 중요성이 더욱 큰 북한의 전략무기 실험을 제외한다면, 지난 15년 동안 한국은 북한의 지속적인 도발에 직면했다. 냉전 시기에도 이러한 도발은 존재했다. 그런데 당시에는 북한 특공대·간첩의 침투 등을 통한 도발이 주를 이루었으나, 1990년대 이후에는 서해 5도 지역과 북방한계선(NLL)과 관련한 도발이 증가했다. 1990년대 말 이후 간첩선 침투 등이 사실상 사라진 대신에 휴전선에서 화력 도발이 증가하고 연평해전과 연평도 포격 사건 등 국지도발 역시 증가했다.

2010년은 한국 육군이 직면한 군사적 경험에 가장 큰 전환이 등

7 같은 책, 45~46쪽, 53쪽.

8 대한민국 국방부, 『2014 국방백서』, 28쪽.

장한 분기점이라고 할 수 있다. 천안함과 연평도로 요약할 수 있는 북한의 제한적 공격을 통해 한국 육군은 이전까지 대비했던 전면전쟁뿐 아니라, 무력도발과 위기관리에도 초점을 맞추게 되었다. 북한의 무력도발로 남북한 군사력 균형이 깨질 가능성은 매우 적으며, 설사 연평도 등을 상실하는 최악의 상황에서도 한반도에서의 전면전쟁을 억제·억지하고 침공을 방어할 한국 전체의 전투력은 그대로 보존된다고 볼 수 있다. 이러한 측면에서 연평도 등에 대한 공격이 가질 군사적 충격은 제한적일 수밖에 없다.

하지만 이러한 도발의 정치적 충격은 심각하며, 이 때문에 한국은 북한의 도발을 원천적으로 봉쇄하고자 한다. 한국 정부는 북한의 도발에 대해 '강력하게 응징'한다고 선언하고 '도발이 있는 경우에는 최단 시간 내 응징'하고 '북한이 굴복할 때까지 응징'하며, '도발이 있는 경우에는 선보복 후보고'를 원칙으로 한다는 입장을 거듭 표명했다. 또한 '도발 원점을 타격'한다는 방침을 제시하고, '지휘부 참수 작전' 등을 제시하기도 했다. 2015년 8월에 발생한 지뢰 도발 이후 한국은 '대북 확성기 방송'을 통해 북한에 대응했다. 그리고 이러한 대응은 최소한 이번 도발에 한정한다고 해도 매우 성공적이었다.

3 | 상이한 경험 2: 중동 및 중앙아시아에서의 미국 육군

한국 육군이 한반도에서 북한의 침공을 억제·억지하는 데 집중하고 억지·억제에 실패하는 경우에 방어하는 데 집중했다면, 미국 육군은 중동 및 중앙아시아 지역에서 전쟁을 수행했다. 2001년과 2003년 각각 아프가니스탄과 이라크를 침공했고, 여기에서 고통스러운 안정화 작전을 수행했다. 이러한 미국의 군사적 경험은 냉전 시기와는 큰 차이를 보이며, 이것은 안보 및 군사 환경의 변화에서 기인한 것으로 보인다. 기본적으로 두 개의 강대국이 존재했던 양극체제였던 냉전과는 달리 1990년대 이후 미국은 단극체제의 유일한 강대국이었으며, 이러한 환경의 변화는 미국이 직면한 전쟁의 형태와 군사적 경험을 결정했다.

3.1 | 미국이 직면한 군사·안보 환경

냉전을 기점으로 미국이 직면한 안보 환경은 근본적인 차원에서 변화했다. 냉전 시기가 양극체제의 또 다른 강대국인 소련과의 대결 구도였다면, 냉전 이후에는 강대국 경쟁자가 사라진 상황에서 미국은 유일 강대국으로 군림했다. 냉전 시기에 미국은 중부 유럽에서 소련군 및 바르샤바조약군의 침공을 억제·억지하는 것을 목표로 했고, 이에 실패하는 경우에는 침공을 방어하려고 했다. 하지만 냉전이 종식되면서, 이러한 기본적인 목표는 근본적으로 변화했다. 미국의 주적이었던 소련은 소멸했고, 이를 계승한 러시아는 미국과의 관계에서 오랫동안 적대적이지 않았다.[9] 현재 동아시아에서 미국의 경쟁 국가로 지목되는 중국 또한 미국과의 정치적 경쟁 관계를 유지하지만, 경제적 차원에서는 매우 높은 상호의존성을 보이고 있다. 따라서 지난

---

9 최근 우크라이나 문제로 미국과 러시아가 대립하고 있으며, 특히 동부 유럽 국가들인 폴란드와 발트 3국은 러시아의 팽창 가능성을 심각하게 우려하면서 미국 및 서방측의 강력한 대응과 방어 공약을 요구하고 있다. 시리아 내전에서 미국과 러시아는 적대 관계에 있는 시리아 내전의 교전 당사자를 지원하고 있으며, 최근 각각은 공군력을 동원해 상대방의 지원 세력을 공격했다.

25년 동안 미국은 냉전 시기와는 달리 강력한 상대방과 대결하지 않았다.

미국의 군사비는 세계 전체의 군사비의 절반을 차지하며, 자신의 영토를 방어할 뿐 아니라 세계 전체를 연결하는 공역(global commons)을 장악하고 있다. 재래식 군사력으로 미국과 야전에서 정면 대결을 할 국가는 현실적으로 존재하지 않는다. 중국과 러시아는 자신의 영역 및 인근 지역에서 미국의 재래식 군사력 진입을 차단할 수 있다. 하지만 현재 미국은 이러한 반접근·지역거부(A2/AD) 상황을 타개하기 위한 노력을 기울이고 있다. 핵무기전력에서 미국의 우위는 더욱 강화되었다. 냉전 기간과는 달리 미국의 핵무기전력은 러시아와 중국을 압도하고 있으며, 선제 핵공격을 통해 상대방의 보복 능력까지 파괴할 수 있다고 평가된다.[10]

새로운 군사기술을 도입하는 측면에서도 미국은 압도적인 우위를 유지하고 있다. 현재 존재하는 대부분의 군사혁신은 미국에 의해 이루어졌으며, 앞으로도 이러한 미국의 기술적 우위는 지속될 것이다. 미국의 군사 개발 비용은 다른 모든 국가의 군사 개발 비용을 추월한다. 단순한 하드웨어가 아니라 소총 사격과 같은 미군 병사의 기초 숙련도 및 소프트웨어에서도 미국의 군사력은 다른 일반적인 국가를 추월한다. 미국의 군사력이 가지는 무게는 부정할 수 없다.

10 Keir A. Lieber and Daryl G. Press, "The End of MAD? The Nuclear Dimension of U.S. Primacy," *International Security*, Vol. 30, No. 4 (Spring 2006), pp. 7~44.

3.2 | 미국의 군사적 경험

이렇게 변화한 세계에서 미국은 냉전 시기와는 다른 군사작전을 수행했다. 냉전 말기에 수행했던 걸프 전쟁은 매우 예외적인 현상이었으며, 오히려 미국이 수행했던 군사행동은 안정화 작전이었다. 1993년 소말리아 작전을 시작으로 미국은 아프리카와 중남미, 발칸반도 등에서 내전을 중재하고 이후 국가 형성에 관여했다.

테러와의 전쟁은 이러한 경향을 더욱 강화했다. 2001년 9월 알카에다의 테러 공격으로 미국의 군사적 경험은 다른 방향으로 확대되었다. 2001년 10월 미국은 아프가니스탄을 침공했고, 자신의 군사적 역량을 과시했다. 2003년 3월 미국은 이라크를 침공하면서 미국 군사력이 가지는 파괴력을 증명했다. 하지만 상황은 안정화되지 못했다. 저항세력의 공격으로 미국은 정치적 목표를 달성하지 못했고, 전쟁 자체는 장기화되었다.

특히 미국은 이라크 전쟁에 집중했다. 초기 단계에서 아프가니스탄은 어느 정도 안정적으로 유지되었으며, 동시에 9·11 공격을 감행했던 알카에다가 아프가니스탄에 웅거하고 있었으므로 아프가니스탄 전쟁에 대한 지지는 어느 정도 유지되었다. 하지만 이라크 전쟁은 다른 상황이었다. 미국의 계속된 노력에도 상황은 지속적으로 악화되었다. 2006년 2월 알 아스카리 사원 파괴 이후 이라크 상황은 사실상 수니파와 시아파 사이의 종파 내전(sectarian civil war)으로 확대되었다. 수도 바그다드에서 수천 명이 살해당했으며, 종파 대립 덕분에 수니파 극단세력인 알카에다는 오히려 이라크 내부에서 근거지를 구축했다.

그럼에도 미국은 최소한 이라크 상황을 통제하는 데 성공했다. 2007년 1월 병력 증파(surge)와 함께 본격적인 대반란작전이 시작되었다. 이전까지의 군사작전이 이라크 저항세력을 섬멸하는 데 집중했다면, 이후의 작전은 이라크 주민, 특히 수니파 민간인을 보호하는 데 집중되었다. 또한 수니파 무장세력을 회유하고 무기와 자금을 제공했다. 이전까지 알카에다와 연합하여 미군을 공격했던 수니파 무장세력은 이러한 과정을 통해 미군의 보조세력으로 전향했고, 미군은 수니파 세력의 '과거'를 개의치 않고 이라크 안정화를 위해 계속해서 지원했다. 덕분에 이라크는 최소한 2011년 12월 미군이 철수했던 시점까지는 안정화되었다.[11]

아프가니스탄에서는 미국의 대반란작전이 큰 성과를 거두지 못했다. 2009년 12월 오바마 대통령은 아프가니스탄 증파를 선언하고 이라크 전쟁에서 사용되었던 대반란작전을 아프가니스탄에서도 본격적으로 적용해 18개월 동안 상황을 안정화하겠다고 공언했다.[12] 하지만 이는 쉽지 않았다. 파키스탄에 기지를 가지고 있는 탈레반 반군은 미국이 수립한 아프가니스탄 중앙정부를 지속적으로 공격했으며, 저항세력은 약화되지 않았다. 이라크에서와 같이 저항세력이 분열되지도 않았고, 미국 및 중앙정부와 협력하는 지방의 무장세력 또한 존재하지 않았다. 2014년 12월에 NATO 병력은 아프가니스탄에서 철수했으나, 미국은 소수의 특수부대를 주둔시키면서 제한적인 공격을 실행하고 있다.

9·11 이후 15년 동안 미군이 집중했던 것은 적을 섬멸하는 전투가 아니었다. 초기 단계에서 미군은 압도적인 능력을 과시하면서 전

---

11 이후 이라크는 다시 상황이 악화되었으며, 특히 2013년 12월 IS가 이라크를 침공하면서 이라크 내전은 이전과 다른 차원으로 확대되었다. 하지만 이와 관련한 상세한 사항은 이 글의 범위를 벗어나므로 여기에서는 다루지 않는다.

12 Bob Woodward, *Obama's War* (New York: Simon & Schuster, 2010).

투에서 승리했지만, 전쟁에서 승리하지는 못했다. 이라크와 아프가니스탄에서의 전쟁은 10년 이상 지속되었고, 이 기간에 미군은 민간인을 보호하고 통제함으로써 저항세력의 정치적 기반을 약화시키는 데 주력했다. 이라크에서 안정화 및 대반란작전이 부분적으로나마 성과를 거두었을 때, 미군은 병력을 집중하지 않고 분산했으며 적을 섬멸하기보다는 주민을 보호하기 위해 화력 사용을 가능한 한 자제했다. 과거 적대적 관계를 유지했던 무장세력과 타협하고 장교들은 군인 또는 전사가 아니라 외교관의 역할을 수행했다.

4 | 억지·억제와 위기관리, 전면전쟁을 위한 군사력, 그리고 안정화 및 대반란작전을 위한 군사력

그렇다면 이러한 한국과 미국의 군사적 경험은 상호 보완적인가? 만약 한국과 미국의 군사적 경험이 상호 보완적이라면, 경험이 상이하다는 사실은 문제가 되지 않는다. 양국은 동맹국으로서 자신들이 경험한 전쟁에서 각각 독립적으로 교훈을 학습하고 자신들의 군사력을 그에 맞춰 준비하면 된다. 하지만 서로의 군사적 경험이 상호 보완적이지 않다면, 문제가 발생한다. 각자 자신들의 경험에 맞춰서 교훈을 학습하고 군사력을 구축한다면, 정말 연합 군사력이 필요한 상황에서는 여러 가지 부작용이 발생할 수 있다. 따라서 우리는 다음 질문에 집중해야 한다. 억지·억제와 위기관리, 전면전쟁에 대비한 한국의 군사력이 안정화 및 대반란작전에 집중했던 미국의 군사력과 상호 보완적인가?

4.1 | 미국의 실제 경험: 안정화 및 대반란작전으로 전환은 어렵다

이라크 전쟁과 아프가니스탄 전쟁에서 공통적으로 나타나는 사안은 전면전쟁 및 적군의 섬멸에 집중하도록 훈련된 군사력은 안정화 및 대반란작전을 수행하는 데 많은 어려움에 직면한다는 사실이다. 전면전쟁에 대비한 군사력은 주민을 통제하고 주민들의 정치적 지지를 얻어내는 데 무심한 경우가 흔하다. 민간인이 저항하는 경우는 거의 상정하지 않는다. 클라우제비츠가 이야기했던 전쟁의 세 가지 요소 내지 삼위일체에서 거론된 국민은 자국민을 지칭하는 것이지, 적대국 또는 피진주국의 국민을 이야기한 것은 아니다. 그 대신에 중요한 것은 상대방의 군사력이며, 이것을 보다 효과적으로 섬멸하는 것에 집중한다. 이 때문에 많은 강대국 군대가 안정화 및 대반란작전에서 실패한다. 소련은 1980년대 아프가니스탄에서 고전한 끝에 결국 철수했다. 러시아는 1990년대와 2000년대 체첸 분쟁에서 같은 이유로 정치적 목표를 달성하는 데 많은 어려움을 경험했다.[13] 영국 또한 이러한 어려움을 잘 알고 있었으며, 19세기 말에는 이 문제를 다룬 연구서가 출판되기도 했다. 특히 영국은 제1차 세계대전 당시 중동에 대한 터키제국의 장악력을 약화시키고자 아랍의 반란을 선동했고, 이를 담당했던 토머스 로런스(Thomas E. Lawrence)는 기존 군사력으로 대반란작전을 수행하는 것에 대해 "나이프를 가지고 수프를 먹으려는 행동(eating soup with a knife)"과 같다고 지적했다.

미국 육군 또한 이러한 문제점에서 예외가 아니었다. 베트남 전

---

13 Mark Kramer, "The Perils of Counterinsurgency: Russia's War in Chechnya," *International Security*, Vol. 29, No. 3 (Winter 2004/05), pp. 5~62.

쟁에서 미국은 압도적인 물량 공세로 적군을 섬멸한다는 태도를 견지하면서 개입했다. 폭격과 물량으로 전쟁을 수행했던 제2차 세계대전과 냉전 초반기 미국의 경험은 이른바 '육군 개념(army concept)'으로 완성되었으며, 그 결과 베트남에서도 북베트남 및 베트콩 병력을 사살하는 데 집중했다. 하지만 이러한 접근으로 미국은 전쟁에서 가장 중요한 주민 통제와 정치적 지지 확보에 많은 어려움을 겪었다.[14]

특히 이라크 전쟁에서 이러한 문제점은 더욱 도드라졌다. 민주주의 국가인 미국은 여론 문제 탓에 이라크 주민을 강압적으로 다루는 것이 불가능했다. 결국 주민의 지지를 얻기 위해서 치안을 제공하고 그들이 요구하는 기본적인 서비스를 제공해야만 했으나, 미국은 그렇게 하기보다는 군사적으로 저항세력을 제압하려고 했다. 미군에 대한 공격이 있다면, 포격과 폭격을 통해 '원점'을 파괴했다. 저항이 지속되면 거점 건물을 폭파하고 인근 지역의 주택까지 불도저로 완전히 밀어버리기도 했다. 2004년 11월의 2차 팔루자 전투에서 미군은 540차례의 폭격과 야포 및 박격포 포격 1만 4000회, 그리고 전차 주포 공격 2500회 등으로 도시의 절반가량을 파괴했다.[15] 일부 지휘관은 이라크인의 지지를 확보하기보다는 군사적으로 저항세력을 파괴하는 것이 더욱 중요하다고 주장했다. 병사들은 저항세력의 거점에 들어가서는

---

14 Andrew F. Krepinevich, *The Army and Vietnam* (Baltimore, MD: Johns Hopkins University Press, 1986).

15 저항세력은 주거 지역을 요새화하고 자살공격조와 공격팀 등을 분산 배치한 채 미군의 공격을 기다렸다. 이 때문에 주택을 파괴하는 것은 상당 부분 불가피했다. 하지만 이러한 조치는 심각한 후폭풍을 가져왔다. Bing West, *No True Glory: A Frontline Account of the Battle for Fallujah* (New York: Bantam Books, 2006), pp. 277~292.

"문을 박차고 진입한 다음, 눈에 띄는 모든 물체에 두 발씩 발사"하는 훈련을 받았다. 결국 수색 과정에서 이라크 민간인들이 살해되고, 이들의 가족들은 저항세력을 지지하게 되었다. 어떤 장교들은 부하들에게 "적과 싸울 때는 항상 적을 죽여라"라고 설교하기도 했다.[16]

최종적으로 미국은 상황을 정확하게 판단했고 적절한 방식으로 군사력을 사용하기 시작했다. 2007년 1월에 미국은 "이라크 전쟁에서 승리하기 위해서는 최우선적으로 안전이 확보되어야 하며, 특히 수도인 바그다드의 안전이 확보되어야 한다"라고 선언하면서 이전의 섬멸적인 방식에서 탈피해 새로운 방식으로 병력을 운용하기 시작했다. 작전을 지휘할 이라크 주둔군 사령관에는 2006년 4월 새로운 대반란작전 야전교범인 FM3-24의 작성에 관장했던 데이비드 퍼트레이어스(David H. Petraeus) 장군이 임명되었다.

아프가니스탄의 상황도 비슷했다. 특히 지형적 이유에서 폭격에 의존했던 미군은 오폭으로 인한 민간인 피해자 문제에 직면했다. 아프가니스탄 전쟁을 지휘하던 스탠리 매크리스털(Stanley A. McChrystal) 국제안보지원군(ISAF) 사령관은 2009년 8월 대반란작전 가이드라인을 공개하면서 다음과 같이 강조했다. "행동하기 전에 생각하라. 우리 행동이 가져올 결과를 항상 고려해야 한다. 안전은 화력에서 나오는 것이 아니다. 주민들과의 상호작용이 병력의 안전에 필수적이다. 저항

---

16 Thomas E. Ricks, *The Gamble: General David Petraeus and the American Military Adventure in Iraq, 2006~2008* (New York: The Penguin Press, 2009), pp. 34~36. "적을 죽여라"라고 설교를 했던 장교 가운데 대표적인 인물은 1993년 10월 소말리아의 모가디슈 전투에서 육군 특수부대(Task Force Ranger) 지휘관으로서 탁월한 지휘·전투 능력을 발휘한 마이클 스틸(Michael Steele) 대령이다.

세력을 사살해 전쟁에서 승리할 수 없다." 특히 매크리스털은 재래식 군사력의 한계를 강조했다. "저항세력을 섬멸하기 위해 군사력을 사용하는 것은 그 비용에 비해서 성과가 작으며, 우리가 보호하려는 주민들을 소외시킬 수 있다."[17] 하지만 그의 이러한 강조에도 불구하고 미국의 아프가니스탄 전쟁은 성공적으로 수행되었다고 보기 어렵다.

4.2 | 가상적 상황: 안전화 및 대반란작전 군사력을 전면전쟁에 필요한 군사력으로의 전환

미국의 경험에 따르면, 오랫동안 전면전쟁에 대비해 훈련된 군사력은 안정화 및 대반란작전에 유용하게 사용되기 어렵다. 바로 이러한 이유에서 미국은 지난 15년 동안 안정화 및 대반란작전을 집중적으로 연구했으며, 이라크 전쟁과 아프가니스탄 전쟁에서 승리하기 위해 많은 노력을 기울였다. 하지만 2015년 현재 그 결과는 그다지 성공적이지 않다.

그렇다면 그 반대는 어떠한가? 즉, 안정화 및 대반란작전에 대비하여 구축한 군사력은 전면전쟁에서 효과적으로 사용할 수 있는가? 특히 이라크와 아프가니스탄에서 안정화 및 대반란작전에 주력했던 미국 육군이 한반도 전쟁 상황에서 북한군의 공격을 막아내는 데 도움을 줄 수 있는가? 미국 군사력은 존재 그 자체로 한반도에서 북한의 군사도발을 억지·억제할 수 있다. 하지만 실제 침공이 발생한 경우에 안정화 및 대반란작전에 주력했던 병력이 적절하게 사용될 수 있을

---

17 가이드라인은 다음 경로를 통해 웹문서로 볼 수 있다. http://www.nato.int/isaf/docu/official_texts/counterinsurgency_guidance.pdf

것인가?

이러한 질문에 대한 답은 회의적일 수밖에 없다. 첫째, 현재 미군 장교단의 상당 부분은 이라크와 아프가니스탄을 경험했고, 안정화 및 대반란작전의 중요성을 뼈저리게 인식하고 있다. 그렇기 때문에 미군은 이전과는 달리 적을 섬멸하는 데에 어려움을 겪을 가능성이 있다. 지난 15년 동안 지속적으로 강조되었던 '주민 보호'는 한반도 전면전 상황에서는 오히려 부정적으로 작용할 수 있다. 둘째, 일단 수립된 교리와 전술은 그 자체로 생명력을 가진다. 특히 미국이 앞으로도 이라크 전쟁과 아프가니스탄 전쟁에서와 같은 안정화 및 대반란작전을 수행할 가능성이 크기 때문에, 현재 존재하는 대반란전 교리와 전술은 계속 살아남을 것이다. 무엇보다 지난 15년 동안 일부 장교들의 노력으로 미국 육군은 안정화 및 대반란작전에 집중하기 시작했다. 그리고 일단 시작한 노력은 그 자체로 생명력을 가지고 작동할 것이다.[18]

셋째, 안정화 및 대반란작전은 기계화 및 화력 사용을 극도로 제한하며, 따라서 이에 대비한 부대는 민간인과의 접촉에 대한 훈련에 집중한다. 무차별적인 화력 사용은 기피할 대상이며, 폭격 및 포격으로 적을 공격해서는 안 된다는 것이 안정화 및 대반란작전에서 가장 중요한 교훈으로 지적된다. 주민과의 교류를 단절하기 때문에 군사력의 기계화는 안정화 및 대반란작전에서는 부정적인 결과를 가져온다. 1919년 이후 강대국 군사력이 기계화되면서 병력과 주민의 교류가 차단되었고, 이것 때문에 안정화 및 대반란작전의 어려움이 심화되었

18 이에 관해서는 Fred Kaplan, *The Insurgents: David Petraeus and the Plot to Change the American Way of War* (New York: Simon & Schuster, 2013) 등의 연구가 있다.

다는 것이다.[19] 그러므로 안정화 및 대반란작전에 대비한 군사력을 전면전쟁에서 사용하려면 화력과 기동력을 상당 수준 보강해야 한다.

바로 이런 이유에서 일부는 안정화 및 대반란작전에 주력하는 것이 위험하다고 본다. 미국이 가지고 있는 안정화 및 대반란작전에 대한 '교훈'은 잘못된 것이며, 이것에 주력하는 것은 정작 중요한 전면전쟁에 대한 대비태세를 약화시킨다는 것이다.[20] 그리고 이러한 우려는 상당 부분 타당하다. 그렇다면 지금과 같은 상반된, 그리고 상호 보완적이지 않은 한국과 미국의 군사적 경험은 지속될 것인가?

5 | 미래의 세계: 지금까지의 경험은 우연의 산물인가

미래에 대한 전망 부분에서 중요한 것은 2001년 이후 나타나는 한국과 미국의 군사적 경험의 괴리가 앞으로도 지속될 것인가의 문제이다. 이러한 괴리 여부는 미래에 대한 정치적 차원에서 좀 더 잘 드러난다. 미래에 대한 전망은 군사기술 발전을 중심으로 한 전쟁 그 자체의 미래인 '전쟁의 미래'와 전쟁이 수행될 정치적 환경 변화를 고려하여 미래 세계에서 벌어진 전쟁 양상인 '미래의 전쟁'으로 나눌 수 있다. 이러한 두 가지 차원으로 미래를 분석할 때, 한국과 미국이 직면할 미래는 큰 차이를 보인다.

---

19 Jason Lyall and Isaiah Wilson III, "Rage Against the Machines: Explaining Outcomes in Counterinsurgency Wars," *International Organization*, Vol. 63, No. 1 (Winter 2009), pp. 67~106.

20 Gian Gentile, *Wrong Turn: America's Deadly Embrace of Counterinsurgency* (New York: The New Press, 2013).

군사기술의 측면, 즉 전쟁의 미래에서 한국과 미국은 같은 방향으로 움직일 것이며, 따라서 양측의 미래는 유사할 것이다. 한국은 현재 미국이 개발한 F-35를 도입하려고 하고 있으며, 한국 육군의 주력 전차인 K1과 K1A1 전차 등은 미국의 주력 전차인 M1 전차를 생산하는 크라이슬러 디펜스(현 GDLS)사와의 협력을 통해 개발되었다. 하지만 전쟁이 수행될 정치적 환경, 즉 미래의 전쟁 부분에서는 큰 차이를 보이며, 이 때문에 한국과 미국이 경험하게 될 전쟁과 무력충돌은 서로 다른 형태를 띨 것이다.

5.1 | 한국이 직면할 미래의 세계: 전면전쟁의 가능성과 지속적 도발

한반도에서 세력 균형은 근본적인 차원에서는 변화가 없을 것이다. 즉, 한국과 북한의 경제력과 인구 및 기본적인 힘에는 급격한 변화가 없을 가능성이 크ㅌ다. 북한의 핵무기는 향후 상당 기간 존재할 것이며, 한국에 대한 군사적 위협으로 작용할 것이다. 한국 또한 북한 핵무기에 대한 군사적 대응책을 마련하겠지만, 이 부분에서는 상당한 제약이 따를 것이다. 독자적인 핵무기를 개발하는 것은 정치적으로 불가능하기 때문에, 북한 핵무기에 대한 한국의 선택지는 많지 않다. 하지만 어느 정도의 대응은 이루어질 것이며, 미국의 확장억제력이 작동하기 때문에 북한이 핵무기를 동원해 미국의 확장억제력을 무너뜨리고 한반도 차원에서 세력 균형을 근본적으로 변화시킬 가능성은 크지 않다.

바로 이러한 이유에서 한국이 직면할 미래의 세계와 그러한 미래의 세계에서 수행하게 될 전쟁 양상, 즉 한국이 직면할 미래의 전쟁은 다음 두 가지로 나뉜다. 첫째, 지금과 같은 전면전쟁의 가능성은 계속 존재할 것이다. 북한이 존재하는 한, 이러한 전면전쟁의 가능성은 유지될 수밖에 없다. 앞으로도 상당 기간 북한은 지금과 같은 병력 규모와 배치를 유지하면서, 한국을 위협할 것이다. 한국은 이에 대비해야 할 것이며, 이에 대비하는 데 육군이 핵심적인 역할을 수행해야 한다.

북한의 전쟁 지속 능력은 매우 제한된다. 『2014 국방백서』도 인정하듯이, 북한의 전쟁 지속 능력은 매우 제한되어 있으며, 대부분의 전쟁물자는 약 1~3개월 분량을 확보한 것으로 추정된다. 그러나 "추가 구입과 외부로부터의 지원이 없으면 장기전 수행은 현실적으로 제한"될 것이다.[21] 따라서 북한은 전면적으로 군사력을 사용할 경우에 단기결전을 시도할 것인데, 한국으로서는 초기 단계에 나타날 북한의 공격을 방어하는 데 항공력 등으로는 부족하며, 북한 지상군을 상대할 상당한 규모의 육군 병력이 필수적이다.

이러한 육군의 중요성은 전쟁 수행에 국한되지 않는다. 일단 북한이 붕괴하는 경우, 즉 자체적인 내부 문제로 붕괴하거나 아니면 전쟁 실패로 붕괴하는 경우에, 한국은 북한 지역을 통제하기 위해 상당한 병력이 필요하다.[22] 흔히 거론되는 민간인 1000명당 20~25명의 병력이 필요하다는 공식이 적용되지 않는다고 해도, 그 원인과는 무

---

21 대한민국 국방부, 『2014 국방백서』, 29~30쪽.

22 유사시 한국이 북한 지역을 직접 군사적으로 통제하는 것과 관련해서는 여러 가지 문제가 있을 수 있다. 예컨대, 국제법적으로 남북한은 1991년 UN에 동시에 가입했는데, 여기서 하나의 UN 회원국이 다른 UN 회원국을 점령하고 통제할 수 있는가의 문제가 발생한다. 또한 이것은 1948년 12월 UN 총회 결의안 195(III)에 대한 해석 문제와도 연관되며, 1992년 남북기본합의서의 해석과도 결부된다.

이 직면할 미래의 세계는 냉전 시기와 유사한 양극체제이며, 그러한 미래 세계에서 수행·대비하게 될 전쟁인 미래의 전쟁 또한 강대국 경쟁과 그에 따른 전쟁일 것이다.

하지만 과거 냉전 시기와 미래 세계는 다음과 같은 측면에서 다를 것이다.[24] 첫째, 현재 부상하고 있는 미국의 경쟁 상대인 중국은 미국과 지상에서 대립하지 않는다. 냉전 당시 소련은 미국과 중부 유럽에서 직접적으로 대치했다. 하지만 현재 미국과 중국이 지상에서 직접적으로 대립하고 있는 지역은 없으며, 간접적으로라도 지상군이 대립하고 있는 지역은 존재하지 않는다. 우리가 생각할 수 있는 지역 가운데 미국과 중국의 군사적 대립이 발생할 가능성은 동아시아에 집중되어 있으며, 특히 일부 도서 및 대만을 둘러싼 분쟁이 벌어질 가능성이 상대적으로 크다. 그리고 그러한 분쟁이 해군과 공군의 대립으로 귀결된다면, 육군 등의 지상군이 필요한 분쟁으로 확대되기 어렵다. 이 때문에 미국이 제시하는 공해전(AirSea Battle)과 합동작전접근(joint operational access concept) 등은 기본적으로 지상군의 역할보다는 해군과 공군의 역할에 초점을 맞추고 있다.[25] 따라서 냉전 시기와는 달리 한국과 미국의 군사적 경험이 유사하지는 않을 것이다. 특히 미국과 중국 사이에 존재하는 경제적 상호의존은 정치적 대립이 군사적

---

24 이와 관련된 최근 논의로는 Michael E. O'Hanlon, *The Future of Land Warfare* (Washington, D.C.: Brookings Institution Press, 2015)가 있다.

25 이에 미국 육군과 해병대는 작전 개념을 확대해 지상군의 역할이 필요하다고 강조한다. 따라서 합동작전접근 개념을 더욱 포괄적으로 확대해, 해군과 공군이 담당하는 공해전과 육군 및 해병대가 중심이 되는 합동진입작전 개념(joint concept of entry operation)을 동일한 차원에서 동등하게 제시하고, 그 상위의 개념으로 합동작전접근 개념을 상정한다.

충돌로는 이어지지 않도록 강력한 제동장치 역할을 수행할 것이다.

둘째, 지상에서의 대립이 존재한다면, 그것은 러시아와의 갈등이 동부 유럽, 특히 발트 해 국가를 둘러싸고 전개되는 경우에 나타날 것이다. 하지만 이러한 가능성은 크지 않으며, 현재와 같은 정치적 긴장이 지속된다고 해도 그 긴장이 군사적 대립과 병력 배치로까지 이어지기는 어렵다. 러시아의 팽창 성향이 확인되기 전까지 미국을 비롯한 서방 국가들은 러시아에 군사적 대응을 하지는 않을 것이다. 그리고 군사적 대응이 시작된다고 해도 미국이 직접 병력을 배치하기에는 여러 가지 어려움이 있으며, 다른 방식으로 외교적 압력을 통해 러시아를 억지·억제하려고 할 것이다.

즉, 미국은 중국 및 러시아와 대립할 가능성이 있지만, 그 대립의 군사적 형태는 이전 냉전 시기와는 다를 것이다. 그러한 대립은 기본적으로 군사적 차원이 아니라 정치적·외교적 차원에서 이루어질 것이다. 중국과의 대립이 군사적 차원으로 확대된다고 해도, 그 대립은 동아시아에서 해군력 및 공군력을 중심으로 이루어질 것이다. 러시아와의 대립은 사태가 급변하지 않는 한 군사적 억지·억제보다는 외교적 압력과 경제적 제재 등을 통한 정치적 대립을 중심으로 이루어질 것이다. 또한 군사적으로 확대된다고 해도 직접적인 병력 배치가 이루어질 공간이 부족하며, 오히려 냉전 시기 베를린에 대한 미국의 공약과 같이 실질적인 방어가 아니라 상징적인 인계철선(tripwire) 형태로 이루어질 것이다.

미국이 직면할 두 번째 유형의 전쟁은 안정화 및 대반란작전이다. 첫째, 미래 세계에서 미국은 정치적인 차원에서 지도적인 역할을 수행해야 한다. 즉, 2014년 에볼라 유행이나 2013년 필리핀 태풍 피해, 2004년 인도네시아 쓰나미 등의 사태에서 나타났듯이, 인도적 재앙에서 미국의 개입은 필수적이다. 개입의 핵심은 결국 인도적 재난이 발생한 지역에 개입해 지역 전체를 안정화하고 필요한 물자를 공급하는 것이다. 현재 중국이나 러시아 등 어느 경쟁 국가도 현재 미국이 발휘하고 있는 것과 같은 지도력을 제공할 수 없으며, 제공할 의지도 없다.

둘째, 미국은 이라크와 아프가니스탄에서 현재 진행되고 있는 전쟁을 관리하고 최종적으로 승리하기 위해 노력할 것이다. 냉전 시기에도 미국은 베트남에서, 그리고 소련은 아프가니스탄에서 대반란작전을 수행했다. 그러므로 강대국으로서 약소국과의 군사 대결에서 승리하기 위해 대반란작전에 많은 투자를 할 것이다. 즉, 지금까지 나타났던 것은 미국의 군사적 경험에서 예외적인 것이 아니라 오히려 대부분의 군사적 대립이 나타나게 되는 형태일 것이다. 마이클 하워드(Michael Howard)가 이야기했듯이, 대반란작전은 "군사조직이 좋아하는 형태의 전쟁이 아니며, 그에 대한 정치적인 지지도 강력하지 않다. 하지만 이러한 형태의 전쟁은 미래에 나타날 형태의 전쟁이며, 이것이 우리가 경험할 평화"이다.[26]

이러한 측면에서 미래의 세계에서 미국의 군사적 경험은 동아시아에서는 해군과 공군을 중심으로 하는 중국과의 경쟁, 유럽에서는 러시아에 대한 경제적 제재와 외교적 억지·억제에 초점을 맞춘 정치적 대립, 그리고 중동 및 중앙아시아에서는 지난 15년 동안 지속되어 왔던 대반란작전 등으로 나타날 것이다. 이러한 경험은 한국이 경험하게 될 미래 세계에서의 위기와 전면전쟁 가능성과는 큰 차이를 보

26 Michael Howard, "A Long War?" *Survival*, Vol. 48, No. 4 (Winter 2006/2007), pp. 7~14.

인다. 그리고 이에 따라 한국과 미국은 군사조직 차원에서 다음과 같은 노력을 기울여야 한다.

6 | 결론: 그렇다면 무엇을 해야 하는가

짧게는 지난 15년, 길게는 냉전 종식 후 25년 동안 한국과 미국의 군사적 경험은 점차 괴리되었다. 냉전 기간에 한국과 미국은 매우 유사한 군사적 상황에 직면했고, 그래서 각각의 군사적 경험은 상호 보완적이었다. 하지만 냉전 종식 이후 한국이 이전과 그다지 달라지지 않은 전략적 상황에 계속 직면하면서 북한과 대치했다면, 미국은 양극체제 두 개의 강대국에서 일극체제 유일 강대국으로 부상했다. 이후 한국이 북한과의 전면전쟁 위협에 직면한 상황에서 북한의 지속적인 도발을 겪었다면, 미국은 다른 강대국 경쟁자가 없는 상황에서 테러와의 전쟁을 수행했고, 특히 이라크와 아프가니스탄에서는 안정화 및 대반란작전에 주력했다.

많은 연구에서 나타나듯이, 전면전쟁에 사용되는 군사력과 안정화 및 대반란작전에 사용되는 군사력은 그 구성과 교리, 장비 측면에서 큰 차이를 보인다. 이라크 전쟁과 아프가니스탄 전쟁에서 나타났듯이 전면전쟁에서 탁월한 능력을 발휘했던 군사력은 안정화 및 대반란작전에 쉽게 적응하지 못하고 많은 어려움을 겪으며, 반대로 안정화 및 대반란작전에 대비하여 만들어진 군사력은 장비와 교리 측면에서 전면전쟁에 효과적으로 사용되기는 어렵다. 즉, 전면전쟁과 안정화 및 대반란작전은 소요되는 군사력의 형태 측면에서 상반되며, 따라서 각각의 군사행동은 개별적으로 필요한 특성을 가진 다른 형태의 군사력을 필요로 한다.

그러면 우리는 무엇을 해야 하는가? 즉, 앞으로도 상당 기간 한국과 미국의 군사적 경험이 괴리를 보일 가능성이 큰 상황에서, 한반도의 평화와 안정을 위해 한국이, 특히 한국 육군이 추진해야 할 정책 과제는 무엇인가? 이것은 다음 세 가지 사항으로 정리할 수 있다. 첫째, 한국은 기본적으로 북한의 전면공격에 대비해야 한다. 그 가능성 자체는 크지 않겠지만, 이에 대비하지 않을 수는 없다. 특히 북한이 단기결전을 도모하고 있기 때문에 초기 단계에서 북한의 단기결전 계획을 좌절시키고 향후 과정이 한국에 더 유리하게 전개되도록 노력해야 한다.

둘째, 좀 더 현실적으로 북한의 도발에 대응하기 위해 위기관리에 주의를 기울여야 하며, 위기를 안정적으로 극복하기 위해 노력해야 한다. 위기 도발에 적극적으로 대응하면서 상대방을 제압하는 것은 중요하다. 하지만 동시에 위기를 적절하게 관리하면서 위기 안정성을 추구하는 것이 필요하다. 이를 위해서 북한의 도발에 단계적으로 대응하는 것이 필요하며, 북한의 도발에 대칭적으로 행동할 수 있는 능력을 갖추는 것이 중요하다.

셋째, 한국은 미국의 안정화 및 대반란작전의 경험을 연구해야 한다. 지난 15년 동안 그리고 앞으로도 상당 기간 미국은 군사적인 차원에서 안정화 및 대반란작전에 집중할 것이다. 따라서 한국은 동맹국 미국의 군사작전을 이해해야 한다. 또한 이러한 연구를 통해 한국은 미국이 안정화 및 대반란작전에서 고통스러운 과정을 직접 겪으면서 학습한 교훈을 간접적으로나마 그러한 과정 없이 얻을 수 있다. 특히 북한의 붕괴와 관련해 좀 더 많은 연구가 필요하다.

프로스트는 「가지 않은 길」에서 숲 속으로 나 있는 두 갈래 길을 노래했다. 그렇다면 한국과 미국의 군사적 경험은 어떻게 되는가? 이것은 두 갈래 길처럼 서로 갈라지는가? 과거의 경험뿐 아니라 미래에 대한 예측에서도 서로의 군사적 경험이 갈라진다면 어떻게 되는가? 이러한 두 갈래 길이 서로 보완적으로 작동할 것인가, 아니면 모순적으로 작동할 것인가? 이러한 질문과 그 해결책은 앞으로 한국 육군의 발전 방향을 결정할 것이다. 이제 우리는 '가지 않은 길'을 걸어가게 된다. 조심스럽게, 그리고 주의를 기울이면서, 하지만 과감하게. 무엇보다도 현명하게 걸어가야 한다.

21세기
한국과
육군력

제2부

21세기 한반도 전쟁과 육군력 : 한국 육군의 변화와 대비 방향

제2부의 핵심은 한반도 전쟁이다. 1953년 7월 이후 한반도에서는 대규모 군사력이 사용되지 않았다. 지난 60년 이상 동안 북한은 여러 차례에 걸쳐 제한적으로 도발했으며, 2010년 천안함·연평도 공격은 이러한 제한적 도발의 일부에 지나지 않는다. 따라서 한국 육군은 직접적인 전쟁 경험이 상대적으로 부족하며, 동시대 다른 국가의 전쟁에서 교훈을 학습하고 한반도 전쟁의 정치적 환경과 군사기술적 조건에 적응하면서 새로운 군사력을 창출해야 한다. 그렇다면 21세기 한국의 육군력은 어떠한 역할을 수행할 수 있는가? 그리고 그에 대한 전망은 어떠한가? 이것이 제2부의 핵심 질문이다.

우선 검토해야 하는 사항은 한국의 군사력 증강 과정이다. 2000년 이후 지금까지 15년 동안 한국 육군은 양과 질 측면에서 많이 변화했고 발전했다. 그렇다면 우리는 이러한 증강과 그 과정을 어떻게 이해할 수 있는가? 그리고 한국의 군사력 증강은 북한과의 상호작용에 기초하여 이루어졌는가, 아니면 기술 및 독자적인 필요성 때문에 이루어졌는가?

이러한 과거에 대한 검토와 함께 중요한 사항은 미래에 대한 전망이다. 그리고 미래에 대한 전망은 미래에서 나타나는 정치적 환경에 대한 분석과 미래에서 등장할 전쟁 기술에 대한 논의에 기초해서 진행되어야 한다. 따라서 미래에 대한 전망에서 첫 번째로 던져야 하는 질문은 안보 환경에 관한 것이다. 하지만 한국 육군이 과연 미래의 안보 환경에 대해서 설득력 있는 분석을 제시하며, 이를 통해 정치지도자와 민간 부문에 자신의 분석을 논리적으로 설파하고 있는지에 대해서는 의문의 여지가 있다. 즉, 미래 전쟁에 대한 담론 시장에서 한국 육군이 처한 상황은 어떠한가?

또 다른 측면에서, 미래는 군사기술에 의해 결정된다. 지금까지 많이 논의되었던 핵무기·정보기술·기계화 등은 미래 세계에서도 여전히 중요한 변수로 작동할 것이다. 하지만 모든 군사기술이 논의되지 않았으며, 현재까지 상대적으로 주목되지 못했지만 미래 세계에서 중요한 역할을 할 가능성이 있는 군사기술이 존재한다. 그것은 바로 로봇과 전장무인화의 가능성이다. 정치적 환경과 독립적으로 발전하는 군사기술은 항상 전쟁에서 많은 변화를 초래했다. 만약 로봇과 전장무인화가 이루어진다면, 우리는 이러한 기술을 어떻게 사용할 수 있는가? 그리고 그 결과는 어떠할 것인가? 이러한 기술적 환경에서 한국 육군이 추구해야 하는 변화 방향은 무엇인가? ▮

제4장

한국군의 군사력 증강 과정: 2000년대 이후를 중심으로

황지환

1 | 머리말

한국군은 창군 이래 지속적으로 군사력을 증강해왔다. 한국군의 군사력 증강 방향은 현실적으로 남북 분단으로 인한 북한군의 군사적 위협에 가장 커다란 영향을 받아왔다. 냉전 기간 내내 한국군은 북한군의 위협에 대응하기 위해 점진적으로 군사력을 증강시켜왔다. 한국군은 1960년대 북한군의 급속한 군비 증강에도 불구하고 1970년대 이전까지는 강력한 군사력 증강을 추진하지는 않고 한미동맹에 기초한 연합방위 능력을 강화하면서 북한의 위협에 대응해왔다.[1] 하지만

1 Jihwan Hwang, "Rethinking South Korea's Arms Buildup during the Cold

1970년대 들어 미국의 동아시아 안보 정책이 변화하면서 한국군도 '율곡사업'을 비롯해 무기 및 장비의 현대화 사업을 추진하고 적극적인 군사력 증강 작업에 나섰다. 이후 1980년대와 1990년대 들어 한국의 경제력이 빠르게 성장하면서 자체적으로 군사력을 개선할 수 있는 기반이 마련되자 한미동맹과 더불어 자주국방 노력을 기울여왔다. 하지만 1990년대 초반 글로벌 냉전의 종식과 한반도 세력 균형의 변화는 한국군 군사력 개선 방향에 새로운 도전 과제를 제시해주었다. 세계적으로 냉전은 종식되었지만, 한반도에서의 냉전은 해소되지 않았다는 점은 한국군의 군사력 증강 방향에 커다란 고민을 안겨주었다. 더구나 1990년대 이후 대두된 북한의 핵무기 프로그램과 비대칭전력 강화로 한국군의 군사력 개선 필요성은 지속적으로 제기되어왔다.

이러한 상황 변화에 대응하기 위한 노력으로 한국군은 2000년대 이후 노무현 정부의 '국방개혁 2020', 이명박 정부의 '국방개혁 기본계획 2009~2020' 및 '국방개혁 기본계획 2012~2030', 박근혜 정부의 '국방개혁 기본계획 2014~2030' 등 다양한 군사력 개선 노력을 지속해왔다.[2] 이러한 노력으로 한국군은 2014년 현재 육군 49만 5000여 명, 해군 7만여 명(해병대 2만 9000여 명 포함), 공군 6만 5000여 명 등 전체 병력 63만여 명의 강력한 군사력을 보유하고 있다.[3] 하지만 한국군의

War: The Action-Reaction Model and Alliance Politics in Comparative Politics." *New Asia*, Vol. 14, No. 4 (2006).

2 대한민국 국방부, 『2014 국방백서』(서울: 국방부, 2014), 78~79쪽. '국방개혁 기본계획'은 국방부 홈페이지 국방개혁 부분을 참고함. http://www.mnd.go.kr/mbshome/mbs/mnd/subview.jsp?id=mnd_010301030000&titleId=mnd_010301000000

3 대한민국 국방부, 『2014 국방백서』, 45~47쪽.

표 4-1
남북한 군사력 비교

구분				한국	북한
병력(평시)		육군		49만 5000여 명	102만여 명
		해군		7만여 명 (해병대 2만 9000여 명 포함)	6만여 명
		공군		6만 5000여 명	12만여 명
		계		63만여 명	120만여 명
주요 전력	육군	부대	군단(급)	12(특전사 포함)	15
			사단	44(해병대 포함)	81
			기동여단	14(해병대 포함)	74(교도여단 미포함)
		장비	전차	2,400여 대(해병대 포함)	4,300여 대
			장갑차	2,700여 대(해병대 포함)	2,500여 대
			야포	5,600여 문(해병대 포함)	8,600여 문
			다연장·방사포	200여 문	5,500여 문
			지대지유도무기	60여 기(발사대)	100여 기(발사대)
	해군	수상함정	전투함정	110여 척	430여 척
			상륙함정	10여 척	260여 척
			기뢰전함정	10여 척	20여 척
			지원함정	20여 척	40여 척
		잠수함정		10여 척	70여 척
	공군	전투임무기		400여 대	820여 대
		감시통제기		60여 대(해군 항공기 포함)	30여 대
		공중기동기		50여 대	330여 대
		훈련기		160여 대	170여 대
	헬기(육군, 해군, 공군)			690여 대	300여 대
예비병력				310만여 명 (사관후보생, 전시 근로 소집, 전화·대체복무 인원 등 포함)	770만여 명 (교도대, 노농적위대, 붉은청년근위대 포함)

자료: 대한민국 국방부, 『2014 국방백서』, 239쪽.

전력지수는 북한군에 비해 상당히 열세에 있는 것으로 평가되기도 한다.[4] 『2014 국방백서』에 따르면, 남북한 군사력을 비교해볼 때 수치상으로 한국군이 더 많이 보유하고 있는 것은 해군 병력 1만여 명, 장갑차 200여 대, 공군감시통제기 30여 대, 헬기 390여 대 정도뿐이다.[5] 북한군은 현역 120만여 명에 15개 군단을 보유하고 있으며, 예비병력 770만여 명으로 한국군을 압도하는 것으로 나타난다. 이러한 자료를 바탕으로 미국의 싱크탱크인 헤리티지 재단(The Heritage Foundation)은 2015년 2월에 발표한 '2015년 미국 군사력 지수(2015 Index of U.S. Military Strength)'에서 한국군이 북한군에 비해 상당한 열세에 있다고 평가하기도 했다.[6] 이에 대해 당시 국방부는 "북한의 노후한 장비까지 포함해 재래식 무기 수량을 단순 계산한 결과일 뿐"이라고 반박하면서 남북한 군사력 비교·평가 작업을 시작한 것으로 알려져 있다.[7]

국방부가 평가하고 있는 한국군의 전력지수는 북한군의 80% 수준인 것으로 알려져 있다. 실제로 2013년 11월 7일 국회 예산결산특별위원회 답변에서 김관진 당시 국방부장관은 남북한의 국방력 격차를 묻는 질문에 "우리나라 전력은 대개 80% 수준"이라고 답하면서 재래식전력의 상대적 취약성을 지적했다.[8] 하지만 같은 날, "우리가 단독으로 전쟁하면 북한을 충분히 응징할 수 있느냐"라는 질문에는 "그렇다"라고 답변했으며, 북한의 2013년도 국방 예산이 한국의 34분의

---

4 김성만, "2014 국방백서로 본 '남북 군사력 비교 분석'", ≪코나스넷≫, 2015년 1월 7일 자.

5 대한민국 국방부, 『2014 국방백서』, 239쪽.

6 Heritage Foundation, "2015 Index of U.S. Military Strength" (2015).

7 황일도, "박근혜 정부식 남북한 군사력 비교", ≪주간동아≫, 1008호 (2015).

8 "김관진, 남·북한 전쟁나면 북한은 멸망", ≪연합뉴스≫, 2013년 11월 7일 자.

1 수준인 1조 원에 불과하다고 확인하기도 했다. 물론 남북한 군사력 격차에 대해서 여러 가지 다른 의견이 존재한다. 양적인 측면에서 북한이 한국을 압도할지라도 그것만으로 군사력 전체를 설명할 수는 없기 때문이다. 『2014 국방백서』도 남북한 군사력 비교에서 "질적 평가 표현이 제한되므로 공개할 수 있는 수준으로 양적 평가를 실시한 결과"임을 전제로 하고 있다.[9] 무기체계의 양적 요소와 질적 요소를 모두 고려해 정량적인 지수로 산출한 '전력지수'의 관점에서 보면 남북한의 군사력은 대체로 비슷한 수준이거나 한국이 더 우위에 있을 것으로 예상된다.[10] 이는 김관진 전 국방부장관의 '북한 응징 가능' 언급과도 일치하는 평가일 것이다. 한편 한국국방연구원에서는 남북의 전투력지수를 비교한 결과 2004년에 남한이 북한의 88% 정도였으나 2009년에 110%로 이미 앞선 것으로 평가하기도 했다.[11]

이러한 관점에서 이 글은 한국군의 군사력 개선 방향성에 관해 고민해본다. 한국군의 지속적인 군사력 증강에도 불구하고, 2000년대 이후 군사력 개선 노력이 한반도 안보 환경 변화를 고려한 적절한 방향으로 진행되었는지에 대해서는 다양한 의견이 존재한다.[12] 따라서 탈냉전 이후 북한의 새로운 군사적 위협과 한반도 안보 환경 변화에 대한 한국의 군사력 건설 방향을 재검토해볼 필요가 있다. 그동안 한국군의 군사력 증강 방향은 북한군의 전면적인 남침을 억지하고 방어하는 형태에 초점을 두어왔다. 또한 전쟁 방식도 냉전 시대의 재래

---

9 대한민국 국방부, 『2014 국방백서』, 239쪽.

10 박상현, 「남북 군사력의 실체」, JPI PeaceNet, 2015-14 (2015).

11 ≪한겨레≫, 2013년 11월 7일 자.

12 이근욱, 「한국 국방개혁 2020의 문제점: 미래에 대한 전망과 안보」, ≪신아세아≫, 제15권 4호 (2008).

식 전쟁에 대한 대응을 염두에 두어온 것이 사실이다. 2000년대 이후 대부분의 국방개혁과 군사력 개선 노력이 바로 이러한 전면전 형태의 군사적 충돌을 대비해온 것이다. 물론 북한군의 전면적인 남침에 대비한 대응태세를 갖추는 것은 매우 중요한 작업이다. 하지만 군사력 건설은 정치적 환경 변화에서 비롯되는 전쟁 환경 변화 및 이에 따른 필요 군사력 변화를 반영해야 한다. 이러한 관점에서 이 글은 2000년대 이후 한국군의 군사력 건설 방향이 한반도의 안보 환경을 예측하고 이에 필요한 군 전력을 적절히 개선하는 방향으로 진행되었는지를 재평가해본다. 다음 절에서는 2000년대 이전 냉전 시기 한국군의 군사력 증강에 관한 역사적 과정을 살펴본다. 이후 냉전 종식 이후 변화된 북한의 군사력 건설 및 위기 도발의 경향에 대해 분석한 뒤, 2000년대 이후 한국군의 군사력 개선 방향에 대해 국방부가 주기적으로 발표하는 '국방개혁 기본계획'을 기초로 분석한다.

2 | 한국군 군사력 증강의 역사적 과정: 냉전 시기[13]

2.1 | 1960년대 한국군의 군사력 증강

1950년대 한국전쟁 이후 10년 가까이 북한은 군사력 증강을 위해 커다란 노력을 기울이지 않았던 것으로 알려져 있다. 하지만 1960

13 이 부분은 필자의 다음 논문의 일부분을 참고하여 재구성한 것이다. Jihwan Hwang, "Rethinking South Korea's Arms Buildup during the Cold War: The Action-Reaction Model and Alliance Politics in Comparative Politics." *New Asia*, Vol. 14, No. 4 (2006).

년대 중반 이후 북한은 강력한 군비 증강을 추구하기 시작했다. 하지만 이 시기에 한국군은 북한군의 군비 증강에 대해 상대적으로 미약하게 대응하는 모습을 보였다. 북한의 군사비는 1960년대 중반 이후 급격하게 증가하기 시작했는데, 결국 1960년대에만 3배가 넘는 군사비 증액을 이루게 된다.[14] 이러한 경향은 1950년대와 비교할 때 북한군이 이 시기에 상당히 확고한 군비 증강 프로그램을 가지고 있었다는 사실을 보여주는 것이다.

하지만 한국 정부는 1960년대 북한의 급속한 군비 증강과 여러 차례의 도발에 예상보다 강하게 대응하지는 않았다. 1960년대 후반 한국 정부는 군사분계선에서의 무력도발이나 청와대 습격 같은 북한의 행동을 명백한 도발로 규정하고, 북한 내 게릴라 훈련기지 공격 등을 대응 방안으로서 심각하게 고려하기도 했다. 하지만 한국군은 북한에 대한 보복을 행동에 옮기지 않았고, 당시 군비 증강에 그리 커다란 노력을 기울이지도 않았다. 한국 정부는 당시 미국의 강력한 안보공약이 있는 한 한반도 군사 균형이 남한 쪽으로 기울어져 있다고 평가하고 있었는데, 이 때문에 한국의 자체적인 군비 증강은 시급한 문제라고 판단하지 않았다.[15] 북한의 강력한 군비 증강과 군사적 도발에 한국 정부가 상대적으로 미약한 대응을 할 수 있었던 것은 미국이 한국 방위에 대해 강력하게 지원하고 있었기 때문이었다. 실제로 미국은 한국전쟁 이후 1960년대 말까지 한국에 대해 강력한 안보공약을 유지하고 있었다. 1960년대를 통해 약간의 변화가 보이기는 하지

---

14 Taik-young Hamm, *Arming the Two Koreas: State, Capital and Military Power*, (New York: Routledge, 1999), pp. 93~94.

15 오원철, 『한국형 경제건설 7』 (서울: 기아경제연구소, 1996), 333~334쪽.

만, 대체로 미국이 한국에 상당한 규모의 군사적 지원과 병력 주둔을 유지하고 있었던 점은 사실이다. 미국의 병력 주둔과 군사적 지원이 안정적으로 제공되고 있었다는 사실은 당시 한미동맹이 매우 굳건한 상태였음을 의미하는 것이었다. 박정희 대통령의 경제수석이었던 오원철 씨에 따르면, 박 대통령은 당시 한미동맹에 크게 의존하면서 북한의 도발에 대응하기 위해서는 미국의 추가적인 안보 지원이 필요하다고 강조했다고 한다.[16]

당시 박정희 정부가 국내적으로 취한 대응책은 북한의 대남 침투에 대비하기 위해 200만 명의 향토예비군을 조직하고, 미국의 도움을 받아 M-16 소총 공장을 건설하기로 결정한 정도였다. 박정희 정부는 커다란 군사적 계획을 입안하지도 않았으며, 대규모로 군사력을 증가하기 위한 정책을 시행하지도 않았다. 1960년대 중반 이후 한국의 군사비가 조금씩 증가하기 시작한 것은 사실이나, 약 5억 달러 정도의 소규모 증액으로, 북한의 군비 증강에 실질적으로 대응하는 모습은 아니었다. 한국군 병력 규모 또한 약간 증가했으나, 60만 병력에 5만 명 이하의 수가 더해지는 정도였다. 이는 1965년 이후 한국이 베트남에 연평균 4만 7000명의 병력을 파병하고 있었던 점을 고려하면 실질적으로는 병력 규모의 감소라고 평가될 수도 있는 모습이었다.

2.2 | 1970년대 한국군의 군사력 증강

한국군의 대규모 군비 증강은 1970년대 중반 이후 이루어졌다. 재미있는 사실은 북한군은 이전 시기와 비교해 1970년대에는 그리

16 같은 책, 333~334쪽.

강력한 군비 증강 노력을 보이지 않았다는 점이다. 한국의 군사비 증가는 특히 1974년 이후 두드러지게 나타나는데, 실제로 한국 정부는 1974년에 소위 '율곡사업'이라고 알려져 있는 한국군 무기 및 장비의 현대화 사업을 시작했다.[17] 이러한 군 현대화 사업으로 한국의 군사비는 1977년 북한의 군사비를 추월하기 시작했고, 이후 계속 증가해 군 현대화 사업이 종료된 1981년에는 40억 달러를 상회하게 되었다. 한국 정부의 적극적인 군사비 증액으로 한국의 군사비는 1970년대 10년간 거의 5배의 증액을 기록하게 된다.

당시 한국이 강력한 군비 증강에 나선 것은 미국이 한국에 대한 방위공약을 약화시켰기 때문이었다. 물론 1970년대 한국군의 군사력 증강이 1960년대 북한의 군사력 증강에 대한 지체된 대응이었다고 평가할 수도 있지만, 이 시기에는 사실상 북한의 군사력 증강이 미약했고 1960년 말에 비해 군사분계선에서의 무력도발도 미약했다.[18] 이 시기 북한의 군사비는 1960년대에 비해 매우 미약한 증가율을 보여주고 있었고 때로는 감소되기도 했다. 북한이 1970년대에는 이전 시기와 달리 상당한 수준의 경제성장을 이룩했다는 점을 고려할 때, 이는 이례적인 것으로 평가된다.[19] 결과적으로 1970년대 미국의 주한미군 철수와 닉슨 및 카터 행정부의 안보공약 약화는 한국 정부가 인식

---

17 Hamm, *Arming the Two Koreas*, pp. 79~82.

18 Donald S. Zagoria and Young Kun Kim, "North Korea and the Major Powers," in William J. Barnds (ed.), *The Two Koreas in East Asian Affairs* (New York: New York University Press, 1976), p. 36.

19 북한의 GNP는 1964년 93억 7000만 달러에서 1971년 138억 2000만 달러로 늘어났는데, 1970년대 들어와 더욱 빠르게 늘어나 1978년에는 219억 달러에 이르렀다.

하는 안보 위협의 증가를 촉발했으며, 이는 당시 자주국방을 향한 한국의 군사력 증강 노력으로 이어졌다.[20] 따라서 1970년대는 한국군이 미국의 동맹정책 변화에 따라 자주국방 강화의 노력을 적극적으로 추진한 시기로 평가된다.

2.3 | 1980~1990년대 이후 한국군의 군사력 증강

1970년대 닉슨 및 카터 행정부와는 달리 1980년대 레이건 행정부는 한국에 대한 안보 지원을 다시 강화하기 시작했다. 그러한 노력의 일환으로 미국은 1981년도에 주한미군의 군사력 강화를 위해 1억 1000만 달러의 예산을 책정하기도 했다.[21] 레이건 행정부는 당시 한미정상회담 공동선언문을 통해 미국이 주한미군을 철수할 계획이 전혀 없으며 한국에 대해 무기 수출을 허용하고 방위산업 기술을 전수할 것을 약속했다.[22] 이러한 약속에 대한 실질적인 노력으로 레이건 행정부는 주한미군의 전력을 증강하고 한국군의 현대화 작업을 지원하기도 했다.[23] 이러한 노력의 결과로 한국의 군사비는 1980년대 초

---

20 대한민국 국방부, 『율곡사업의 어제와 오늘 그리고 내일』 (서울: 국방부, 1994).

21 Norman D. Levin and Richard L. Sneider, "Korea in Postwar U.S. Security Policy," in Gerald L. Curtis and Sung-joo Han (eds.), *The U.S.-South Korean Alliance: Evolving Patterns in Security Relation* (Lexington: Lexington Books, 1983), p. 54.

22 *Korea Herald*, February 3, 1981; *Far Eastern Economic Review*, May 15, 1981, p. 44.

23 Sung-joo Han, "South Korea and the United States: Past, Present, and Future," in Gerald L. Curtis and Sung-joo Han (eds.), *The U.S.-South Korean Alliance*, p. 225.

반부터 정체하기 시작했으며, 1980년대 중반까지 큰 차이를 보이지 않았다. 따라서 1980년대 전반기의 한국군 군사력 증강은 미국의 안보 정책 변화로 1970년대와 다른 패턴을 나타냈다고 해석할 수 있다. 하지만 1987년 이후에는 한국의 군사비가 다시 급격하게 증가하는데, 1986년 51억 달러였던 군사비가 1980년대 후반에 매년 20~30%씩 증가하여 1990년에는 100억 달러에 육박하게 되었다.

하지만 1990년대 초반 이후로 군사비의 급격한 증가는 중단되었으며, 점진적인 군사력 증강이 이루어졌다. 냉전 시기 한국의 군사력 증강 과정이 1990년대 이후 탈냉전 시기에 그대로 적용되지는 않았다. 냉전 시기의 대미 의존적 안보 정책과는 달리 1990년대에 한국의 경제적 능력이나 군사적 능력은 예전과 비교할 수 없을 정도로 성장했다. 이에 따라 한국의 군사력 증강 정책이 냉전 시기처럼 미국의 한반도 정책으로부터 큰 영향을 받지는 않게 되었고, 나름대로 자율성을 가지게 되었다. 물론 한미동맹의 속성상 미국과는 여전히 비대칭적 동맹 관계를 유지하고 있는 것이 사실이다. 하지만 한국이 더 이상 군사적으로나 경제적으로나 약소국이 아니고, 한미동맹 역시 1990년대 이후 재조정 과정을 거치면서 냉전 시기에 비해 미국에 대한 의존도가 감소되었다. 더구나 1990년대 초반 이후 불거진 북한 핵 위기와 북한의 비대칭전력 강화로 한국의 군사력 증강 정책이 냉전기와는 달리 다른 변수의 영향을 받을 가능성도 커졌다.

3 | 냉전 종식 이후 북한의 군사력 건설과 위기 도발 경향

한국에 대한 북한의 상대적 세력 약화는 냉전기에도 점진적으로 진행되어온 것이 사실이다. 그러나 냉전기의 국력 약화가 냉전 종식의 충격과는 비교될 수 없었다. 냉전기에도 북한 지도부는 한국에 비해 북한이 뒤처지고 있다는 사실을 인식하고 있었지만, 1990년대 이후에 전개된 상황만큼 심각하게 받아들이지는 않았던 것으로 보인다. 구동독의 외교문서에 따르면, 1970~1980년대에 김일성은 한반도 사정에 대해 상당히 낙관적인 견해를 피력했다.[24] 1980년대에 한미 합동군사훈련인 팀 스피리트(Team Spirit)에 관한 걱정을 드러내기도 했지만, 그리 비관적이지는 않았다.[25] 소련과 중국의 강력한 지원 덕분에 북한 지도부는 냉전기 자국의 안보 상황이 크게 악화되고 있다고 인식하지는 않았던 것이다. 그러나 냉전 종식 이후 북한의 대외적 여건은 근본적으로 변화했다. 결과적으로 냉전 종식 이후 한반도에서 북한 지도부의 대외적 위협 인식은 급격히 악화되었다. 더 이상 소련과 중국에 안보를 의존할 수 없게 되자 북한 지도부는 체제 생존과 정권 안보를 위해 대안적 차원에서 군사력 증강 방안을 고민하게 된다.

3.1 | 냉전 종식 이후 북한군의 군사력 건설

3.1.1 | 북한의 핵무기 프로그램 건설

냉전 종식 이후 군사력 증강 과정에서 북한이 가장 심혈을 기울인 부분은 핵무기 프로그램 개발 및 강화이다. 1993년 3월 북한의 핵

---

24 Bernd Schäfer, "Weathering the Sino-Soviet Conflict: The GDR and North Korea, 1949~1989," *Cold War International History Project Bulletin*, Issue. 14/15 (2003~2004).

25 Don Oberdorfer, *The Two Koreas: A Contemporary History*, Revised and Updated ed. (New York: Basic Books, 2001), pp. 154~160.

확산금지조약(NPT) 탈퇴로 촉발된 제1차 북한 핵 위기는 1994년 6월 김일성과 카터의 극적인 평양 합의와 10월 북미 간 제네바 합의(agreed framework)가 타결됨으로써 부분적으로 해소되었다. 그러나 2002년 10월 북한의 고농축 우라늄(HEU) 프로그램 활동에 대한 북미 간 논란으로 제2차 북한 핵 위기가 시작되었다. 2004년 6월까지 북핵 문제를 타개하기 위해 남북한과 미국, 중국, 일본, 러시아 사이에서 세 차례에 걸쳐 베이징 6자회담이 열렸지만 큰 성과를 거두지 못하다가, 2005년 9월 19일 제4차 6자회담에서 북핵 문제의 평화적 해결에 합의하는 공동성명(joint statement)이 채택되었다. 하지만 미국의 북핵 폐기 원칙과 북한의 동결과 보상 원칙이 충돌하여 공동성명 합의 바로 다음 날부터 갈등이 다시 고조되었다. 9·19 공동성명에 합의한 지 1년 반이 지난 2007년 2월이 되어서야 '9·19 공동성명 이행을 위한 초기 조치'(2·13 합의)가 합의되었고, 이어서 10월 '9·19 공동성명 이행을 위한 제2단계 조치'(10·3 합의)가 합의되었지만, 북핵 문제는 위기 국면을 근본적으로 벗어나지 못했다. 당시 6자회담에서 합의한 '폐쇄 - 신고·검증 - 폐기'의 3단계 가운데 2단계인 검증 단계에서 핵 협상은 2008년 중반 이후 좌초되었다. 이러한 상황에서 북한은 2006년 10월과 2009년 5월, 2013년 2월 세 번에 걸쳐 핵실험을 강행하면서 핵 능력을 강화해나갔다.

북한은 김정은 체제에 들어서서도 핵무기 능력을 북한 군사력의 핵심으로 삼아 지속적으로 강화해나갈 것이라고 천명해왔다. 김정은은 2013년 신년사에서 강성국가 건설에 관해 논의하면서, 특히 김정은 체제하에서 강성국가 건설의 목표가 핵무력에 기초한 경제강국 건설에 집중될 것임을 암시했다. 이는 3개월 후인 3월 말 조선노동당 중앙위원회 전원회의에서 새로운 전략적 노선으로 채택된, "경제 건설과 핵무력 건설을 병진"한다는 소위 '핵경제 병진노선'에서 잘 나타난다.[26] 이는 김정은 시대 핵정책의 지속성을 뚜렷하게 보여주는 국가전략이다. 북한은 핵경제 병진노선이 김일성 주석과 김정일 국방위원장이 추진했던 "독창적인 경제국방 병진 노선의 빛나는 계승"이라며, "방위력을 철벽으로 다지면서 경제 건설에 더 큰 힘을 넣어 사회주의 강성국가를 건설하기 위한 가장 혁명적이며 인민적인 노선"이라고 강조했다.[27] 물론 김일성이나 김정일 시대의 국방경제 병진노선이 사실상 국방력 강화를 위한 국가전략이었음을 고려하면,[28] 김정은의 핵경제 병진노선 역시 핵무력에 방점이 있으며, 김정은 시대 핵정책이 북한 군사력의 핵심적인 부분이 되고 있음을 암시한다.

북한은 1980년대에 이미 영변에 5MWe의 흑연감속로 원자로를 가동하면서 폐연료봉 재처리를 통해 핵물질을 확보하기 시작했다. 1992년 국제원자력기구(IAEA)의 영변 핵시설 사찰 당시 북한 스스로 과거의 핵활동을 통해 90g의 플루토늄을 추출했었다고 인정하기도 했다. 북한의 핵능력은 제네바 합의가 붕괴되었던 2002년 가을부터 북핵 동결이 다시 합의되었던 2007년 2월 사이에 집중적으로 강화된 것으로 판단된다. 1994년 6월 핵 프로그램 동결을 약속할 때까지 북한은 핵실험을 위한 충분한 양의 핵물질을 보유하지 못했을 것으로 추정된다. 따라서 북한의 세 차례 핵실험에 필요한 핵물질은 제네바 합의가 붕괴되고 북한이 핵 프로그램을 재가동한 2003년 이후 생산된 물질로 추정된다. 그 결과 북한은 현재 10~16개의 핵무기를 제조

---

26 "北 黨중앙위 전원회의, 경제·핵무력 병진노선 채택", ≪연합뉴스≫, 2013년 3월 31일 자.

27 ≪조선중앙통신≫, 2013년 3월 31일 자.

28 함택영, 『국가안보의 정치경제학』, 163~177쪽.

표 4-2
북한의 핵실험 비교

구분	1차 핵실험	2차 핵실험	3차 핵실험
일시	2006년 10월 9일	2009년 5월 25일	2013년 2월 12일
장소	함북 길주군 풍계리 시험장 동쪽 갱도	함북 길주군 풍계리 시험장 서쪽 갱도	함북 길주군 풍계리 시험장 서쪽 갱도
지진파 규모	3.9	4.5	4.9~5.1
위력(추정)	1kt 미만(0.8kt)	2~6kt	10kt 이상 (정부는 6~7kt)
핵무기 유형	플루토늄	플루토늄	플루토늄 추정 (일부는 고농축우라늄)

자료: 유용원·신범철·김진아, 『북한군 시크릿 리포트』(서울: 플래닛 미디어, 2013), 119쪽.

하기에 충분한 40~50여 kg의 플루토늄 핵물질을 보유한 것으로 알려져 있다. 또한 북한은 영변에 플루토늄 프로그램뿐만 아니라 최신식 우라늄 농축 프로그램을 보유하고 있다고 공개하고 지속적으로 핵능력을 강화할 수 있음을 보여주었다.[29] 국방부는 북한의 핵무기 소형화 능력도 상당한 수준에 이르렀을 것으로 평가하고 있다.[30] 일부 분석에서는 최악의 경우에 북한이 2020년까지 100개의 핵무기를 보유할 수 있을 것으로 평가하기도 했다.[31]

---

29 Siegfried S. Hecker, "What I found in North Korea: Pyongyang's Plutonium is no longer the only problem," *Foreign Affairs*, Snapshot, December 9, 2010.

30 대한민국 국방부, 『2014 국방백서』, 28~29쪽.

31 Joel S. Wit and Sun Young Ahn, "North Korea's Nuclear Futures: Technology and Strategy," North Korea's Nuclear Futures Series, US-Korea Institute, School of Advanced International Studies, Johns Hopkins University, February 2015.

3.1.2 | 북한의 비대칭전력 건설

『2014 국방백서』에서는 북한이 한국에 대한 군사적 우위를 확보하기 위해 재래식전력을 증강하는 동시에 핵과 탄도미사일 등 대량살상무기를 개발하고 장사정포, 수중전력, 특수전 부대, 사이버 부대 등 비대칭전력을 집중적으로 증강하고 있다고 밝혔다.[32] 또한 북한은 6000여 명 규모의 사이버전 관련 인력을 운용하여 한국 사회의 심리적·물리적 마비를 유발하기 위한 사이버전을 수행하고 있다고 한다.

이와 더불어 북한은 전략적 공격 능력을 확대하기 위해 1970년대 이후 탄도미사일 개발에 착수했다. 1980년대 중반에 사정거리 300km의 SCUD-B와 500km의 SCUD-C를 생산해 실전 배치했으며, 1990년대에는 사정거리 1300km의 노동 미사일을 개발해 시험 발사하고 작전 배치한 것으로 알려져 있다. 2000년대 들어서는 2007년에 사거리 3000km 이상의 무수단 미사일을 작전 배치해 한반도 전체를 포함하여 일본, 괌 등 동북아 주변국을 직접적인 타격 사정권 내에 두었다. 북한은 또한 1998년 이후 대포동 미사일을 시험 발사해왔는데, 2012년 12월까지 총 다섯 차례에 걸쳐 장거리 로켓을 발사함으로써 1만 km 이상의 장거리 미사일 능력을 보유했다. 북한의 장거리 미사일 능력은 미국 본토를 위협할 수준으로 평가된다.[33] 특히 미국 국가정보국은 의회에 제출한 보고서에서, 북한이 탄도마시일 개발과 생산에 필요한 부품을 거의 자급자족하는 수준에 이르렀다고 평가하기도 했다.[34]

---

32 대한민국 국방부, 『2014 국방백서』, 24~30쪽

33 같은 책, 28~29쪽.

34 통일부 통일교육원, 『2014 북한이해』 (서울: 통일부, 2014), 157~158쪽.

그림 4-1
북한의 주요 탄도미사일 사거리

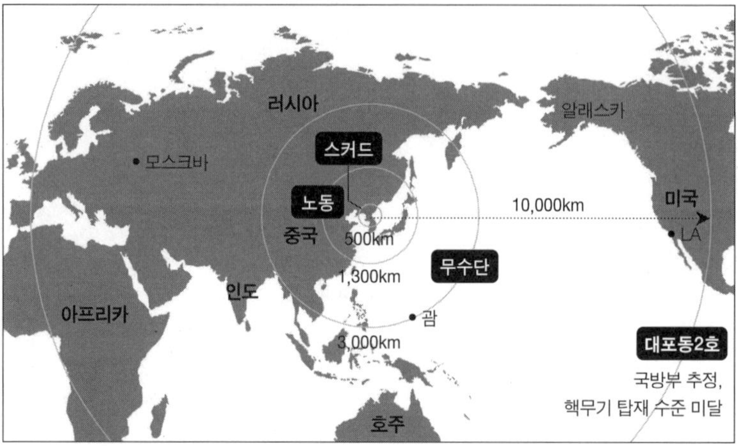

자료: 국방부, 『2014 국방백서』.

다른 한편, 북한은 1960년대 초부터 화생무기 연구시설 및 생산 기구를 설치해 1980년대부터 화학무기를 생산하기 시작했으며, 현재 수포성, 신경성, 혈액성, 최루성 등 유독가스 17종 약 2500~5000톤의 화학무기를 저장하고 있는 것으로 알려져 있다. 또한 콜레라, 탄저균, 천연두, 페스트 등 다양한 생물학무기를 자체적으로 배양해 생산할 수 있는 능력을 보유한 것으로 알려져 있다.[35]

3.2 | 냉전 종식 이후 북한의 군사적 도발 경향

북한은 분단 이후 총 3000회가 넘는 대남 군사도발을 감행한 것으로 알려져 있다.[36] 1990년대 이후에는 한반도에서 북한의 군사적

35 같은 책, 158쪽; 대한민국 국방부, 『2014 국방백서』, 29쪽.

위협이 재래식 군사력 위협과 더불어 핵무기 프로그램과 비대칭전력에 의한 도발로 옮겨간 것으로 요약할 수 있다. 2000년대 이후에는 이러한 유형 변화 경향이 더욱 두드러지는데, 북한의 도발 유형이 탈북자를 가장한 침투나 북한 경비정의 NLL 침범, 포격 및 소규모 해전, 영공 침범의 형태로 나타나고 있다.[37] 북한은 2006년, 2009년, 2013년 세 차례에 걸쳐 감행된 핵실험과 1998년, 2006년, 2009년, 2012년에 이루어진 장거리 로켓 및 미사일 발사를 통해 전략무기에 의한 도발 가능성을 보여주었다. 또한 북한은 1999년 6월 1차 연평해전, 2002년 6월 2차 연평해전, 2009년 11월 대청해전, 2010년 3월 천안함 피격, 같은 해 11월 연평도 포격 사건 등 서해 지역에서의 비대칭전력에 의한 군사적 도발 능력을 보여주었다.[38]

결국 1990년대 이후 한국군이 직면해온 군사적 충돌은 전면전의 가능성과 더불어 국지도발을 중심으로 한 북한군의 무력도발과 위기고조 전략이었다. 지난 60여 년 동안 한반도에서 전면전 형태의 전쟁이 재발하지 않았다는 점은 한국군의 군사력이 북한군의 전면전 도발에 대한 억지 전략에서는 상당한 성공을 거두었다는 점을 의미한다.[39] 하지만 1990년대 말 이후 서해상에서 여러 차례 발생한 북한군 도발이나 2010년 천안함 및 연평도 사건, 그리고 최근의 비무장지대 목함지뢰 사건 등은 북한의 비대칭전력에 의한 도발 전략을 잘 보여

36 대한민국 국방부, 『2014 국방백서』, 251~255쪽.

37 같은 책, 255쪽.

38 통일부 통일교육원, 『2014 북한이해』, 168~171쪽; 김종대, 『시크릿 파일 서해전쟁』 (서울; 메디치, 2013).

39 David Kang, "International Relations Theory and the Second Korean War," *International Studies Quarterly*, Vol. 47, No. 3 (2003).

주었다. 이는 비록 제한적인 모습이었지만, 2000년대 이후 한반도 군사 위기의 모습이 과거의 전면전 형태의 모습과는 상당히 다를 수 있다는 점을 보여주었다. 따라서 북한의 비대칭전력에 대한 대응에 상당한 관심이 집중되었다. 이러한 관점에서 그동안 행해진 한국군 군사력 개선 노력이 북한군의 비대칭전력에 의한 도발에 적절히 대응하는 방향으로 이루어졌는지에 대한 재평가가 필요하다. 또한 북한의 군사력이 2000년대 이후 핵무기 및 탄도미사일 프로그램에 집중해왔다는 점을 고려해 이에 대한 군사적 대응책도 미리 고려했어야 한다. 이런 점에서 최근 국방부가 추진하고 있는 '한국형 미사일 방어체계(KAMD)' 및 '킬 체인(kill chain)'은 매우 중요하다.[40] 하지만 그동안 북한 군사력 위협의 모습을 고려할 때 이러한 대응이 늦은 감이 없지 않다.

4 | 2000년대 이후 한국의 군사력 개선 방향

4.1 | 노무현 정부의 '국방개혁 2020'

노무현 정부 시절이던 2005년 12월에 국방부는 '병력 위주의 양적 군 구조'에서 '정보·지식 중심의 질적 군 구조'로 전환하기 위해 '국방개혁 기본계획(2006~2020)'을 수립하고, '국방개혁에 관한 법률'에 근거하여 2~3년 주기로 기본계획을 수정·보완해왔다. '국방개혁 기본계획'이 한국군의 군사력 증강 계획만을 다룬 것은 아니다. 하지만 국

40 대한민국 국방부, 「국방개혁 기본계획 2014~2030」 (2014), 22~23쪽; 대한민국 국방부, 『2014 국방백서』, 56~59쪽.

내외 안보 정세와 국방개혁 추진 실적을 평가해 군사력 개선 방향을 제시하는 국방부의 공식적인 정책보고서라는 측면에서 커다란 의미가 있다.

노무현 정부는 한미동맹 체제하에서 반세기 이상 큰 변화 없이 지속되어온 한국의 국방 능력을 과학기술 발전과 안보 환경의 급격한 변화에 따라 능동적으로 개혁하려는 노력을 시작했다.[41] 당시 국방부는 1991년의 걸프 전쟁과 2003년의 이라크 전쟁을 통해 정보과학기술 발전에 따라 전쟁 양상이 급속히 변화하는 것을 목격하고 전장 공간 확대, 장거리 정밀타격전, 네트워크 중심전 등 새로운 전쟁 양상에 대한 대응을 군사력 현대화를 통해 한반도에서도 구현하려고 시도했다. 당시 국방부는 우리 군이 아직 병력 위주의 대군 체제와 북한에 대한 지상군 위주의 양적 구조를 유지하여 작전 운용의 효율성이 떨어지고 육·해·공 3군 간 합동성 발휘가 제한되고 있음을 지적했다. 따라서 국방부는 '21세기 선진 정예 강군'을 목표로 '정보·지식 중심의 첨단 정보과학군' 및 '저비용·고효율의 경제군'을 건설해나갈 것이라고 선언했다.

우선 '정보·지식 중심의 기술집약형' 군 구조 개편은 새로운 전략과 전장 운용 개념에 부합하도록 전력을 첨단화하면서도 효과적으로 운용할 수 있는 정예화된 군 구조를 통해 현대전 양상에 능동적으로 대처하고자 하는 노력이었다. 이를 위해 상비군을 단계적으로 감축하여 68만여 명의 병력을 첨단무기체계 확보와 연계하여 2020년까지 50만 명 수준으로 정예화할 것을 계획했다. 또한 "조기경보기, 무인

41 국방개혁위원회, 「국방개혁 2020 이렇게 추진합니다」 (2005); 대한민국 국방부, 「국방개혁 2020과 국방비」 (2006).

항공정찰기, 정찰위성 등 조기경보 및 표적획득 능력을 강화하여 실시간 전장 관리 및 지휘가 가능한 지휘통제 능력을 확보"하고자 했다. 기동·정밀 타격 능력 향상을 위해서는 차기 전차, 다연장로켓, 다목적 헬기, 각종 신예 전투기 등 전투 효율이 높은 무기와 장비를 확보해 기동성과 정밀타격 능력을 증대시킬 것을 계획했다. 이를 위해 합동참모본부 중심의 작전 수행 체제를 구축하는 한편, 부대 수를 축소하고 중간 지휘 계선을 단축하고자 했다.

국방부는 이러한 국방개혁을 실행하는 데 2006년부터 2020년까지 국방비가 총 621조 원이 소요될 것으로 추정하고, 이를 연평균 7.1%의 경제성장률하에서 9%의 국방 예산 증가율을 통해 확보할 수 있다고 언급했다. 물론 이러한 경제성장률 및 국방 예산 증가율 추정치는 희망적 사고에 불과했기 때문에 '국방개혁 2020' 자체에 대한 비현실성이 지적되곤 했다.[42]

4.2 | 이명박 정부의 '국방개혁 기본계획 2009~2020' 및 '국방개혁 기본계획 2012~2030'

4.2.1 | 국방개혁 기본계획 2009~2020

2009년 4월 이후 발생한 북한의 장거리 미사일 발사 및 2차 핵실험 등 군사적 위협에 대응하기 위해 이명박 정부는 2009년 6월 '국방개혁 기본계획 2009~2020'을 수립했다.[43] 이명박 정부는 2009년의 기본계획에서 '정예화된 선진 강군 육성으로 미래지향적인 선진 국방

42 이근욱, 「한국 국방개혁 2020의 문제점: 미래에 대한 전망과 안보」.

43 대한민국 국방부, 「국방개혁 기본계획 2009~2020」 (2009).

역량 강화'를 목표로 '국방개혁 2020'의 개혁 본질을 강화하면서도 이를 실행 가능한 액션플랜으로 보완하고자 했다. 특히 안보 환경 변화에 따른 대비 소요를 반영하여 북핵 및 미사일 등 비대칭 위협에 대처 가능한 전력을 우선적으로 보강하고자 했다. 또한 육·해·공 3군 간 균형 발전 및 합동성을 고려해 합동 전장 운영 개념을 반영한 군사력 구조 조정을 추진하기로 했다. 2009년의 기본계획 역시 2005년과 마찬가지로 '미래전 수행에 적합한 군사력 구조로 전환'할 것을 계획하고 있다.

2009년의 기본계획은 한반도의 전략 환경에 대해 전략적 특수성을 가지고 있다고 평가하고 있는 점이 특이하다. "군사분계선을 연하여 세계 최고 수준의 군사력이 밀집해 있고 수도권이 군사분계선에 근접하여 위치"해 있으며, "이라크·아프가니스탄 전쟁 등과는 달리 공군력에 의한 지상군 투입 여건 조성이 제한"되어 있고, "개전과 동시에 지상군 간 대규모의 치열한 교전 상황 발생이 불가피"함을 강조하고 있다. 2005년의 기본계획과는 달리 한반도 미래전 양상을 지상군 중심으로 파악하고 있으며, 첨단전과 재래전이 혼재된 것으로 해석했다. 북한의 군사력에 대해서는 "대규모 재래식전력을 유지한 가운데 핵, 미사일, 장사정포, 특수전 부대 등 비대칭전력을 중점 육성"하고 있다고 평가하고 있다.

이에 따라 2009년의 기본계획은 위협의 강도와 현실화 가능성이 가장 큰 북한의 위협에 우선적으로 대처해야 한다고 설명하고 있다. "수도권 안전 확보를 위해 접적 부대는 초전 즉각 전투력을 발휘할 수 있도록 완전하게 편성"하고, '북한의 비대칭 위협을 적 지역에서 최대한 자난 및 제거하기 위해 감시, 정찰, 정밀타격, 요격 능력을 확충"할 것을 계획하고 있다. 다른 한편으로, 미래전 양상을 고려하여 네트워크 중심전 수행 능력을 구비할 것도 준비하고 있으며, 초국가적·비군사적 위협은 범국가 차원의 위기관리와 연계해 국내외 위협에 동시에 대비하도록 했다.

2009년 기본계획의 가장 큰 특징 중 하나는 "비대칭 위협 등 북한 위협에 대비한 필수 전력 확보"이다. 북한의 핵 및 미사일 위협에 대비하기 위해 '① 감시정찰 - ② 정밀타격 - ③ 요격 - ④ 방호'로 대응력 강화를 강조했다. 북한의 장사정포 위협에 대해서는 "실시간 대화력전 수행을 위해 '① 표적탐지 - ② 결심 - ③ 타격 능력'을 확충"하도록 했다. 또한 북한의 특수전부대 위협에 대비하기 위해 "적 산악침투 대비 대대급 이하 제대 및 개인 전투 능력"을 향상시키고, "거점 공간 및 간격 통제를 위한 감시 및 타격 능력"을 보강하도록 했다.

4.2.2 | 국방개혁 기본계획 2012~2030

이명박 정부는 2012년 8월에는 2010년의 천안함 피격, 연평도 포격 등 북한의 새로운 군사 위협 및 국내외 안보 환경 변화를 반영하여 '국방개혁 기본계획 2012~2030'을 수립했다.[44] 이 계획에서는 북한의 현존 위협과 미래 위협 등 국방 환경 변화와 국방 과학기술기술 발전을 고려해 국방개혁 목표 연도를 2020년에서 2030년으로 조정했다. 2012년의 기본계획은 '다기능 고효율의 선진 국방'을 목표로 한반도 작전 환경에 부합하는 '맞춤형 군 구조'로 전환할 것을 계획했다. 이에 따라 "평시부터 '적극적 억제'로 군사전략을 발전시키고, 전시작전통제권 전환 대비 상부 지휘 구조를 개편하여 '전투 임무 중심의 군 구조'로 전환시키고, 위협 재평가에 따라 전력 증강 우선순위를 조정

44 대한민국 국방부, 「국방개혁 기본계획 2012~2030」 (2012).

하고 북한 특수전 부대 및 비대칭 위협 군사 위협 대비 능력을 대폭 확충"하는 것을 주요 과제로 제시했다.

2012년의 기본계획은 특히 상부 지휘 구조 개편을 강조했는데, 2015년에 예정되었던 전시작전권 전환 계획에 따라 "합참 중심으로 합동성이 더욱 발휘될 수 있도록 합참의장에게 전구 작전 지휘 기능을 부여하고, 각 군 참모총장을 작전 지휘 계선에 포함시켜 각 군의 고유 영역에 대한 군사작전을 주도함으로써 전투부대에 대한 지휘체계를 일원화"하는 계획을 입안했다. 다른 한편으로, '실전적인 정보·기술 집약형 군 구조로 전환'할 것을 계획했는데, 특히 "육군은 네트워크 기반하 통합작전 수행 가능한 구조로 전환"하여, "네트워크에 의한 실시간 의사결정과 실시간 표적 타격이 동시에 진행될 수 있도록 지휘통제 능력을 보강하고 기동성 및 화력, 생존성, 정밀도가 강화되는 부대 구조로 전환"할 것을 계획했다.

2012년의 기본계획도 2009년에 이어 "북한의 핵·미사일 및 장사정포 등 비대칭 위협에 대비하고 우리의 작전 환경과 능력을 종합적으로 고려해 미래전 수행에 적합한 전력을 지속적으로 보강"할 것을 계획했다. 특히 2012년 10월 7일에 이루어진 미사일 지침 개정을 통해 "한국의 남부 지역에서도 북한 전 지역을 타격 가능하도록 사거리와 탄두 중량을 확대함으로써 평시 억제 발휘가 가능하고 유사시 북한의 군사적 위협에 적극 대응"하려는 노력을 기울였다. 또한 처음으로 '한국형 미사일 방어체계'를 제시하여 북한의 미사일이 발사되어 한국의 지상에 도달하기 전에 요격하는 체계를 발전시키도록 했다. 또한 북한의 사이버전에 대해서도 언급했는데, 사이버전에 대비해 정보 수집과 공격·방어 무기 개발 능력을 확보하는 한편, 사이버사령부 인력을 1000여 명으로 확대하기로 했다.

4.2.3 | 박근혜 정부의 '국방개혁 기본계획 2014~2030'

북한이 2012년 12월 장거리 로켓 발사와 2013년 2월 3차 핵실험을 감행하면서 박근혜 정부 들어 북한의 도발 위협과 비대칭전력 증강에 대응할 수 있는 억제전력을 구비할 필요성이 제기되었다.[45] 이에 국방부는 2014년 3월, '정예화된 선진 강군'을 육성하기 위해 국내외 안보 정세와 국방 환경의 변화 등을 반영한 '국방개혁 기본계획 2014~2030'을 수립했다. 2014년의 기본계획은 "혁신·창조형의 '정예화된 선진 강군' 육성"을 목표로 "단·중기적으로 북한 위협에 대비한 능력을 우선 확보하고 장기적으로 통일 시대를 준비하면서 잠재적 위협에 대비하는 방위 역량을 강화"하는 데 목표를 두고 계획되었다.[46] 또한 군 구조 개혁에 대해서는 미래전 수행에 적합한 정보화·첨단화 네트워크 중심 환경에서 공세적 통합작전이 수행 가능한 구조로 전환할 것을 계획했다. 2014년의 기본계획은 북한 위협 평가에 대해 "북한은 재래식전력의 열세를 만회하기 위해 비대칭전력(핵 및 WMD)을 증강시키고 있으며, 체제 안정화를 위해 다양한 방법으로 대남 위기를 지속적으로 조장하고" 있다고 언급하고 있다. 또한 전쟁 수행 패러다임 변화에 대해시는 "네트워크 발전으로 감시, 결심, 타격의 빈응시간이 단축되고, 초정밀 무기체계의 발달로 병력 위주 군대의 효율성이 상대적으로 감소하고 있으며, 세계 군사 선진국은 군사혁신을 통해 새로운 패러다임에 작용해가고" 있다고 강조했다.

기본계획은 중점 분야 중 '군 구조 개혁 분야'에서 "북한의 비대칭, 국지도발 및 전면전 위협에 동시 대비가 가능한 능력을 구비하고,

---

45 대한민국 국방부, 『2014 국방백서』, 78~79쪽.

46 대한민국 국방부, 「국방개혁 기본계획 2014~2030」.

병역 자원 감소에 따라 정예화된 병력 구조로 개선"할 것을 언급했다. 또한 "첨단전력을 증강하여 단위부대의 작전 능력을 향상시키고 제대별 책임 지역 확장에 따른 부대 수와 배비를 조정"해, '네트워크 중심 작전 환경에 적합하도록 중간 지휘제대를 적정화하고 간소화"할 것을 강조했다. 이에 따라 상비군을 2013년 말 63만 3000명에서 2022년에는 52만 2000명으로 감축하고, 전투력 발휘를 보장하기 위해 병력 구조 정예화를 추진해 각 군별 간부 비율을 40% 이상으로 유지하며, 특히 "첨단기술 집약형 군 구조 개편과 연계하여 숙련도와 전문성이 요구되는 직위에 부사관 위주로 간부를 증원"할 것을 계획했다.

2014년 기본계획의 가장 커다란 특징 중 하나는 '킬 체인'과 '한국형 미사일 방어체계(이하 KAMD)' 구축 관련이다. 기본계획은 전력구조 개편을 통해 북한의 핵 및 미사일 등 비대칭 위협에 대응할 수 있는 킬 체인과 KAMD를 구축할 것을 약속하고 있다. 킬 체인은 북한의 핵과 미사일에 대응하기 위해 ① 탐지 - ② 식별 - ③ 결심 - ④ 타격하는 전력을 구비하는 것이다. KAMD는 한반도 전략 환경을 고려하여 발사된 적의 미사일을 효과적으로 요격할 수 있는 '종말단계 하층방어 위주'의 미사일 방어체계이다. 이는 2013년 10월 제45차 한미안보협의회의(SCM)에서 '북한의 핵·대량살상무기 위협에 대비한 한미 맞춤형 억제 전략'으로 구체화되었다. '맞춤형 억제 전략'은 "기존의 확장억제 개념을 발전시켜 북한 정권 지도부의 특성과 핵 및 대량살상무기 사용을 위협하는 단계부터 직접 사용하는 단계까지 핵 위기 상황별로 이행 가능한 군사적·비군사적 대응 방안을 포함"하는 것이다.[47] 또한 2014년의 제46차 한미안보협의회의에서는 '동맹의 포괄적 미사

47 대한민국 국방부, 『2014 국방백서』, 56~58쪽.

일 대응작전' 개념과 원칙을 정립했는데, 여기서 '포괄적'이라는 말의 의미는 '탐지(detect), 방어(defense), 교란(disrupt), 파괴(destroy)의 4D를 의미한다.

5 | 한국군 군사력 증강 과정의 평가 및 정책적 함의

5.1 | 한국군 군사력 증강 과정의 평가

앞서 살펴본 한국군의 군사력 증강 과정에 대해 다음과 같이 평가해볼 수 있다. 1990년대 이후 북한의 재래식 군사력의 위협 및 전면적 도발에 대한 억지와 더불어 핵무기 프로그램과 비대칭전력에 의한 제한적 도발에 대한 억지에 관해 2000년대 이후 군사력 개선 과정에서 집중적으로 논의했어야 했다. 하지만 지난 정부들의 국방개혁 논의 과정에서 이러한 부분에 대한 대응이 적절히 반영되지 못한 측면이 있다. 특히 그동안 한국의 국방개혁 논의는 군 구조, 군사혁신 및 새로운 첨단기술 적용이라는 관점에 집중해왔던 것이 사실이다.[48] 노무현 정부의 '국방개혁 2020'이나 이명박 정부의 초기 국방개혁 기본계획 모두 국방 운영체계나 군 구조, 상부 지휘 구조 등에 집중했다. 북한군의 새로운 위협 방향에 어떻게 대응할 것인지에 관해서는 2010년 이후에야 집중적으로 논의되었다고 할 수 있다.

박근혜 정부의 국방개혁 기본계획 역시 "다양한 위협에 능동적으

48 권태영·노훈, 『21세기 군사혁신과 미래전: 이론과 실상, 그리고 우리의 선택』 (서울: 법문사, 2008).

로 대응할 수 있는 정보·기술 집약형 군 구조로 전환"하고, "현존 및 잠재적 위협에 대비한 첨단전력을 증강"함으로써, "국방 환경 및 전쟁 수행 패러다임의 변화에 능동적으로 대처 가능한 군 구조로 개편"하여 "우리의 작전 환경과 미래전 수행에 적합한 정보·지식 중심의 첨단전력"을 강화하겠다는 계획을 밝히고 있다. 특히 육군과 관련해서는 "네트워크 중심 작전 환경하 공세적 통합작전 수행이 가능한 부대 구조로 개편"할 것을 계획하고 있다.[49] 이러한 논의는 북한의 변화된 군사적 위협에 대한 대응을 일정 부분 포함하지만, 사실상 전쟁의 미래에 관한 논의에 집중한 나머지 북한의 비대칭적 위협과 한반도 안보 환경이라는 정치적 차원을 고려하지 못한 측면이 있다. 과연 지난 20여 년 동안 한반도에서 발생한 군사적 위기를 돌이켜볼 때 이러한 네트워크 중심의 정보·기술 집약형 군 구조가 가장 적절한 군사력 개선의 모습인지를 놓고 고민해봐야 한다. 한반도의 최근 군사적 충돌이 냉전 시기의 재래식 전쟁의 모습을 보이지는 않았지만, 그렇다고 미국이 이라크에서 수행했던 첨단무기와 기술 중심의 전쟁과 같은 모습도 아니었다는 점을 현실적으로 인식해야 한다. 이는 1990년대 말 이후 비무장지대와 서해상에서 발생한 수많은 북한군 도발을 분석해 보면 잘 알 수 있다.

이러한 관점에서 그동안 논의된 한국군 군사력 증강 방향은 북한의 현실적인 위협에 대한 대비로서는 부족한 측면이 있다. 냉전 시대의 재래식 형태의 전면전에 대한 대비도 필요하고, 전쟁의 미래에 기초한 정보·기술 집약형 첨단군 형태의 구조 개편도 필요하다. 하지만 그동안 한반도의 군사적 위기에서 가장 특징적인 모습은 북한군의 비

49 대한민국 국방부, 「국방개혁 기본계획 2014~2030」, 11~14쪽.

대칭전략에 의한 국지전 형태의 무력도발이었음을 고려할 때, 이러한 군사적 충돌에 대한 대비책으로서의 군사력 개선 방향이 더욱 중요시되어야 할 것이다. 이 글은 한국군의 군사력이 그동안 미래 한반도 안보 환경에 적절한 모습으로 건설되고 있었는지를 재검토하고 있다.[50] 이러한 관점에서 볼 때, 한국은 2000년대 이후 군사력 개선 과정에서 미래를 예측하려는 노력이 부족하고 미래 한반도의 정치적 상황을 크게 고려하지 않았다는 점을 지적할 수 있다.[51] 따라서 지난 시기의 군사력 증강 과정에 대한 분석과 평가를 바탕으로 미래 한반도형 군사력 증강 모델을 구상하는 것이 필요하다고 판단된다.

5.2 | 한국군 군사력 개선을 위한 정책적 함의

5.2.1 | 전투형 군대와 관리형 군대의 조화

그동안 군은 주로 병역 자원 감소에 대한 대응 및 '전투형 군대' 양성에 집중했던 것이 사실이다. 국방부는 2010년의 연평도 포격 사건 이후 기회가 있을 때마다 '잘 싸워서 이기는 전투형 군대' 양성을 천명해왔다.[52] 하지만 최근 들어 더욱 증가하고 있는 총기 사건이나 북한군 비무장지대 침투 사건 등을 보면 전방부대의 기강 해이가 매우 심각한 상황임을 잘 알 수 있다.[53] 다른 한편으로, '전투형 군대' 양성이 잘 이루어진다고 해도 그것이 유일한 군사력 건설 목표가 될 수

---

50 이근욱, 「미래의 전쟁과 전쟁의 미래: 이라크 전쟁에서 나타난 군사혁신의 두 가지 측면」, ≪신아세아≫, 제17권 1호 (2010).

51 이근욱, 「한국 국방개혁 2020의 문제점: 미래에 대한 전망과 안보」.

52 "김관진 국방장관 공식 취임 '전투형 군대 만들 것'", ≪SBS≫, 2010년 12월 4일 자.

53 "말로만 '전투형 군대'…실제는 기강해이 심각", ≪한국일보≫, 2014년 7월 9일 자.

는 없다. 물론 군의 최대 임무는 분명 전투에서 잘 싸워 이기는 강력한 군사력을 건설하는 것이다. 하지만 국가 간 전쟁이 쉽게 발생하지 않는 현대의 안보 환경을 고려할 때 '전투형 군대'의 강력함과 더불어 '관리형 군대'의 효율성도 육성해야 한다. 지금까지 우리는 북한의 전면적인 남침을 억지하고 방어하는 형태의 지상군 건설에 초점을 두어 왔다. 또한 전쟁 방식도 1950년 한국전쟁과 같은 재래식 전쟁에 대한 대응을 염두에 두어온 것이 사실이다. 하지만 현대 군사력 건설에는 정치적 환경 변화에서 비롯되는 전쟁 환경 변화 및 이에 따른 필요 군사력 변화가 반영되어야 한다.[54] 따라서 한국 또한 한반도의 안보 환경을 예측하고, 이에 필요한 군사력을 건설해야 한다. 단순한 군사기술 및 전투력 향상이라는 군사적 분석이 아니라 미래 대내외적 안보 환경 변화에 대한 정치적 분석이 필요하다.

특히 한반도 유사시에 대비한 '관리형 군대', 대민 지원, 안정화 작전과 관련한 기본계획 및 훈련뿐만 아니라, 전반적인 지상군 운영 방식과 체질 개선에 대한 고민 또는 논의가 부족했다. 일부 국내외 재난 구조 및 국민 안전 지원체계에 대한 논의나 훈련은 있었다.[55] 하지만 한반도 유사시 상황은 해외 평화 유지 활동 등에서 맞는 상황과는 근본적으로 다르다. 따라서 별개의 전문적 인력 양성과 작전 수립이 필요하며, 군사력 운용 방식에 대해 다양한 논의를 준비해야 한다. 이러한 병력 규모나 군사력 운용 방식은 한반도 유사시에 중요한 변수가 될 수 있다. 한국군의 운용 방식의 변화는 군의 체질 개선을 전제로 한다. 가령 상대적으로 적은 병력 규모로 북한 급변 상황 발생 시

---

54 이근욱, 「한국 국방개혁 2020의 문제점: 미래에 대한 전망과 안보」, 96~98쪽.

55 대한민국 국방부, 『2014 국방백서』, 208~211쪽.

북한 지역에 대한 성공적인 안정화 작전을 수행하기 위해서는 군사력 건설 과정에서 기존의 재래식 '전투형 군대'의 육성 및 병력 사용 방식뿐만 아니라 대민 지원 및 사회 안정화를 위한 훈련이 체계적으로 이루어져야 할 것이다. 다행히 한국군은 그동안 해외 파병 지역에서 대민 지원 및 안정화 작전 경험을 꾸준히 쌓아왔다.[56] 더욱이 한국군이 활동 지역에서 큰 성과를 거둠으로써 국가 이미지를 높이는 효과도 상당한 것으로 알려져 있다.[57] 이러한 노력과 경험이 한반도 유사시 안정화 작전에서도 활용될 수 있도록 군사력 운용 방식에 대한 지속적인 연구 및 훈련이 필요하다.

5.2.2 | 북한의 위협과 전쟁의 미래의 조화

다른 한편, 그동안 한국의 국방개혁 논의는 군 구조, 군사혁신 및 새로운 첨단기술 적용이라는 관점에 집중해왔다.[58] 2014년의 국방개혁 기본계획 역시 "다양한 위협에 능동적으로 대응할 수 있는 정보·기술 집약형 군 구조로 전환"하고, "현존 및 잠재적 위협에 대비한 첨단전력을 증강"함으로써, "국방 환경 및 전쟁 수행 패러다임의 변화에 능동적으로 대처 가능한 군 구조로 개편"하여 "우리의 작전 환경과 미래전 수행에 적합한 정보·지식 중심의 첨단전력"을 강화하겠다는 계획을 밝힌 바 있다. 특히 육군과 관련해서는 "네트워크 중심 작전 환경하 공세적 통합작전 수행이 가능한 부대 구조로 개편"할 것을 계획하고 있다.[59] 하지만 전쟁의 미래에 관한 논의가 북한의 위협과 한반

---

56 대한민국 국방부, 『2014 국방백서』, 131~142쪽.

57 "한빛부대 파병 1년…'코리아 원더풀' 현지인 극찬", ≪뉴시스≫, 2014년 4월 3일 자.

58 권태영·노훈, 『21세기 군사혁신과 미래전: 이론과 실상, 그리고 우리의 선택』.

도 안보 환경이라는 정치적 차원의 고려를 충분히 논의한 상태에서 이루어진 것인지에 대해 고민해볼 필요가 있다. 한국 정부는 그동안 '전쟁의 미래'라는 관점에서 새로운 첨단 군사무기 및 기술을 구입하고 군사력에 적용하는 것은 강조했다. 그런데 '전쟁의 미래'는 군사무기 및 기술 발달의 차원에서 결정되는 전쟁 자체의 미래 변화를 의미하는 것으로서, 이와 관련해서는 군사기술 발전과 그에 따른 군사조직 및 교리 변화가 핵심적인 사항이 된다.[60]

한국의 주된 안보 위협은 북한이므로 한국의 군사력 증강은 북한의 군사적 위협을 중심으로 이루어져야 할 것이다. 이는 한국의 군사력 증강이 '전쟁의 미래'의 관점에서 첨단무기를 구매하거나 군사기술에 집중하는 것이 아니라, 북한의 군사적 위협이라는 '미래의 전쟁'의 관점에서 이루어져야 함을 의미한다. 그렇다면 북한의 군사적 위협이 '전쟁의 미래'가 그리고 있는 전쟁 자체의 변화를 한반도에서 이끌어내어 한국으로 하여금 첨단의 무기와 기술 중심으로 대응해야 할 전장 환경을 만들어낼 것인가? 한반도 '미래의 전쟁'이 1950년 한국전쟁과 같은 재래식 전쟁의 모습을 보이지는 않겠지만, 미국이 이라크 침공 당시에 수행했던 첨단무기와 기술 중심의 전쟁이 될 가능성도 현실적으로 낮다고 하겠다. 1990년대 말 이후 발생한 서해에서의 여러 차례 무력충돌이나 2010년의 천안함 및 연평도 사건은 21세기 한반도 전쟁의 모습이 과거와는 크게 다를 것임을 제한적으로나마 보여준 것이었다.

이러한 관점에서 한반도에서 발생 가능한 '미래의 전쟁'을 1950

---

59 대한민국 국방부, 「국방개혁 기본계획 2014~2030」, 11~14쪽.

60 이근욱, 「미래의 전쟁과 전쟁의 미래」, 140~143쪽.

년 한국전쟁과 같은 20세기 형태로 이해하는 것은 오류이다. 결국 한국이 당분간 상정해야 하는 한반도 미래의 전쟁은 전면전쟁과 국지도발을 중심으로 하는 북한과의 무력충돌일 것이다. 군사적 위협이라는 측면에서 북한이 재래식전력과 비대칭전력을 동시에 발전시키고 있다는 점을 고려할 때 전면전이나 국지적인 무력충돌이 발생하더라도 이에 따른 한반도 전장 상황에 대한 대응이 중심이 되어야 할 것이다. 또한 북한이 핵무기 및 탄도미사일 프로그램에 집중하고 있다는 점을 고려해 핵전력의 지휘통제체계에 대한 군사적 대응책도 고려해야 할 것이다.[61] 결국 북한의 재래식 군사력의 위협과 핵무기 등 비전통적인 무기의 위협에 대한 대응을, 전면적 도발에 대한 억지와 더불어 제한적 도발에 대한 억지를 동시에 고려해야 할 것이다. 이러한 관점에서 최근 국방부가 추진하고 있는 KAMD 및 킬 체인은 커다란 중요성을 가진다.[62]

5.2.3 | 북한 급변 상황에서의 군사력 소요 대비

대북 억지력의 실패로 인한 전쟁 상황에서뿐만 아니라 소위 급변사태(contingency)로 일컬어지는 한반도 유사시 적절한 지상군 병력 수준과 대응전략은 군사력 개선 과정에서 필수적이다. 특히 북한 정권 붕괴나 한반도 통일의 과정에서 발생할지 모르는 여러 가지 상황에 필요한 안정화 작전에서 적절한 지상군 병력 수준은 중요한 문제가 된다. 비록 정치적으로 민감한 사안이기는 하지만 이러한 유사 상황

---

61 Peter D. Feaver, "Command and Control in Emerging Nuclear Nations," *International Security*, Vol. 17, No. 3 (1992/93).

62 대한민국 국방부, 「국방개혁 기본계획 2014~2030」, 22~23쪽; 대한민국 국방부, 『2014 국방백서』, 56~59쪽.

을 고려한 군사력 건설 및 병력 규모 유지 계획이 필요하다.

최근 브루스 베넷(Bruce W. Bennett) 등의 연구에 따르면, 북한 붕괴 시 낙관적으로 추산하더라도 대체로 26만~40만 정도의 지상군 병력이 필요하다고 알려져 있다.[63] 베넷은 최근 연구에서 북한의 대량살상무기 제거 및 관리를 포함할 경우 북한 붕괴 시 60만~80만 명의 지상군 병력이 필요하다고 주장하기도 했다.[64] 미국이 2003년 이라크 전쟁 이후 안정화 작전 및 재건 과정에서 경험했던 어려움을 고려하면, 한반도 유사시에 필요한 병력 규모에 대해서도 고민이 필요하다. 실제로 이라크 전쟁 당시에도 미국 내에서 적정 병력 규모에 대한 논쟁이 있었다.[65] 미국은 한반도 유사시 필요한 소요 병력을 거의 대부분 한국군이 제공하기를 요구할 가능성이 크기 때문에, 한국은 군사력 건설 및 운용 방향과 관련하여 이러한 요구에 대해 준비해야 한다. 물론 북한 안정화 작전에 26만~40만 또는 60만~80만 명의 지상군 병력이 필요하다는 평가는 한반도 상황을 고려했을 때 과장된 수치일 수도 있다.[66] 북한의 급변사태 양상에 따라서는 이라크 전후 상황이나 다른 안정화 작전과는 달리 더 적은 수의 지상군 병력만이 필요할 수도 있다. 한국 정부가 베넷이 주장하는 제안을 따라서 반드시 병력 증강을 추진할 필요는 없다. 하지만 병력 부족의 가능성을 상정하고

---

63 Bruce W. Bennett and Jennifer Lind, "The Collapse of North Korea: Military Missions and Requirements," *International Security*, Vol. 36, No. 2 (2011).

64 Bruce W. Bennett, *Preparing for the Possibility of a North Korean Collapse* (Santa Monica: RAND, 2013).

65 이근욱, 『이라크 전쟁: 부시의 침공에서 오바마의 철군까지』(파주: 도서출판 한울, 2011).

66 이근욱, 「북한급변사태와 병력 소요 및 운용: 베넷(Bruce W. Bennett)에 대한 비판적 검토」, ≪국방연구≫, 제57권 3호 (2014).

이에 대한 대응책을 마련할 필요는 있다. 이 경우 단순한 병력 증원에 의한 군사적 제압보다는 병력 운용 방식의 혁신이 필요하다고 하겠다.[67] 국방개혁 기본계획은 현존 전투력을 유지하는 가운데 병력을 감축하겠다는 핵심 목표를 제시하고 있는데, 인력을 대신할 첨단전력 증강과 부사관 확충, 이를 위한 국방 예산 증액이 제대로 이뤄지지 않으면, 군사력 소요에 커다란 어려움을 겪게 될 가능성도 있다.[68]

---

67 Jason Lyall and Isaiah Wilson III, "Rage Against the Machines: Explaining Outcomes in Counterinsurgency Wars," *International Organization*, Vol. 63, No. 1 (2009).

68 "2030년 軍의 모습…병력 52만명·군단중심 작전", ≪연합뉴스≫, 2014년 3월 6일 자.

제5장

미래의 안보 환경과 21세기 한국의 육군력

설인효

1 | 서론

한반도를 둘러싼 안보 환경이 급격히 변화하고 있다. 2000년대 후반 이후 본격적으로 제기된 미국의 상대적 쇠퇴와 중국의 부상에 따른 세력 균형의 변화 가능성, 그리고 일본의 군사적 역할 확대 시도와 러시아의 재부상과 같은 현상들은 세계 및 지역 질서의 안정성을 약화시키고 있으며, 미래에 대한 불확실성을 크게 증대시키고 있다. 김정은 정권의 안정성에 대해서는 여전히 이견이 존재하지만, 체제 불안정의 징후들을 지속적으로 노출하고 있는 것이 사실이다. 박근혜 정부가 '통일 대박론'을 내놓은 이후 불현듯 찾아올지 모를 통일 및 통일 이후 시대에 대비할 필요성이 다양한 차원에서 제기되고 있다.

한국군과 국방부는 국가 번영의 토대인 국민의 생존과 안전을 담당하는 일차적 기관으로서, 이와 같은 복합적 안보 환경 변화에 능동적으로 대처해나갈 것을 주문받고 있다. 더불어 저상장 지속 및 복지 예산 증대 시대의 국방 예산 제약, 인구 감소에 의한 병력 규모 감축과 같은 상황 속에서, 효율적인 군사력 건설과 배비에 대한 요구는 더욱 엄격하고 철저하게 제기될 것이다. 군사력 건설이 대규모 재원의 투입을 요구하는 중대한 사회적 결정인 만큼 국방 예산의 절대적 크기뿐 아니라, 군 간의 배분도 최종적으로 정치적 결단을 통해 결정되는 사회적 선택의 결과물이 될 것이다.

이 글은 이러한 문제의식하에 현재 한국 사회에 존재하는 육군의 미래상을 분석해보고, 그것이 현재와 같은 상황에서 미래에 대한 적절하고 충분한 대비인지 평가한다. 그리고 그 결과 현재 육군은 미래 안보 환경의 복합성에 걸맞은 체계적인 미래상을 제시하지 못하고 있으며, 특히 국방 예산의 절대적 크기와 군 간 배분의 사회적 선택에서 여론의 근간으로 작용하게 될 학계 및 전문가 집단의 인식과 대중적 이해를 선도하는 데 매우 부족한 상태임을 지적하고자 한다.

앞서 언급한 안보 환경의 급격한 변화와 질서의 불안정 및 불확실성의 증대는 향후 수십 년간 지속될 가능성이 크다.[1] 또한 이러한

---

1 이코노미스트의 전망에 따르면, 중국은 명목GDP를 기준으로 2026년에 미국을 제치고 2050년까지 세계 최대 경제 대국 지위를 유지할 것으로 보인다. 인도는 연평균 5%에 달하는 경제성장률을 바탕으로 세계 3위 경제 대국으로 부상할 것으로 예상된다. The Economist Intelligence Unit, "Long-term Macroeconomic Forecasts: Key Trends to 2050" (2015), http://pages.eiu.com/rs/783-XMC-194/images/Long-termMacroeconomicForecasts_KeyTrends.pdf. 경제력 변화는 군사력을 포함한 국력의 변화를 초래하고, 이는 다시 국제질서의 변화를 초래할 가능성이 크다. 따라서 이러한 변화는 2050년경까지 계속될 전망이다.

도전에 대응해 미래를 준비하고 국방력을 확충할 재원과 인력의 상황 역시 계속 악화될 전망이다.[2] 향후 각 군은 이러한 이중고 속에서 주어진 인력과 재원을 가지고 가장 효율적인 방식으로 복합적인 도전에 동시에 대비할 것을 요구받게 될 것이며, 이를 위한 미래의 비전과 계획을 수립해 제시할 것을 요청받게 될 것이다. 그리고 그 과정에서 미래에 대한 예측과 진정한 국가 이익이 무엇인가를 둘러싸고 사회 내에서, 또 각 군 간에 치열한 싸움을 벌이게 될 것이다.

물론 그렇다고 육군이 자군 중심주의 입장에서 무조건 자기 조직의 이익을 앞세우라는 의미는 아니다. 그러나 육군 역시 지상전력의 주체이자 최고 전문 집단으로서 우리의 국방과 국가 이익 차원에서 육군의 역할을 제대로 대변하지 못한다면 최종적 의사결정 과정에서 왜곡된 인식과 의사가 투영되는 것을 지켜봐야만 하는 처지가 될지 모른다. 또 미래는 불확실하며 미래전의 양상과 전쟁 수행 방식은 아직 정해진 것이 아니라는 점에서 새로운 육군의 역할을 기획하고 창출하는 일을 게을리해서는 안 된다.

현재까지 이상과 같은 점에 대한 육군의 인식은 비교적 부족한 것으로 평가된다. 이에 더하여 미래의 복합적 도전에 대응해 한반도

2 국회예산정책처에 따르면, 한국의 장기 경제성장률은 2020년대 중반까지 3% 수준을 유지하다가 이후 2040년까지 2%, 그 이후에는 1%대로 하락할 전망이다(국회예산정책처, 「2014~2060년 장기 재정전망」, 2014.11). 글로벌 인사이트(Global Insight)에서는 한국의 경제성장률이 2020년대 중반부터 1%에 진입해 2040년 무렵에는 1% 이하에 머물 것으로 예상했다(Global Insight, "World Economic Outlook," 2015.3). 한편 국가통계포탈(KOSIS)에 따르면, 인구 감소 및 노령화에 따라 18~21세 청년 인구는 2015년 273만 명에서 2020년 230만 명, 2040년 175만 명, 2060년 126만 명으로 급감할 전망이다(국가통계포탈, "국내통계: 학령인구").

에서 육군의 역할을 기획하는 데는 고유한 어려움들이 존재하는 것으로 보인다. 이 글은 한 국가 내에서 군대가 미래를 구상하고 기획하는 활동이 지니는 의미를 구체화하여 향후 육군이 이와 같은 활동을 보다 활발히 전개할 수 있게 하는 동시에, 이러한 활동에 존재하는 고유한 어려움들의 실체를 밝혀 미래 기획 과정에서 극복해나가야 할 과제가 무엇인지를 뚜렷이 제시하고자 한다. 마지막으로 향후 한국이 맞게 될 복합적 안보 도전에 대응해 육군의 미래상을 기획하기 위하여 복합적 도전에 동시에 대비하면서 합리적인 우선순위를 설정하기 위한 인식의 틀을 비교적 구체적인 수준에서 제시해보고자 한다.

2 | 이론적 분석틀: 담론의 경쟁과 육군의 미래 구상

여기서는 복합적 안보 도전과 열악한 국방 예산 상황에서 군의 미래 구상이 갖는 의미와 중요성을 살펴보고자 한다. 앞서 말했듯이 군사력 건설은 대규모 재원의 투입 여부를 결정하는 중대한 사회적 선택의 결과인 만큼, 의사결정을 둘러싼 논쟁 과정에서 누가 더 설득력 있는 비전을 제시하는지가 매우 중요한 문제이다. 특히 동원 가능한 재원이 대단히 제한된 상황에서는 이를 둘러싼 논쟁과 경쟁이 더욱 치열해질 수밖에 없다.

이러한 경쟁에서 승리할 수 있는 '경쟁력 있는' 비전을 기획하기 위해서는 합리적이고 체계적인 미래 전망에 기반을 둔 육군의 미래상 정립이 요구된다. 극도의 예산 제약 상황에서 정부 예산의 상당 부분을 차지하는 국방 예산은 언제든지 일반 시민의 집중적인 감액 요구 대상이 될 수 있다. 따라서 전문가 집단뿐 아니라 일반 대중도 수긍할 수 있는 미래의 안보 위협과 이에 대한 대비로서의 육군력 구상이 필요하다. 이 글에서는 이를 위해 '전쟁의 미래'와 '미래의 전쟁' 개념의 구분이 필요하다는 점을 주장할 것이다.

2.1 | '담론 시장'에서의 경쟁

미래는 본질적으로 불확실하며 일정한 전망에 기초할 수밖에 없다. 이처럼 합리적 판단이 제한되는 사안에 대한 사회적 선택은 '객관적 사실' 만큼이나 '다수의 사람들에 의해 받아들여지는 일정한 체계를 갖춘 전망', 즉 '담론'에 의해 결정되게 된다.[3] 즉, 미래의 군사력 건설에 대한 한국의 선택은 '미래의 전쟁 양상'에 대한 '지배적 담론'이 무엇이 되는가에 따라 결정될 것이다.

〈그림 5-1〉은 군사력 건설을 위한 사회적 선택이 어떤 방식으로 이루어지는지를 개념적으로 보여준다. 군사력 건설을 위한 예산의 규모와 군 간 배분 방식이 최종적으로 정치적 결단에 의해 이루어진다고 할 때, 상황에 따라 정도의 차이는 있으나 일반 시민사회에서 형성되는 '여론의 압력', 사회적 지식을 생산하는 저변으로서 학계의 '다양한 논의', 전문 연구기관의 '정책 건의' 등이 정치적 결정에 직간접적인 영향을 미치게 될 것이다.

특히 그중 학계의 논의는 일반 시민사회의 여론을 선도해나간다

---

3 사회 내의 여러 세력과 이해집단은 자신의 선호와 해석을 사회의 지배적인 해석으로 만들고자 '정당성'을 둘러싼 경쟁을 벌이게 된다. 사회 현상에 대한 나름의 설명체계를 갖춘 이러한 해석을 '담론(discourse)'이라 한다. W. Gamson & A. Modigliani, "Media discourse and public opinion: A constructionist approach," *American Journal of Sociology*, 95 (1989), 1~37쪽.

그림 5-1
군사력 건설을 위한 사회적 선택의 결정체계

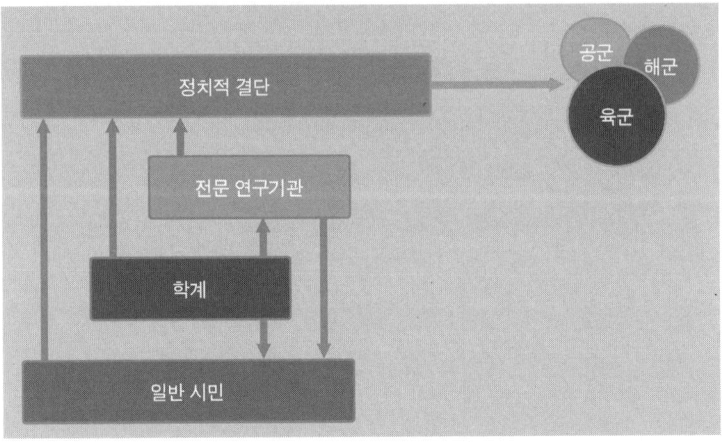

는 점에서, 또 전문 연구기관이 필요로 하는 지식의 기반을 제공한다는 점에서 중요한 역할을 한다. 정치적 결정에 바로 적용될 수 있는 구체적 형태의 정책 제언을 생산하는 역할은 주로 전문 연구기관이 맡는다. 그러나 미래 안보 환경 예측과 미래전 구상, 전쟁 수행 방식에 대한 전망이 매우 광범위한 기초 연구를 필요로 한다는 점에서 학계의 역할은 더욱 부각된다. 정책 제언을 생성하는 과정에서 전문 연구기관 역시 학계의 중장기적 연구 결과에 기초할 수밖에 없기 때문이다.

특히 경제성장률이 장기적으로 낮은 수준에서 고정되고, 복지 예산 증대에 대한 요구가 지속될 경우에 일반 시민의 예산 사용에 대한 관심은 커지고 상황에 따라 정치적 결정에 결정적 역할을 수행하게 되기도 할 것으로 전망된다. 이때 미래 안보 환경과 그 속에서 육군의 역할에 대한 시민 일반의 인식은 육군의 입장에서 때로는 수용할 수 없는 결정을 감내해야 하는 상황을 발생시킬 수 있다. 비교적 전문적이고 구체적인 수준의 지식을 생산하는 전문 연구기관에 비해 일반 시민의 미래에 대한 전망과 각 군의 역할에 대한 기대 및 인식은 주로 학계의 활동에 의해 형성된다고 할 수 있다.

미래의 안보 환경과 군사력 건설 여건이 열악해지면서 담론 경쟁은 매우 치열한 수준에서 전개될 것이다. 이때 어떤 집단이 더욱 경쟁력 있는 담론을 내놓느냐에 따라서 사회적 선택과 의사결정이 이루어지게 된다. 각 군이 내놓을 미래 비전은 시장에서 판매를 기다리는 상품처럼 '충분한 경쟁력'을 가질 필요가 있다. 이는 한반도를 둘러싼 복합적 안보 환경에 대한 정밀한 분석에 기초하는 동시에, 이에 대한 합리적이고 체계적인 대응으로서의 다양한 요건을 두루 갖춘 것이 되어야 한다. 충분히 투자할 만한 가치가 있다고 시민 일반이 확신할 수 있게 해야 하는 것이다.

군사력 건설과 관련된 사회적 의사결정 과정에서 치열한 '담론 경쟁'이 발생했던 사례는 무수히 많으나, 여기서는 두 가지 사례를 예로 들기로 한다. 먼저 20세기 초 미 육군의 개혁 과정은 한 사회 내에서 군대의 의미와 역할을 놓고 벌어진 담론 경쟁을 잘 보여준다.[4] 식민지에서 독립해 공화국을 건립한 미국은 19세기 후반까지 군대에 대해 부정적인 시각을 견지하고 있었으며, 규모가 작고 각 주 관할하에

---

4 설인효, 「20세기 초 미 육군 개혁과정: 개혁의 시작, 루트 개혁기(1899~1903)를 중심으로」, ≪미국학 논집≫, 제44집 3호 (2012), 33~76쪽. 또한 이 시기에 미국은 수차례에 걸친 제국주의적 팽창 기회를 번번이 활용하지 않았다. 파리드 자카리아(Fareed Zakaria)는 이 시기 미국의 대외정책을 '제국의 과소팽창(imperial understretch)'이라는 말로 묘사하기도 했다. Fareed Zakaria, *From Wealth to Power* (New Jersey: Princeton University Press, 1998).

독자적으로 유지되는 군대를 이상적인 것으로 생각했다.[5]

19세기 후반을 통해 세계적 강대국의 반열에 올랐을 뿐 아니라 미서전쟁 이후 쿠바와 필리핀 등 식민지까지 획득하게 된 미국은 강대국 경쟁에서 살아남기 위해 해외 파병이 가능한 잘 훈련되고 규모가 큰 육군을 건설할 필요에 처하게 되었다. 1916년 제1차 세계대전에 대한 파병을 결정하기까지 미국 내에서는 군대의 규모와 사회적 역할을 둘러싸고 격렬한 논쟁이 벌어졌다. 남북전쟁 시기에 형성된 미 육군 장교단과 일군의 공화당 정치인들은 이 과정에서, 군대가 민주주의를 위협하는 악이 아니며 오히려 후기자본주의의 혼란상을 수습할 책임감 있고 리더십 있는 인재를 육성하는 '사회적 기관'이라는 점을 설득력 있게 제시함으로써 육군 개혁을 성사시켰다.[6]

최근의 사례로는 2015년 초에 미 국방부가 대중 군사전략으로서 '공해전' 명칭을 공식적으로 폐기하고, 이를 대신해 '국제 공역에 대한 접근과 기동을 위한 합동 개념(Joint Concept for Access and Maneuver in the Global Commons: JAM-GC)'을 제시한 것을 들 수 있다.[7] 잘 알려진 바와 같이 '공해전'은 2000년대 후반 이후 미국이 소위 중국의 '반접근·지역거부' 전략에 대응하기 위해 발전시켜온 군사작전 개념이다. 미 국방부는 2011년 '공해전실(Air-Sea Battle Office: ABO)'을 설치하고 최근

---

5 설인효, 「20세기 이전 미국의 군사 전통: 반(反) 군사 전통의 형성과 전개」, ≪미국학≫, 제35권 1호 (2012), 151~153쪽.

6 설인효, 「20세기 초 미육군 개혁과정: 반 군사 전통의 극복과 수정」, 서울대학교 대학원 외교학과 박사학위논문 (2012), 제6장을 참고할 것.

7 한편 공해전 채택 및 발전 과정에서 공군과 해군의 영향력 투사를 '조직 행태 모델' 및 '정부정치 모델'로 분석한 최근 연구로는 다음을 참고할 수 있다. 노진국·이근욱, 「군사전략의 정치학: 앨리슨 모형으로 분석한 공해전(AirSea Battle)」, ≪국제정치논총≫, 제54집 2호 (2014).

까지 이 개념을 구체적인 수준으로 발전시켜왔다.[8]

그러나 2015년 초에 미 국방부는 이 명칭을 공식적으로 폐기하고 이 개념의 발전을 주도하고 있던 '공해전실'도 폐쇄한 것으로 알려졌다.[9] 국방부는 이러한 명칭 변경이 '공해전 개념' 폐기를 의미하는 것은 아니며, 이제까지의 상황 변화와 그동안의 발전상을 반영한 것이라고 설명했다. 그러나 그 배경에는 기존의 '공해전' 개념이, 그 명칭에서 단적으로 드러나는 바와 같이, 지상군의 역할을 충분히 반영하지 못했다는 점에 대한 반성이 작용한 것으로 평가된다.[10] 공해전 개념이 공식화된 2010년 이후 미 육군과 해병대는 '반접근·지역거부'로 대표되는 새로운 전장 환경하에서 지상군의 역할이 반영된 새로운 작전 개념을 꾸준히 발전시켜왔으며, '공해전' 개념의 문제점과 한계를 지속적으로 지적해왔다.[11]

---

8 Air-Sea Battle Office, *Air-Sea Battle: Service Collaboration to Address Anti-Access & Area Denial Challenges* (Washington D.C.: Department of Defense, 2013).

9 Franz-Stefan Gady, "The Pentagon Just Dropped Air-Sea Battle Name," *The Diplomat,* January 22, 2015.

10 J. Randy Forbes, "Rip Air-Sea Battle?" *The National Interest,* January 29, 2015.

11 Raymond T. Odierno, "The Future of the United States Army: Critical Questions for a Period of Transition," CSIS Military Strategy Forum, November 1, 2012; Raymond T. Odierno, "The U.S. Army in a Time of Transition," *Foreign Affairs* (May/June, 2012). 노진국·이근욱, 「군사전략의 정치학: 앨리슨 모형으로 분석한 공해전(AirSea Battle)」, 98쪽에서 재인용.

2.2 | '전쟁의 미래'와 '미래의 전쟁'

이 글에서 육군의 미래상 구상과 관련해 강조하고자 하는 또 다른 관점은 '전쟁의 미래'와 '미래의 전쟁' 개념의 구분이다. 이근욱은 이라크 전쟁의 초기 국면에서 미국의 실패를 분석하면서 양 개념을 구분할 필요성을 제기한 바 있다.[12] 이는 미국이 첨단 정보기술을 적용한 전쟁 수행 방식을 발전시키는 과정에서 '군사적 효율성 증대'에는 성공했으나, 향후 미국이 수행하게 될 '전쟁의 양상' 자체에 대한 전망에는 실패했음을 지적하기 위한 것으로, '전쟁 수행 방식 자체의 변화'를 의미하는 '전쟁의 미래'와 '미래 공간에서 발생할 전쟁의 양상'을 의미하는 '미래의 전쟁'을 구분할 필요가 있다는 주장이다. 이에 따라 우리가 일반적으로 생각하는 '미래전'은 〈그림 5-2〉와 같이 구분할 수 있다.

이는 한반도의 상황에도 큰 적실성을 갖는다. 전쟁 수행 방식의 근본적 변화를 통해 군사적 효율성이 혁신적으로 증대되는 '군사혁신 현상'[13]은 전 세계적으로 빠르게 확산되는 속성을 가지고 있다.[14] 군사력의 효율적 운용은 한 국가의 명운을 결정하는 근본적인 요소이기

12 이근욱, 「미래의 전쟁과 전쟁의 미래: 이라크 전쟁에서 나타난 군사혁신의 두 가지 측면」, ≪신아세아≫, 제17권 1호 (2010).

13 군사혁신이란 기술, 무기체계, 교리, 조직 등 군사 분야 전반에서 혁명적인 변화가 발생하는 현상을 일컫는다. Eliot Cohen, "Change and Transformation in Military Affairs," *The Journal of Strategic Studies*, Vol. 27, No. 3 (September 2004), pp. 395~407.

14 설인효, 「군사혁신의 전파와 미중 군사혁신 경쟁: 19세기 후반 프러시아 - 독일 모델의 전파와 21세기 동북아 군사질서」, ≪국제정치논총≫, 제52집 3호 (2012), 145쪽.

그림 5-2
'전쟁의 미래'와 '미래의 전쟁' 개념 구분

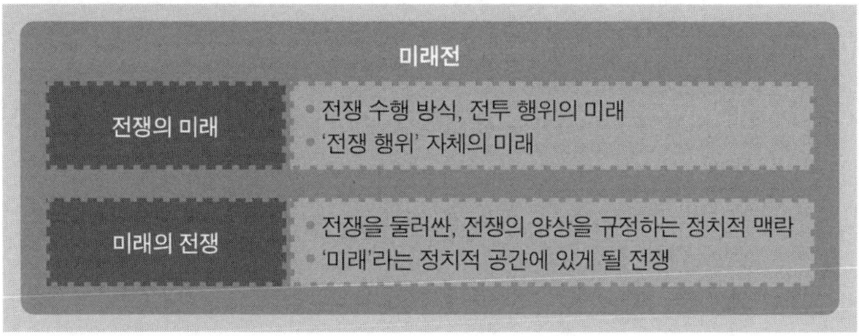

자료: 설인효, 「이라크 전쟁과 전쟁의 미래: 이라크 전쟁의 국제정치적 결과를 중심으로」, ≪군사≫, 제92호 (2014), 302쪽. 이 연구는 이근욱의 '전쟁의 미래' 및 '미래의 전쟁' 구분을 수용하고 이를 이라크 전쟁이 미친 영향과 이후의 전쟁 양상 전망에 적용한 것이다.

때문이다. 그러나 이 과정에서 그 국가가 실제로 수행하게 될 전쟁의 양상, 즉 '미래의 전쟁'과는 유리된 전쟁 수행 방식을 도입하고 발전시킬 가능성이 존재한다. 새로운 기술을 활용한 새로운 전쟁 수행 방식은 물론 모든 군사 영역에 걸친 일반적 효율성 향상에 기여한다고 할 수 있으나 특정한 양상의 전쟁 형태에는 적합하지 않을 수 있고, 투입한 비용 대비 효과 면에서는 최적의 선택과 다를 수 있기 때문이다.[15]

상술했듯이 한반도를 둘러싼 안보 환경은 빠르게 변하고 있다. 그러나 북한과의 군사적 대치가 지속되고 있는 상황에서 남북 관계의 혁신적 개선과 실질적 통일이 이루어질 때까지는 북한의 군사적 위협에 대한 억지와 대응이 국방의 최우선적 과제가 아닐 수 없다.[16] 탈냉

---

15 한국은 세계적인 군사 표준을 따라가는 동시에 한국이 처한 특수성 속에서 국방과 군사를 발전시켜나가야 한다. 설인효, 「이라크 전쟁과 전쟁의 미래: 이라크 전쟁의 국제정치적 결과를 중심으로」, ≪군사≫, 제92호 (2014), 326쪽.

16 이근욱, 「한국 국방개혁 2020의 문제점: 미래에 대한 전망과 안보」, ≪신아세아≫, 제15권 4호 (2008), 103~106쪽.

전 후 1990년대를 거쳐 2000년대 중반까지 걸프 전쟁과 코소보 전쟁 등을 통해 보여준 미국의 새로운 전쟁 수행 방식, 소위 '네트워크 중심전'은 전 세계적 군사 표준으로 떠올랐으며, 한국군 역시 이를 수용고자 다양한 비전과 구상을 내놓았다. 한미동맹을 통해 미군과 긴밀한 관계를 맺고 있는 한국군 입장에서 그러한 움직임은 더욱 구체적인 수준에서 이루어질 수밖에 없었다. 그러나 과연 그러한 전쟁 수행 방식이 우리 안보와 국방의 요구에 맞는 최적의 선택인가에 대한 성찰은 부족했던 것으로 보인다.[17]

더불어 '미래의 전쟁'에 대한 체계적인 구상 역시 매우 제한되어 있는 것으로 평가된다. 우리를 둘러싼 안보 환경은 더욱 복합적인 과제들을 제기하고 있는데, 국방에 대한 국민의 기대 수준은 합리적 우선순위에 따라 역량을 배분하되 모든 도전에 동시에 대비할 수 있는 '스마트한 군사력'을 요구하는 수준에 이르고 있다. 결국 군은 어떤 위협에, 어느 정도의 역량을, 어떤 시기에, 어떠한 순서에 따라 투입해야 하는지에 대해 합리적이고 설득력 있는 설명을 내놓을 수 있어야 한다.

이러한 작업은 군 스스로 하기에는 무리가 따른다. 광범위하고 다양한 요소에 대한 중장기적 분석에 기초한 학술적 연구를 필요로 하기 때문이다. 또한 국민 일반이 공감할 수 있는 세련된 논리와 충분

---

17 한국은 세계 최첨단의 군사력으로서, 한미동맹을 통한 연합방위체제 구축의 필요성에 따라 미국의 군대를 하나의 표준이자 준거로 삼아 국방 발전을 추진해 왔다. 이 과정에서 한국과 미국의 차이나 한국의 국방 현실이 충분히 고려된 '체계적이고 입체적인 국방발전 전략'이 수립되어 있었는지를 놓고 자문해볼 필요가 있다. 설인효, 「이라크 전쟁과 전쟁의 미래: 이라크 전쟁의 국제정치적 결과를 중심으로」, 327쪽.

한 근거를 제공할 수 있어야 하는데, 군이 이러한 전문성까지 갖추기는 어렵다. 문제는 군이 이와 같은 문제를 주도적으로 제기하고 학계와 전문 연구자의 참여를 이끌 수 있는 활동을 얼마나 활발히 펼치고 있는가이다.

3 | 육군의 미래상에 대한 기존 연구

3.1 | 폭넓은 학술적 연구와 대중적 설득력 제공 부족

앞서 밝혔듯이 현재까지 한국 육군은 시민 일반을 설득하기 위한 노력이나 이를 위한 학계와의 적극적 협업이 여전히 부족해 보인다. 국내 학술지 대부분이 수록된 학술정보체계인 DBpia와 KISS 검색 결과 '육군', '지상군'으로 검색되는 학술논문[18] 중 육군 또는 지상군의 미래 비전과 직간접적으로 관련된 연구 자료는 매우 제한되어 있는 것으로 드러났다. 물론 그곳에 한국에서 출간되는 모든 논문이 수록된 것은 아니지만, 일반적인 학자들이 대부분 이들을 통해 논문을 검색하고 있는 만큼, 거기에 수록된 논문은 해당 분야에 대한 한국의 학술적 지식을 대표한다고 볼 수 있다.[19]

---

18 검색 결과는 제목뿐 아니라 키워드 검색을 포함한 것이다. 따라서 '육군'이나 '지상군'을 제목에 포함하지 않은 미래 구상의 논문이라도 키워드로 '육군' '지상군'을 포함한 논문은 모두 검색한 것이다.

19 예컨대 대부분의 한국 연구자들이 '육군' 또는 '지상군'에 관한 자료를 조사하거나 새로운 논문을 작성하고자 한다면 이 두 학술정보체계에서 논문을 검색하는 것으로 연구를 시작하는 것이 일반적이다.

표 5-1
육군의 미래 구상 관련 연도별 논문 편수

연도	논문 수	연도	논문 수
1990~1999	6	2008	0
2000	1	2009	1
2001	7	2010	1
2002	7	2011	0
2003	7	2012	0
2004	2	2013	1
2005	0	2014	1
2006	4	2015	1
2007	1	총계	40

표 5-1에서 확인할 수 있는 바와 같이 육군 또는 지상군의 미래 비전에 관한 학술적 연구는 전체적으로 매우 부족하다. 1990년 이후 지난 25년간 총 40편으로 1년에 2편이 채 되지 않는다. 그뿐 아니라 2000년대 초반과 중반 이후 최근에 이르러 그 수가 더욱 줄어들고 있음을 확인할 수 있다. 이는 안보 환경의 급격한 변화와 복합적 안보 도전을 고려할 때 우려스러운 일이 아닐 수 없다.

일반 대중에 대한 육군의 설명 노력이 없는 것은 아니다. 예컨대 지상군 페스티벌의 경우 지속적인 노력으로 상당한 인지도를 형성한 것으로 평가된다. 그러나 앞서 살펴보았듯이 미래의 안보 도전이 매우 복잡하고 복합적이며 국방 여건 역시 척박하다는 것을 생각할 때, 세련된 육군의 비전을 설계하고 이를 설득력 있게 제시하는 것이 필요할 것이며, 이를 위해서는 광범위한 학술적 연구가 밑받침되어야 할 것이다.

3.2 | '전쟁의 미래'와 '미래의 전쟁'에 왜곡된 시각 존재

상기한 표에서 볼 수 있는 바와 같이 현재 학계에서 육군의 미래상에 관한 연구가 집중되었던 시기는 2000년대 초부터 중반까지이다. 이 시기는 미국이 1990년대 이후 적극적으로 추진해온 군사혁신의 결과로 눈부신 전승을 거두고 있던 시기라 할 수 있다. 이 연구들의 주제와 대체적인 내용 역시 대부분 미국이 그러한 전쟁에서 보여준 강점을 어떻게 한국 육군이 수용할 수 있을지에 관한 것임을 확인할 수 있었다. 2000년 이후 우리 군의 지상군 개혁 방향도 미래 비전으로서 네트워크 전쟁 개념에 입각한 '전장의 디지털화'를 추진해왔음은 주지의 사실이다.

정보기술의 활용과 네트워크 전쟁의 실현은 우리 군의 군사적 능력을 크게 신장시킬 것이다. 그런데 우리가 처한 안보 현실에 이것이 최적의 대안인가에 대해서는 재고해볼 필요가 있다. 하지만 그러한 고민은 매우 부족해 보인다.[20] 미래에는 국방 건설에서 고도로 효율적인 선택을 강요받는 상황이 연출될 가능성이 크다. 그렇다면 우리가 추구해야 할 안보 목표들에 대해 현재 우리 군이, 그리고 육군이 구상하고 있는 미래상과 개혁 방향은 철저한 비용 대비 효과 분석을 거친 결과인가? 북한의 핵 위협과 이에 기초한 국지도발이 현실적 위협으로 부상하는 등 위협이 빠른 속도로 변화하고 있는 상황에서, 이에 대응하는 육군의 기획체계는 충분한 적응력과 유연성을 갖추고 있는가?

현재까지 남북이 군사적으로 엄중하게 대치하고 있는 상황에서,

---

20 이근욱, 「한국 국방개혁 2020의 문제점: 미래에 대한 전망과 안보」.

군과 국방의 핵심 사안은 시민 일반의 논쟁 대상이 되지 않는 성역에 남아 있었다고 할 수 있다. 그러나 향후 남북 관계가 개선되거나, 또는 한국의 경제 상황이 더욱 악화되어 복지 예산과 국방 예산의 충돌 문제가 첨예하게 부각될 경우에 특정 국면에 이르러 여론의 압력이 군사력 건설 문제에 그대로 투영되는 상황도 발생할 수 있다. 이때 전문가 집단을 대표하는 학계의 식견이 여론의 향방을 상당 부분 좌우할 수 있다. 그런데 현재 학계 일반에 형성되어 있는 미래전에 대한 구상, 육군의 미래상에 대한 구상은 어떠한가? 상기한 분석을 기준으로 볼 때, 미래전에 대해 우리 입장에서의 진지한 고민도, 육군의 건전한 역할에 관한 연구도 매우 부족한 것으로 보인다.

3.3 | '미래의 전쟁'에 대한 체계적 구상의 부재

앞서 언급한 이근욱의 논문에서 지적된 바와 같이 1990년대 이후 미국이 주도했던 '군사혁신' 논의는 '전쟁의 미래', 즉 전쟁 수행 방식 자체에 집중된 논의로, 향후 미국이 어떠한 전쟁을 하게 될 것인지에 관한 논의, 즉 '미래의 전쟁'에 관한 충분한 논의는 결여한 것이었다.[21] 현재까지 우리 군과 육군의 미래전 구상 역시 이러한 오류를 답습하고 있는 것이 아닌가 우려된다. 우리가 처해 있고, 또 향후 처하게 될 복합적 안보 도전에 입각하여 합리적 우선순위와 역량의 배분이 결정되고 이에 대해 시민 일반이 수긍할 수 있는 체계적인 설명이 제공되어야 하는데, 이러한 활동은 매우 부족해 보인다.

---

21 이근욱, 「미래의 전쟁과 전쟁의 미래: 이라크 전쟁에서 나타난 군사혁신의 두 가지 측면」.

여기에는 한반도에서 육군의 역할을 공개적으로 논하고 활발한 학술적 연구의 대상으로 하는 데에 존재하는 고유한 어려움도 작용하고 있는 것으로 보인다. 먼저 지상군의 임무와 관련한 내용들이 상당 수 군사비밀로 묶여 있다는 점이다. 이는 남북이 첨예하게 대치하고 있는 상황에서 국가 이익을 위해 철저한 군사보안의 준수가 필요하다는 점에서 어느 정도 불가피한 일이다. 그러나 자국의 군사전략을 둘러싸고 학계 저변과 전문 연구진 간의 치열한 공개 논쟁이 벌어지는 미국 등 선진국의 사례를 볼 때, 분명 아쉬운 현실이 아닐 수 없다.

향후 우리 군이 대비해야 할 주요한 위기 상황으로 북한 급변사태가 있다. 김정은 정권의 안정성에 대해서는 서로 다른 평가가 존재하지만,[22] 급변사태가 실제로 벌어질 가능성을 배제하기는 어렵다. 북한이 비핵화를 거부하고 소위 '핵경제 병진 노선'을 고집할 경우에 북한의 경제 상황과 사회적 안정성은 더욱 취약해질 것이다. 향후 남북 관계가 개선되고 중장기적으로 평화통일을 지향하는 단계로 나아간다 할지라고 북한의 급변사태에 대한 대비는 지속할 수밖에 없을 것이다. 향후 북한이 개혁개방 노선을 적극 추진하고 남한과의 교류도 확대해 북한 사회로 외부 사조가 급격히 유입된다면 심각한 불안정성을 드러낼 가능성이 크기 때문이다.

북한 내부에서 실제로 급격한 변화가 발생해 우리 군의 투입이 필요한 상황이 벌어진다면, 이때 지상군의 역할은 절대적인 의미를 갖게 될 것이다. 북한 내의 질서를 회복하고 기아 등 악화된 인도주의 상황을 완화시키기 위해서는 대규모 지상군 병력 투입이 필요할 것으

22 김근식, 「김정은 체제, 장기불안정성 내제한 단기 안정」, ≪통일한국≫, 통권 제338호 (2012), 20~21쪽.

로 추정되기 때문이다. 그런데 문제는 남북 간의 정치적 관계를 고려해 이러한 논의를 시민 일반과 함께 공개적으로 진행하기 어렵다는 점이다.

미국의 상대적 쇠퇴와 동맹 및 개입 전략 변화가 육군의 미래에 대해 갖는 의미 또한 적지 않다. 현재 미국은 지역 안보에서 동맹국의 역할 확대를 추구하고 실제로 분쟁이 발생하면 지상군 개입을 배제한 채 공군 위주의 개입을 실행한다는 기조를 명확히 하고 있다.[23] 예산이 극도로 제약되는 상황에서 지상군 규모 감축을 추진하고 있는 미국 내외의 사정을 고려할 때, 이러한 기조는 상당 기간 이어질 전망이다. 이러한 상황에서 한반도 유사시 우리 육군의 역할이 확대될 것은 자명한 사실이다.

이렇게 변화하는 국제정세와 미국의 대외전략에 발맞춘 우리 군의 대비태세도 공론화하기 어려운 점이 있다. 현재 미국은 상대적 쇠퇴 속에서도 전 세계적 리더십을 회복하고 동맹에게 지속적인 신뢰를 주기 위해 노력하고 있다.[24] 특히 한반도의 특수성을 고려해 주한미군 규모는 축소하지 않을 것이라는 점을 누차 강조해왔다. 이러한 상황에서 한미 관계의 공고화를 위해 공개적으로 미국에 대한 의심을 드러내고 만약의 상황에 대한 대비를 강조하기에는 적잖은 부담이 따르는 것이 사실이다.

그러나 이러한 어려움이 현재와 같은 상황을 정당화해줄 수는 없

---

23 설인효, 「오바마 2기 행정부의 국방, 군사정책 전망」, ≪한일 군사문화연구≫, 제16집 (2013), 66~68쪽.

24 2015년 2월에 발표된 미국의 국가 안보 전략 보고서에서 핵심 키워드는 강력하고 지속적인 미국의 리더십이다. White House, *National Security Strategy* (Washington D.C.: White House, 2015).

다. 향후 예상되는 상황의 전개는 군과 국가 안보의 핵심 사안들조차 효율성과 합리성의 관점에서 철저한 검증을 요구받게 될 뿐 아니라, 중요 사항들마저 다분히 즉흥적인 여론의 흐름에 떠밀려 결정될 가능성도 배제하기 어렵기 때문이다. 앞으로 육군은 우리 시민의 미래에 대한 이해를 제고하고 그 속에서 필요한 육군의 역할을 설득력 있게 제시할 수 있어야 한다. 국가의 안전을 보장하고 국익을 증진하는 방향으로 육군이 할 수 있는 역할을 창의적으로 모색해나가는 활동 역시 적극적으로 주도해나가야 한다.

군의 활동 및 계획과 관련된 사항이 정치적으로 민감하고 철저히 보호해야 할 보안 대상이기는 하지만, 더욱 정교하고 세련된 기획으로 공개할 수 있는 부분을 적극적으로 공개하며 논의의 대상이 될 수 있는 주제를 식별해나가야 한다. 미래의 특정 시점에 국민적 관심이 집중되었을 때 시민 일반이 수용할 수 있는 건전한 논리가 제공될 수 있는 학술적 토양을 미리 마련해두어야 하기 때문이다. 이를 위해 육군은 더욱 적극적이고 능동적으로 학계와 전문 연구진에게 접근하려는 노력을 기울일 필요가 있다.

4 | 21세기 한국의 육군력 구상

이 절에서는 앞서 제기한 문제의식에 기초해 향후 우리 육군이 추진해나가야 할 '전쟁의 미래'에 대한 구상과 대응, 그리고 '미래의 전쟁'에 대한 구상에 대해 개략적인 방향을 제시해보고자 한다. 앞서 보았듯이 이에 대한 기존 연구는 대단히 제한된 상태이기 때문에 이 연구 역시 시론적 수준의 논의에 그칠 수밖에 없다. 이에 따라 이하에서는 그동안 제시된 연구들의 정책적 제언을 적극적으로 반영하면서 몇 가지 안을 제시하고 향후 추가적인 연구가 필요한 쟁점들을 식별하는 데 논의를 집중하고자 한다.

4.1 | '전쟁의 미래'의 변화와 대응

현재까지 육군의 미래전 구상은 넓은 의미에서 대체로 2000년대 초반 이후 완성된 '네트워크 중심전' 개념에 기초하고 있다고 할 수 있다.[25] '네트워크 중심전'은 혁신적인 정보통신기술을 전쟁에 적용하여 전쟁 수행 효율성과 효과성을 혁신적으로 증진시킨 새로운 군사 표준인 것이 사실이며, 우리 군의 역량 발전에도 크게 기여해왔다. 그러나 과연 그러한 전쟁 수행 방식이 우리 군이 맞이하고 있는 실질적 위협에 대응하는 데 가장 적합한 것인지에 대한 고민은 부족해 보인다. 더불어 현재의 상황은 다양한 요인으로 인해 또 다른 새로운 군사적 표준의 등장을 예고하고 있다. 따라서 그 어느 때보다 '전쟁 수행 방식의 새로운 변화'에 주목하고 면밀히 분석하면서 우리에게 가장 적합한 혁신적 비전과 개혁 방안을 구상해야 할 때이다.

미국이 군사혁신의 기치를 내걸고 국방개혁을 추진하던 1990년대와 2000년대 초에 미국 학계에서는 광범위한 군사혁신 사례에 관한 연구가 이루어졌고, 그 결과 다양한 정책적 시사점을 산출한 바 있다. 그중 많은 연구에서 지적한 사항 중 하나는 새로운 기술에 의해 초래되는 군사혁신이 상당히 오랜 기간에 걸쳐 이루어지며, 초기에 등장한 혁신이 혁신의 진정한 모습은 아닐 수 있다는 점이었다.[26] 예

25 설인효, 「군사혁신의 전파와 미중 군사혁신 경쟁」, 159쪽.

컨대 정보혁명을 전쟁에 도입한 네트워크 전쟁이 정보혁명의 군사적 잠재성을 최종적으로 구현한 군사혁신이 아닐 수 있으며, 정보 네트워크를 공격하는 사이버전이나 우주전 등이 최종적 형태일 수도 있다는 점이다.

미국은 현재 중국의 소위 '반접근·지역거부' 전략에 대응해 새로운 국방개혁과 혁신을 준비하고 있다. 중국이 이룩한 군사력의 확대와 현대화가 미국의 군사력 투사 능력을 심각하게 제약하고 있다고 판단한 것이다. 군사적 의미에서 미국의 이러한 움직임은 탈냉전 이후 최초로 미국의 상대방도 '네트워크 중심전'을 구현하게 되었고 이에 따라 미국 역시 새로운 대응이 필요해졌음을 의미한다.[27] 필자는 한 연구에서, 군사혁신이 확산되어 분쟁 양측이 이를 모두 구현하게 될 경우에 군사혁신의 군사적 효과성이 급격히 감소할 수 있다고 주장한 바 있다.[28]

한편 세계적 군사 표준과는 별도로 각종 비대칭 전력과 전술, 하이브리드전에 대한 대비가 군사적으로 중요한 과제가 되고 있다. '병법의 근본은 속이는 것'이라는 『손자병법』의 가르침처럼, '군사적 표준'은 곧 '비대칭적 대응'을 불러오고, '비대칭적 대응'의 효과성을 극

---

26 Richard O. Hundley, *Past Revolutions, Future Transformations: What Can the History of Revolutions in Military Affairs Tell Us About Transforming the U.S. Military?* (Santa Monica, CA: RAND, 1999), p. 14.

27 현재 중국의 '반접근·지역거부 전략'과 미국의 '공해전' 대결의 특수성은 공방 양자가 공히 장거리 정밀공격 능력을 포함한 첨단전력으로 무장하고 있다는 것이다. 이것은 현재의 군사혁신이 추진되기 시작한 탈냉전 이후 처음 있는 일이다. 설인효, 「이라크 전쟁과 전쟁의 미래: 이라크 전쟁이 국제정치적 결과를 중심으로」, 325쪽.

28 설인효, 「군사혁신의 전파와 미중 군사혁신 경쟁」, 163쪽.

대화하기 위한 다양한 방식의 '복합화'는 분쟁 양측이 극한까지 대립하는 전장의 구조상 필연적인 현상이라 할 것이다. 따라서 우리는 세계적 군사 표준을 수용하기 위한 노력을 기울이는 동시에, 새로운 비대칭적 군사 위협과 복합 위협에 대응하고, 또 우리 나름의 비대칭 및 복합전 수행 능력을 기획하고 수립해나가야 한다.

로봇 및 생명공학과 같은 새로운 기술 분야의 부상과 군사 분야에 대한 적용은 새로운 군사혁신으로 이어질 가능성이 크다. 다소 시론적 논의이기는 하지만, 만일 이러한 혁신을 우리가 선도하거나 적어도 혁신의 선두 그룹에 설 수 있다면, 지난 군사혁신을 완전히 구현하지 않고 한 차원 높은 군사적 효과성을 창출하는 것도 불가능하지 않다. 따라서 우리는 민간 및 국방기술에 대한 투자를 지속하면서 군사전략의 차원에서도 좀 더 창의적인 사고의 혁신을 지속해나갈 필요가 있다. 더불어 그 속에서 육군의 역할을 적극적으로 모색해나가야 할 것이다.[29]

4.2 | 한반도를 둘러싼 '미래의 전쟁' 구상 및 체계화

앞서 언급한 바와 같이 이하에서는 현재와 미래에 한국 육군이 직면하게 될 복합적 안보 도전에 대한 대응 방안의 논리적 체계를 구체화해보고자 한다. 다룰 수 있는 범위에 한계가 있는 만큼 이 글에서

---

29 군사혁신은 기술로만 이룩되는 것이 아니다. 기술로써 촉발되는 군사혁신이 많은 것은 사실이나, 새로운 교리나 조직, 전략을 통한 혁신도 가능하다. 향후 한반도 상황에 필요한 군사적 능력을 정의하고 새로운 전쟁 수행 방식을 기획하는 것이 우리에게 필요한 능력이며, 그 속에서 육군의 역할과 기여를 구상하기 위해서는 광범위한 지상작전에 대한 기초 연구가 이루어질 필요가 있다.

육군의 대비태세 및 군사력 건설 방안에 관해 상세한 수준까지 논할 수는 없다. 여기서는 미래의 복합적 도전을 생각할 때 고려해야 할 요소들은 무엇이고, 이에 효과적으로 대응하기 위한 방안은 무엇이며, 육군의 역할은 어떻게 구상되어야 하는지, 최종적으로 이러한 요인들 사이의 합리적 우선순위와 역량 배분의 원칙은 어떻게 설정될 수 있는지 알아보고자 한다.

이하에서는 특히 이러한 논의를 단기와 중장기의 두 시기로 나누어 진행한다. 군사력 건설이 장구한 시간과 대규모 예산이 투입되는 사안임을 고려할 때 중장기적 미래에 대한 적극적 구상 노력은 미래가 아닌 현재에 이루어져야 한다. 상술한 이유 탓에 이를 공개적으로 논의하기 어려운 여건이 존재하는 것은 사실이나, 이를 극복하면서 적극적인 논의를 지금부터 시작해나가야 한다. 이와 더불어 우리 군과 국방이 현재 처한 새로운 형태의 군사 위협 속에서 육군의 역할에 대해 몇 가지 아이디어를 제시하고자 한다. 국방 자산의 투자가 한편으로는 현재와 미래 사이의 적절한 역량 배분을 의미한다는 점에서 이 역시 육군의 미래 구상과 무관하지 않을 뿐 아니라, 한편으로 육군에 더욱 당면한 과제가 아닐 수 없다.

4.2.1 | 단기적 대비: 북한 핵 위협 대응과 육군

우리 군은 오랫동안 북한의 전면전 위협 억제 및 실제 발생 시 대응에 군의 역량을 최우선적으로 쏟아왔다. 오늘날까지 많은 위기 상황을 겪으면서 한국전쟁과 같은 전면전이 재발하지 않았다는 것은 이러한 노력이 헛되지 않았으며 매우 성공적이었음을 반증하는 것이다. 향후에도 실질적 통일에 준하는 남북 관계의 전면적 재편이 이루어질 때까지 군은 이러한 과업을 최우선적으로 수행해나가야 하며, 그러한 필요성이 상존함을 시민에게 설득력 있게 제시할 수 있도록 노력해야 할 것이다.

한편 북한의 전면적 수행 능력이 제한되고 대규모 군사력의 남하가 이루어지는 방식의 전면전이 더 이상 감행되지 않을 것이라는 분석에 따라, 육군력의 미래지향적 진화와 운영 방식의 혁신을 지속적으로 추구할 필요가 있다.[30] 예컨대 현재와 같은 휴전선 전 지역에 대한 전면적 거점 방어에서 주요 거점에 타격력을 갖춘 신속기동군을 유지하고 유사시 파견하는 개념으로의 이행을 고려할 수 있다. 물론 이러한 변화는 북한의 군사태세 및 북한 내 상황 등 정확한 정보 판단을 기초로 이루어져야 할 것이다.

북한의 핵 보유는 민족의 공동 번영의 관점에서나 한반도 비핵화의 관점에서 결코 용인할 수 없다. 그러나 이러한 당위성 때문에 우리는 그동안 북한의 핵 보유를 기정사실화하고 이에 대해 적극적으로 대응 방안을 논하는 것조차 금기시하는 경향이 있었던 것도 사실이다. 이제 한미동맹의 맞춤형 억제 전략을 지속적으로 발전시켜나가고 킬 체인과 KAMD 능력을 발전시켜 북한의 핵무기를 무용지물로 만듦으로써 북한이 핵을 포기할 수밖에 없도록 하기 위한 노력을 강화해 나가야 할 것이다.[31]

---

30 황지환, 「한반도 통일과정과 군사력의 역할: 지상군 전력 건설방향에 대한 문제제기」, ≪동서연구≫, 제27권 2호 (2015), 386쪽. 북한의 핵 위협이 현실화된 시점에서 우리의 군사전략이 '전면적 공세전략'과 '제한전 수행전략'의 강약점을 고려해 유연한 공세전략으로 이행할 필요가 있다는 주장도 있다. 이에 관해서는 다음을 참고할 것. 박창권, "북한 핵위협 현실화를 고려한 군사전략 발전방향," ≪주간국방논단≫, 제1586호.

31 설인효, 「미국의 핵전략과 맞춤형 확장억제정책의 이해」, ≪주간국방논단≫, 제1488호, 1쪽.

그러나 이 과정에서 북한의 국지도발을 억제하고, 위기를 안정적으로 관리하며, 유사시 북한 내에 존재하는 핵 및 대량살상무기를 안전하게 제거하는 임무가 중요한 군사적 과업으로 부각되는데, 이는 우리 육군에 적지 않은 도전이 될 전망이다. 천안함 폭침 및 연평도 포격 도발 사건 이후 우리 군과 국방부가 강조하고 있는 '단호한 대응' 기조에 따라 유사시 북한 도발에 대응하는 것은 공군의 몫이며 이를 위해 감시·정찰·타격 자산의 혁신적 발전과 이를 위한 집중적 투자가 필요하다는 인식이 지배적이다. 킬 체인과 KAMD 구축을 위해서도 감시·정찰 자산의 확충이 시급하며, 이를 위해 엄청난 규모의 예산이 소요될 것으로 추정된다.

국방 예산의 혁신적 증액이 당분간 어려운 상황에서 이러한 인식은 자연스럽게 육군의 규모 감축 및 역할 축소 논의로 이어지고 있다. 북한 핵 위협 억제 및 위기관리를 위해 감시·정찰 자산의 확보가 시급한 과제인 것은 사실이나, 이 과정에서 상대적으로 육군의 역할에 대해 불합리한 평가절하가 이루어지고 있는 것으로 보인다. 먼저 북한의 국지도발에 대한 대응에서 육군의 역할을 바라보는 시각이 그러하다. 현재 북한의 전면전 수행 능력이 제한되어 있는 것은 객관적 사실이다. 따라서 핵 위협을 병행한 국지도발을 억제하는 것이 가장 중요한 현실적 위협이 되었다.

북한의 국지도발 억제 및 대응 과정에서도 육군의 역할은 중요하며, 사실상 더욱 발전되고 홍보될 필요가 있다. 도발을 억제하는 측면에서는 대응의 '단호성'을 부각하는 것이 유효하나, 실제로 위기가 발생했을 때에는 위기의 안정적 관리가 가장 중요하다. 무리하게 상대를 굴복시키려 한다면 우발적 전쟁으로 이어질 수도 있기 때문이다. 해군력과 공군력이 제한된 북한의 도발은 주로 지상전력을 통해 표출

될 것이므로 위기의 안정적 관리 차원에서는 육군에 의한 대응이 유리하며, 가급적 단계별로 조금씩 대응 수위를 높일 수 있도록 부대 편성 및 대응 개념을 발전시킬 필요가 있다. 또한 현재의 정치적 상황을 고려할 때 이러한 대응 수준의 상승을 중앙에서 미세한 수준까지 신속하게 통제할 수 있는 능력을 갖춘다면 국가의 위기관리 및 도발 대응 역량은 크게 향상될 것이다.

북한의 비핵화가 완전히 달성될 때까지 상당히 오랜 시간이 걸린다는 점을 현실적으로 인정할 때, 핵 및 대량살상무기 공격에 대비한 부대 방호나 피격 시 회복을 위한 준비도 필요한데, 이는 각 군의 인원 구성상 육군의 역할이 될 수밖에 없다.[32] 그리고 유사시 북한 지역 내 대량살상무기 제거 작전이 필요할 때에 상당한 지상 병력의 투입이 필요하게 될 것이다. 대량살상무기 폐기 및 해체는 미군이 담당한다 해도 증원 가능 전력의 규모에 한계가 있을 수 있으며, 현실적으로 소재지 파악을 위해 우리말에 의한 탐문이 필요하다는 점, 대부분의 시설이 발견 즉시 해체가 가능한 것이 아니기 때문에 상당한 기간 안정적 보호가 필요하며, 이를 위해 군사작전 진행과는 별도로 큰 규모의 인력이 해당 지역에 주둔하는 등 투입될 수밖에 없다는 점들이 고려되어야 한다.[33]

---

32 해군과 공군은 이를 위한 충분한 인력을 갖추지 못하고 있어 지역별로 육군의 지원을 받는 형태로 운영되고 있는데, 향후 북한의 핵 및 대량살상무기 위협을 고려할 때 이러한 체제를 더욱 강화·발전시킬 필요가 있다.

33 브루스 베넷은 최근 연구에서 북한 붕괴 시 북의 대량살상무기 제거 및 관리 등을 위해 지상군 병력 60만~80만 명이 필요하다고 주장했다. Bruce W. Bennett, *Preparing for the Possibility of a North Korean Collapse* (Santa Monica: RAND, 2013). 이는 그가 2011년 연구에서 제시했던 26만~40만 명보다 30만 명 이상이 추가된 것이다. Bruce W. Bennett, and Jennifer Lind, “The Collapse of

킬 체인과 KAMD 발전 과정에서 육군이 담당할 역할 역시 좀 더 부각될 필요가 있다. 핵과 탄도미사일 위협에 의존하는 북한군에 향후 최대의 위협은 킬 체인이 될 것이다. 10여 기에 이르는 미사일을 탑재한 이동식 발사 차량이 킬 체인에 의해 요격된다면 북한에 상당한 손실이 아닐 수 없기 때문이다. 따라서 킬 체인은 유사시 북한의 첫 번째 공격 대상이 될 것이며 우리가 보호해야 할 최대의 전략 자산이 될 것이다. 그 결과 킬 체인과 KAMD를 연동해 KAMD가 우선적으로 킬 체인을 보호하게 할 뿐 아니라, 충분한 지상전력을 이용해 이중삼중으로 보호하게 해야 할 것이다. 북한이 발전시키고 있는 전쟁 수행 개념에 따르면, 유사시 특수전 부대의 투입과 후방지역 테러 공격이 개전 즉시 벌어질 것으로 예상되기 때문이다.

4.2.2 | 중장기적 대비: 복합적 도전에 대한 동시 대비와 합리적 우선순위 설정

인구 감소와 인력자원 감소, 국방 예산 감축에 따른 지상군 규모 축소는 불가피한 일이다. 육군은 이러한 상황에서도 육군에 맡겨진 임무를 다하기 위해 군사력 운용 방식의 혁신 등 모든 노력을 기울여 나가야 할 것이다. 그러나 동시에 국가 안보를 위해 육군이 반드시 수행해야 하는 업무는 고수해나가며 이를 유지하는 데 필요한 인력과 제원을 확보하기 위해 노력해야 할 것이다. 또한 미래의 안보 도전을 명확히 구체화하고 그 속에서 육군의 역할을 적극적으로 구상해나가야 한다.

North Korea: Military Missions and Requirements," *International Security*, Vol. 36, No. 2 (2011).

남북 관계가 더 이상 정치적 불안정성을 내포하지 않고 실질적인 통일 단계에 들어설 때까지 북한의 전면전 위협을 억제하기 위한 대비는 계속되어야 한다. 물론 북한의 전면전 수행 능력이 사실상 제한되는 상황에서 우리 군이 대비해야 할 전면전의 규모와 방식은 각 시기의 정보 판단에 입각하여 변화되어나가야 할 것이다. 전면전 대비가 우리 국방에서 차지하는 비중과 우선순위 역시 달라질 것이다. 그러나 통일로 나아가는 과정에서조차 북한 내에서 불안정 사태가 발생할 가능성이 존재하며, 그러한 사태가 벌어질 경우에 내부의 위기를 외부로 돌리기 위한 도발이 가능하다는 점에서 전면전에 대한 억제와 대비를 소홀히 할 수는 없을 것이다.

향후 미국의 지상군 병력 감축과 동맹·군사 전략 변화를 면밀히 분석하면서 이에 능동적으로 대처해나가야 한다. 한국은 미국의 핵심 동맹국으로서 한국에서의 위기 발생 시 그동안 반복해온 정치적·군사적 약속을 성실히 이행하기 위해 노력할 것이다. 그러나 최근 미국 대선 국면에서 보는 바와 같이 미국이 느끼고 있는 적극적 대외정책에 대한 피로감과 동맹의 기여를 높여야 한다는 인식은 이미 상당한 수준에 이른 것으로 보인다. 따라서 유사시 미국이 충분한 증원전력을 파견하는 대신 미온적 대응에 그치거나 관련국들과의 적절한 합의를 통한 해결을 선호할 가능성을 배제하기 어렵다.

그동안 우리 국방은 유사시 미국의 증원전력 전개를 기정사실로 상정하고 유지되어왔다. 하지만 미국의 증원전력 전개가 제한될 것으로 예상될 때 한국 육군의 역할은 더욱 확대될 필요가 있을 것이다.[34]

---

34 황지환, 「한반도 통일과정과 군사력의 역할: 지상군 전력 건설방향에 대한 문제제기」, 380쪽.

더불어 미국은 현재 중국의 '반접근·지역거부 능력' 신장으로 중국과 근접한 지역의 주둔 기지들의 군사적 취약성이 급격히 커지고 있다고 판단하고 있으며, 그 결과 군사전략적 차원에서 이들을 좀 더 후방으로 옮겨야 한다는 주장이 제기되고 있다.[35] 이는 장기적으로 주한미군의 감축으로도 이어질 가능성을 내포하는 주장이다.

앞서 살펴보았듯이 북한 내 급변사태 발생 가능성은 현실적으로 존재하며, 한국은 실질적 통일이 달성될 때까지 이에 대한 대비를 게을리할 수 없다. 남북 관계의 정치적 민감성 탓에 그 대비 방안 및 육군의 규모와 역할 문제를 시민사회 일반에 공론화하기는 어렵겠지만, 적어도 학계에서는 다양한 다각적 분석과 연구를 진행해둘 필요가 있다.[36] 이렇게 축적된 다양한 논의는 군이 북한의 급변사태에 대응하는 데 활용할 수 있을 것이며, 국내정치적으로 특정 국면이 도래해 시민 일반의 관심사로 제기되었을 때 군사적으로 균형 잡힌 여론을 형성하는 데도 기여할 수 있을 것이다.

장기 전망에 기초한 군사력 건설은 흔히 북한의 위협이 사라진 통일 이후에 대한 고려를 적극적으로 포함시켜 논의될 필요가 있는 것으로 주장된다. 이는 소위 '주변국의 잠재적 위협'에 대한 가상적 대비라는 형태로 논의되고 있으며, 주로 해군력과 공군력의 발전을 통

35 Aaron L. Friedberg, *Beyond Air-Sea Battle: The Debate Over US Military Strategy in Asia* (London: IISS, 2014), pp. 11~14. 중국의 군사력 현대화에 대한 미국의 인식과 최근의 대비 방향에 관해서는 다음을 참고할 것. 설인효, 「미중 군사경쟁 양상 분석과 전망: 중국의 군사력 현대화와 미국의 대응을 중심으로」, ≪KU 중국연구≫, 제1권 1호 (2015), 1~30쪽.

36 북한 급변사태에 관한 학술적 논의는 비교적 지속적으로 산출되고 있는 편이다. 그러나 구체적인 군사적 쟁점을 다룬 연구는 여전히 매우 드물다.

해 우리의 주권과 국가 이익을 수호할 수 있는 최소한의 '거부적 억제력'을 가질 것을 요청하고 있다.[37] 통일 한국의 군사력 건설을 고려하면 한반도에서도 장기적으로 해군력과 공군력이 현재보다 더욱 중요해질 것은 분명하다.[38]

그러나 통일 달성 과정과 통일 후 동북아 질서를 좀 더 현질적인 관점에서 생각해보고 무엇이 더욱 실질적인 접근법인지 재고해볼 필요가 있다. 최종적인 한반도 통일을 성취하는 과정에서 주변국들의 협력을 얻기 위해서는 지나친 국방력 강화보다 적정한 수준의 군비통제가 유리할 수 있다. 통일 한국은 건전한 수준에서 한미동맹을 유지하며 주변 각국과 우호 협력 관계를 발전시켜나가게 될 것이다. 해군력과 공군력 위주의 군사력 건설 비전은 자칫 이러한 과정에서 주변국에 위협으로 인식될 수 있으며, 통일 과정에 부정적인 영향을 미칠 수 있다. '잠재적 위협'에 대한 지나친 대비가 '잠재적 위협'을 '현실적 위협'으로 만들 수도 있는 것이다.

이에 반해 통일 후 상당 기간 동안 북한군 병력의 흡수, 점진적 해산, 사회적 혼란의 안정적 관리, 새로운 국경선 수호 등을 목적으로 일정 수준 이상의 지상군 유지는 오히려 자연스럽다. 북한 지역 재건 및 사회 통합 과정에서 이러한 병력은 사회적으로 순기능을 수행할 수 있으며, 국제적 평화 유지 활동을 위한 해외 파병 등을 파격적으로 증대시켜 한국군의 평화적 이미지를 부각하고 통일 한국의 국가적 위상을 높이는 데 기여할 수도 있을 것이다.

---

37 권태영, 「2030년대 한국의 국방비전과 예방억제방위전략 구상」, ≪전략연구≫, 제57호 (2013), 5~101쪽.

38 황지환, 「한반도 통일과정과 군사력의 역할: 지상군 전력 건설방향에 대한 문제제기」, 380쪽.

나아가 통일 한국의 국방력이 우리 영토와 근해 방어에 충실한 국방 목표를 추구한다고 할 때, 해군력과 공군력의 지나친 확장보다 지상전력의 유기적 활용을 통한 군사전략을 추구하는 것이 더 바람직할 수 있다. 즉, 한반도 주변 해역에서 문제가 발생할 경우에 공군력과 해군력이 긴급 투입되는 동시에 지상의 포병 및 미사일 전력이 인근 지역에 집결하거나 원거리에서 화력을 집중시켜 적의 접근을 차단하고 군사적 목표 달성을 거부하는 것이 가능하다. 이것은 현재 중국이 자신의 인근 해역에서 수행하고자 하는 '반접근·지역거부' 전략과 유사한 개념이다.[39]

통일 한국의 국방전략 속에서 육군의 새로운 역할을 구상하고 창출하는 것은 또 다른 의미를 갖는다. 통일 이후에 대한 대비는 통일 이전의 압도적 필요를 우선적으로 고려한 상태에서 양자가 공히 충족되는 방향으로 설정될 필요가 있다. 그러나 실제로는 남북 관계가 개선됨에 따라 통일 이후 군사적 비전이 통일 이전의 군사태세마저 좌우할 가능성이 크다. 따라서 적어도 통일 초기에 적정 수 이상의 지상군 병력 규모 유지의 필요성이 설득력 있게 제시될 때 현재부터 통일 이전까지 필요한 지상군 병력 규모에 대한 시민 일반의 지지도 더욱 강화될 수 있다. 급변하는 국제정세 속에서 북한의 군사적 위협을 극복하고 남북 관계를 안정적으로 관리하면서 최종적인 통일을 성취하는 과정에서 육군은 많은 역할을 수행해야 할 것이다. 향후 육군은 이러한 역할을 수행하는 데 필요 충분한 전력과 제원을 확보하는 데 국민적 지지를 얻기 위한 노력을 배가해나가야 한다.

---

39 이미 전제한 바와 같이 이 글에서 통일 이후 육군력 발전 개념을 충분히 논의할 수는 없으며, 이는 하나의 예시로서 제시한 것에 불과하다.

5 | 결론 및 제언

육군은 앞으로 전개될 미래전의 주요 양상, '전쟁의 미래'와 '미래의 전쟁' 변화에 대한 육군의 비전과 계획을 설득력 있게 제시할 수 있어야 하며, 이를 위해 학계 및 전문가 그룹과 긴밀히 협력해나가야 한다. 향후 한국의 안보에 제기될 주요 도전에 대한 육군의 비전이 왜 유효·적절한지 설득할 수 있는 논리를 체계적 연구를 통해 개발해둘 필요가 있다. 이 과정에서 미래에 대한 합리적 분석과 함께 '담론 경쟁 시장'에 경쟁력 있는 답, 즉 '육군의 미래 비전'을 제시할 수 있어야 하는 것이다.

육군은 또 당면한 최대의 군사적 위협인 북한의 국지도발 대응, 위기의 안정적 관리를 달성할 수 있는 핵심전력으로서 진화를 꾀해나가야 한다. 이러한 현재의 역할에 충실히 대응할 수 있는 전력구조를 만들어가는 동시에, 미래의 바람직한 역할을 준비할 수 있어야 하며, 상황의 변화에 따라 역량과 재원의 배분을 능동적으로 변화시켜나가야 할 것이다. 여기에는 어떠한 미래를 구상하고 어떠한 육군의 비전을 제시할 것인지가 사활적인 중요성을 가지게 될 것이다.

미래의 안보 환경과 국방 여건상 지상군 병력 규모 감축은 불가피하다. 그러나 국가 안보의 관점에서 육군이 반드시 수행해야 할 역할은 수호되어야 한다. 그리고 이는 상당 부분 합리적이고 체계적인 미래 비전과 바람직한 육군의 역할 창출, 그리고 이에 대한 학계와 시민 일반의 호응에 의해 결정된다는 점을 명심해야 한다. 이를 위해서는 학계 및 전문 연구진에 의한 광범위한 연구가 수행될 필요가 있다.

이 글에서 분석한 바와 같이 현재 한국 내에서 미래의 안보 환경과 육군의 역할을 자유롭게 논의하는 데 상당한 어려움이 따르는 것이 현실이다. 그러나 육군은 더 이상 이러한 현실에 안주하지 말고 좀 더 적극적으로 학계의 연구를 장려해나가야 한다. 우선적으로 연구가 필요한 주제나 장기간 연구가 필요한 쟁점을 식별해 학계에 문제를 제기하고 공개 가능한 자료를 선별하여 접근 경로를 열어두어야 한다. 그런 차원에서 육군은 한국정치학회나 국제정치학회의 학술회의 지원을 확대하고 군사전략에 대한 연구 지원을 대폭 강화할 필요가 있다.

이러한 지원은 적어도 5년 이상의 시간을 내다보고 지속적으로 전개해야 성과를 볼 수 있을 것이다. 학자와 전문 연구진은 지속적으로 연구를 산출하고 발표할 수 있는 공간이 확보되면 점차 많은 연구를 산출해낼 것이며, 다시 이를 바탕으로 더 많은 연구가 산출될 것이기 때문이다. 이러한 연구 결과들에 기초하여 육군은 더욱 정교하고 경쟁력 있는 미래상을 구상할 수 있을 것이다. 향후 차기 정부의 국방개혁안이나 차기 국방기본정책서에 투영될 좀 더 세련되고 체계적으로 준비된 육군의 미래 비전을 기대해본다.

제6장

전장무인화와 대한민국 육군

이장욱

1 | 서론

2015년 초, 국방부는 '창조국방'을 주제로 한 신개념의 국방력 건설 방향을 제시했다. 국방 예산 및 가용 병력이 줄어들고 있는 국방력 건설 환경의 제약을 고려해, 레이저 무기나 사물인터넷 등 첨단기술을 국방력 운용에 능동적으로 활용함으로써 우리가 직면하게 될 미래 국방 환경의 제약을 극복하겠다는 것이다. 창조국방은 ① 군사력 운용 혁신, ② 창조형 국방력 건설, ③ 효과 지향적 국방 경영, ④ 창조국방 기반 조성을 4대 중점 분야로 선정했다. 창조국방에서 제시한 국방력 건설 환경의 제약으로 인해 가장 큰 도전을 받고 있는 것은 바로 대한민국 육군이다. 육군이 크게 의존하고 있는 병력 자원이 감소하는 추세에 있기 때문이다. 바로 이러한 제약에 대한 고민이 육군을 움직이게 하고 있다. 육군이 능동적으로 미래의 위기 상황에 대처하기 위한 다각적인 방안을 모색하기 시작한 것이다. 문제는 위기 극복 방안을 마련하기 위한 접근 방법이다. 향후 닥쳐올 위기를 극복할 지혜는 바로 인식의 전환에서 출발한다. 창조국방을 실천하는 데 중요한 것은 바로 창조적인 사고이며, 이것은 기존 패러다임을 바꾸는 인식 전환을 요구한다. 이에 이 글은 전장무인화를 육군이 생각할 수 있는 대응 방안으로 선정했다. 전장무인화를 선정한 이유는 첫째로, 전장무인화가 주요 군사 강국의 미래 군사력 건설에서 핵심적인 내용을 구성하고 있으며, 둘째로, 전장무인화에서 중요한 것이 바로 인식 전환이므로 이를 통해 창조적 국방력을 건설하기 위한 패러다임 전환을 도모할 수 있으며, 셋째로, 무엇보다 전장무인화가 현재 병력 부족을 걱정하는 대한민국 육군이 고려할 수 있는 미래 국방력 건설의 주요 대안으로 인식되기 때문이다.

무인 기술은 이제 민간인들의 생활에도 깊숙이 침투해 있다. 국내 통신사 및 자동차 광고에서도 원격 조종을 통한 가정 내 기물 관리(예를 들어 가스 밸브 잠금)나 무인 주차 시스템이 소개되기도 한다. 소형 드론은 취미 생활이나 방송 촬영용으로 활용되기도 하며, 일부 기업에서는 무인 항공기를 물건 배달(DHL)이나 창고 관리 시스템(Amazon)에 활용하기도 한다. 하지만 무인 기술에 가장 먼저 관심을 가졌던 것은 군사 분야에서다. 최초의 무인기는 제1차 세계대전이 막바지에 이르던 1918년에 미국에서 개발된 휴잇 스페리 자동비행기(Hewitt-Sperry Automatic Airplane)였다. 군사 분야에서는 이미 약 한 세기 전부터 무인 기술에 관심을 기울여온 것이다. 현재는 어떠할까? 2012년 초 미 오바마 행정부는 새로운 군사전략지침을 발표하면서 미국이 추진할 주

2007년 12월, 아프가니스탄에서 작전을 지원하고 있는 무인 항공기 MQ-9 Reaper (기존 명칭 Predator B).
자료: U.S. Air Force (Wikimedia Commons).

요 과제의 하나로서 무인 병기를 대규모로 활용한 '전장무인화(Drone Warfare)'를 강조했다. 프레데터(Predator)를 비롯해 2000년대 초 미국이 수행한 두 번의 전쟁(이라크 전쟁, 아프가니스탄 전쟁)을 통해 알려진 무인 병기들은 이제 일반 대중에게도 익숙하며, 다양한 종류의 무인 병기가 과거 인간 병사가 했던 임무에 투입되고 있다. 또한 무인 병기는 이제 더 이상 아프가니스탄에서 활약하는 미군의 이야기만은 아닌 것이 되어 버렸다. 2014년 초 한국을 떠들썩하게 만들었던 북한의 무인기 소동, 북한의 무인 타격기 공개 등은 무인 병기 활용이 한반도에서도 현실화되고 있음을, 또한 무인 병기가 북한처럼 경제가 열악한 상황인 국가에서도 활용이 가능한 병기임을 보여준다.

앞서 언급한 변화들 속에서 우리가 놓치고 있는 것은 전장무인화가 야기할 본질적인 변화이다. 전장무인화는 인류가 전쟁을 시작한 이래 약 5000년간 이어진 전투 독점권이 끝난다는 것을 의미한다.[1] 본질적 문제에 대한 변화인 만큼 이로 인한 영향은 (특히 이러한 변화를 직접 경험해야 하는 군대라는 조직에) 클 수밖에 없으며, 전장무인화를 추진하기 위해서는 기존의 인식을 뒤엎는 발상의 전환이 요구된다. 무인 병기는 첨단기술의 집약체라는 이미지가 강하다. 그래서 일반인들은 전장무인화가 기존 군사 강국(특히 미국)에 더욱 유리한 군사력 건설 방안이라고 여겨왔다. 하지만 오늘날 전장무인화는 그러한 예상을 벗어나는 방향으로 나타나고 있다. 무인 기술은 민간에 대한 의존성이 높아 특정 국가가 독점하기 어려우며, 전장무인화를 통한 새로운 싸움 방식(how to fight)은 지금처럼 정교한 고성능의 무기를 요구하는 것이 아니라 적절한 성능의 병기를 '대량으로 많이 보유하는 것'을 요구하고 있기 때문이다. 무인 병기 활용으로 전쟁 양상은 앞으로 어떻게 변화할 것인가? 그리고 그 변화에 대한민국 육군은 어떻게 대응해야 하는가? 이러한 질문에 해답을 구하는 것이 이 글의 핵심 목적이다.

이 글은 크게 다음과 같은 내용을 다루려 한다. 첫째로, 전장무인화가 예고하고 있는 전쟁 양상의 변화를 살펴볼 것이다. 특히 새로운 기술이 담고 있는 발상의 전환, 그리고 이를 활용할 경우에 나타나게 될 전쟁 수행 방식의 변화를 살펴보게 될 것이다.

둘째, 군사혁신으로서의 전장무인화를 살펴볼 것이다. 20세기 동안 등장했던 군사혁신들을 살펴보면, 새로운 군사기술 개발 못지않게 중요한 것이 바로 제도적 혁신 및 추진이다. 원천기술을 가장 많이 보

---

1 Peter W. Singer, *Wired for War: The Robotics Revolution and Conflict in the 21st Century* (London: Penguin Books, 2010), p. 194.

유하고도 제도적·정치적 이유로 전장무인화 추진에 어려움을 겪었던 미국의 사례는 향후 우리의 전장무인화 추진 과정상의 어려움을 미리 예상하고 극복하는 데 도움을 줄 것이다.

셋째, 대한민국 육군을 위한 정책적 제언을 제시하고자 한다. 대한민국 육군의 전장무인화 추진 방향, 장애 요인, 그리고 장애를 극복하기 위해 보완되어야 할 사항들을 제시할 것이다.

2 | 전장무인화와 전쟁 수행 양상 변화

2.1 | 무인 병기와 무기의 활용 방식 변화

기존의 각종 무기들은 대부분 조작요원인 인간의 개입을 요구한다. 탑승자인 인간을 고려해 기존의 병기들은 탑승자의 조작을 용이하게 할 각종 장치(조작용 콘솔을 비롯한 휴먼 인터페이스 장비들이 이에 해당한다)를 내부에 장착해야 하고, 지속적인 사용이 가능하도록 내구성을 갖춰야 하며, 탑승자가 살아서 귀환(return to base)할 수 있도록 일정 수준 이상의 생존성을 갖춰야 한다. 다시 말하자면 전투 능력 이외에도 생존성과 내구성이 필수적으로 요구되는 것이다.

유인 병기는 인간 탑승자로 인해 운용 및 조작에서 제한을 받는다. 특히 탑승자인 인간의 체력 및 생리현상 때문에 장시간 운행 등 극단적인 기동이 불가능한 경우가 많다. 또한 생존성이나 방호력 등을 고려해야 하므로 크고 무거워지며 이에 따라 개발 단가도 상승하게 된다. 20세기 후반, 이른바 첨단 유인 병기들은 강력한 화력과 정확성, 기동성을 보유했지만, 인간의 탑승에 따른 한계도 아울러 갖고

있었다.[2]

이에 비해 무인 병기는 탑승자 없이 병기 조작이 이루어진다. 무인화 기술은 인간 개입의 정도에 따라 원격 조종에서 인간의 개입이 완전 배제된 전자동화까지 다양한데, 이 모든 기술에서 인간의 탑승은 배제되어 있다. 다시 말해, 기존의 병기와 달리 탑승자인 인간을 고려하지 않아도 된다는 말이다. 탑승자가 없는 무인 병기는 기존의 무기에 비해 소형경량화가 가능하며, 탑승자의 체력 및 생리현상을 고려하지 않아도 된다. 따라서 기존 유인 병기에서 인간에 대한 고려로 포기했던 극단의 성능을 추구하는 것이 가능하며, 개발 단가를 낮출 수 있다.

인간이 탑승하지 않는다는 특성 때문에 무인 병기는 기존 무기와 다른 방식으로 활용하는 것이 가능하다. 첫째, 무인 병기는 생환을 전제할 필요가 없다. 전장에서 희생되어도 인간이 희생되는 것이 아니기에 기존에는 하기 어려웠던 위험한 임무를 수행할 수 있고, 귀환을 전제로 함으로써 발생하는 행동반경상의 제약도 없어진다. 둘째, 보다 극단적인 기동 및 장시간 운용이 가능하다. 인간 병사 그 자신은 신체적 한계(피로, 체력상 한계)가 있으며, 이로 인해 장시간 작전이 불가능하다. 하지만 무인 병기는 탑재된 에너지 공급원이 고갈되지 않는

2 대표적인 사례로 1970년대에 개발되던 도중에 취소된 미국과 독일의 주력 전차 MBT-70를 들 수 있다. MBT-70은 조작요원의 생존성 및 상호 소통 능력을 향상시키기 위해 전차조종수를 포함한 모든 조작요원을 포탑에 탑승시키는 특이한 형태로 설계되었다. 특히 회전 포탑에서도 조종수의 몸이 전차의 운행 방향과 일치할 수 있도록 포탑 내 회전 조종석을 설치했는데, 이로 인해 포탑의 크기는 불필요하게 커지는 한편, 운행 도중 회전하는 조종석 때문에 조종수가 방향감각을 잃거나 멀미를 하기도 했다.

한 작동을 지속할 수 있다. 셋째, 인간 병사가 가지고 있는 심리상의 요인에서 자유로울 수 있다. 전장에서 인간 병사들은 극도의 공포나 혼란 상황에 노출되며, 이러한 공포와 혼란은 임무를 수행하는 데 영향을 줄 수 있다. 하지만 무인 병기는 이러한 심리적 제약에서 자유롭다. 극도로 혼란스러운 전장에서도 주어진 임무를 완수할 수 있다. 넷째, 인간이 탑승 혹은 조작하지 않기 때문에 더 많은 양의 무기를 활용할 수 있다. 다시 말해, 더 적은 수의 병력을 가지고도 전투력을 유지 혹은 강화할 수 있는 수단이 될 수 있다. 기존 무기들은 인간의 조작 혹은 탑승을 전제로 하기 때문에 보유 대수가 제약된다. 지상병기의 최강자인 전차도 운행에 3명 이상의 탑승자가 필요하다. 하지만 무인 병기는 조작요원을 최소화하는 것이 가능하다. 1명의 병사가 4대 혹은 10대의 병기를 운용하는 것이 가능하며, 극단적인 자동화를 추구할 경우에 수백 대의 무인 병기를 인간의 개입 없이 운용하는 것도 생각할 수 있다.[3] 작동을 위해 더 적은 수의 병사가 필요하거나 아예 병사가 필요 없는 무기체계는 냉전 종식 이후 여러 국가들이 경험하고 있는 고민에 대한 해결책을 제시해줄 수 있다. 바로 병력 활용의 효율화가 그것이다. 냉전 종식 이후 미국을 비롯한 주요 국가는 급격하게 병력을 감축했고 이 때문에 상시 병력 부족에 시달려왔다. 가장 최근의 전쟁인 이라크 전쟁과 아프가니스탄 전쟁에서도 미국의 고민은 병력 부족이었다. 무인 병기는 이러한 고민을 안고 있는 국가에 기술적 해결책을 제시한다.[4] 부족한 병력을 보완하고 가용한 인간 병사

3　완전 자동화된 시스템을 구축하는 것은 병력을 감축하기 위한 획기적인 방안이지만, 이에 대해서는 인도적 문제(인간의 개입이 배제된 무인 병기에 의한 살상)와 높은 수준의 인공지능 개발 문제가 남아 있다.

4　미국은 병력 부족에 대해 제도적 보완을 시도하기도 했다. 이른바 군사 사영화

를 가능한 한 전투 병력으로 활용할 수 있게 하는 것이다.

무인 병기 개발자들은 이러한 무인 병기의 특성을 최대한 활용하려 한다. 더 나아가 기존에는 생각하지 못했던 활용 방식도 제시하고 있다. 특히 주목해야 할 것은 미국의 무인 병기 개발자들의 생각이다. 이들 중 상당수는 무인 병기를 일회용 소모품으로 간주한다. 즉, 마치 일회용 종이컵처럼 사용 후에 폐기해도 무방한 것으로 본다는 것이다. 사람이 탑승하지 않기 때문에 방호력이나 내구성에도 집착하지 않는다. 임무에 투입되어 목적을 달성하면 그 자리에서 폐기해도 무방한 병기, 그것이 바로 무인 병기다. 따라서 무인 병기는 다목적이 아니라 한정된 임무만 수행하는 것을 목표로 개발해도 되고 생존성과 내구성을 고려하지 않아도 되기에 제작 단가를 낮출 수 있다. 이러한 상대적으로 낮은 제작 단가는 동일한 규모의 예산으로 상대적으로 더 많은 병기를 획득할 수 있게 한다. 미국의 무인 병기 개발자들은 기본적으로 무인 병기를 저렴하게 많이 획득해야 한다는 생각을 가지고 있다. 이들이 주목하는 것은 개별 병기의 질적 우수성보다는 양적 규모다. 이는 기존 유인 병기(고가·고성능)에 익숙한 군 관계자들의 무기 체계에 대한 시각과 뚜렷한 차이를 보인다. 특히 특정 무기를 재사용하지 않는다는 개념은 유인 병기에 익숙한 군 관계자에게는 상당히 생소한 개념으로 다가올 가능성이 크다.

추후 논의가 있겠지만, 미국의 무인 병기 획득 과정에서 가장 문제가 되는 것이 무인 병기를 바라보는 시각 차이다. 무인 병기 개발자

(military privatization)가 그것인데, 이는 군사적 임무를 군사대행기업(private military company)에 위임하는 것이다. 이라크 전쟁 당시에 미국은 정규군 16만 명에 군사대행기업 직원 18만 명을 파견해 전쟁을 수행했다.

들은 앞서 언급한 대로 무인 병기가 일회용 소모품이라는 시각에 입각해 시제품을 만들게 된다. 군 관계자들은 이렇게 만들어진 시제품을 대폭 수정하는데, 군 관계자 중 상당수는 실리콘밸리 무인 병기 기술자들이 특정 임무를 수행하기 위해 어떠한 형태의 무인 병기를 제작하고 있는지 무관심하며, 무인 병기가 유인 병기와 같은 크기에 같은 성능을 가진 것으로 오인하는 경우가 많다고 한다. 또한 군 관계자들은 무인 병기에 값비싼 센서를 비롯한 고성능 장비와 재사용이 가능하도록 높은 생존성 및 내구성을 갖출 것을 요구하거나 다목적으로 활용할 수 있도록 별도의 장비를 부착할 것을 요구하는 경우가 있다고 한다. 대표적인 사례로 지뢰 제거용 무인 장비에 얽힌 에피소드를 들 수 있다. RC카보다 조금 더 큰 크기의 이 소형 장비는 원격 조종으로 지뢰에 접근하여 지뢰를 파괴하거나 제거하는 임무를 수행하는데, 이를 발주한 군 관계자는 여기에 군용차량 험비를 끌고 갈 수 있도록 견인 고리를 장착할 것을 주문했다. 군 관계자들은 이 지뢰 제거용 무인 장비가 기존 유인 장비처럼 거대하고 지뢰밭에서도 파괴되지 않도록 생존성과 방호력이 높은 형태로 제작될 것으로 생각했던 것이다. 하지만 무인 병기 개발자들의 시각은 달랐다. 인간이 탑승하지 않는 장비라면 지뢰와 함께 파괴되더라도 무방하다고 본 것이다. 파괴되면 추가로 투입하면 된다. 따라서 방호를 위한 각종 장비를 장착할 필요가 없어 크기를 극단적으로 소형화할 수 있다. 이 모든 것이 인간 탑승을 배제했기 때문에 가능한 것이다.

2.2 | 무인 병기를 활용한 싸움 방식의 변화: 벌떼전술

전장무인화는 싸움 방식에서도 변화를 요구하고 있다. 전장무인화에서 상정하는 새로운 싸움 방식은 이른바 '벌떼전술(swarming)'인데,[5] 이는 무리를 지어 적을 여러 방면에서 에워싸 위협을 물리치는 벌의 행태에서 착안한 전술이다. 한 마리 벌은 자신보다 몸집이 훨씬 큰 적을 상대하기 힘들지만, 무리를 이뤄 한꺼번에 공격하는 벌떼는 그 어떤 적도 물리칠 수 있다. 벌처럼 엄청난 수의 무인 병기 무리를 동원하면, 적의 방어력에 과부하를 줄 수 있고 이를 통해 적을 물리칠 수 있다는 것이 벌떼전술의 핵심 내용이다.

벌떼전술 개념에 관한 선구적인 연구로는 2000년 랜드 연구소에서 발간한 두 건의 보고서를 들 수 있다. 하나는 션 에드워즈(Sean Edwards)의 『전장에서의 벌떼전술: 과거와 현재, 그리고 미래(Swarming on the Battlefield: Past, Present, and Future)』이고, 다른 하나는 존 아퀼라와 데이비드 론펠트(John Arquilla and David Ronfeldt)의 『벌떼전술과 미래 무력분쟁(Swarming and the Future Conflict)』이다.

에드워즈는 인류 전쟁사에서 나타난 벌떼전술의 사례(스키타이군의 알렉산더군 격퇴부터 몽골군의 전술과 1993년 미국의 모가디슈 작전 실패까지)를 연구하여 그 핵심 내용과 벌떼전술의 성공 요인을 분석했다. 에드워즈는 전술적 모호성(elusiveness), 비근접 화력(stand off firepower), 전장 상황 이해(situational awareness)라는 세 가지 요인을 벌떼전술의 성공 요인으로 꼽았으며, 특히 전술적 모호성과 전장 상황 이해를 강조했다. 하지만 에드워즈는 벌떼전술을 현대적 전술 개념으로 보기는 어렵다고 주장한다. 역사적으로 나타난 벌떼전술에는 현대전에서 요구

---

5 벌떼전술에 관해 좀 더 자세한 내용은 다음을 참고할 것. Sean J. A. Edwards, *Swarming on the Battlefield: Past, Present, and Future* (Santa Monica, CA: RAND, 2000); John Arquilla and David Ronfeldt, *Swarming and the Future Conflict* (Santa Monica, CA: RAND, 2000).

되는 결정타(knockout blow)가 없었으며, 경무장의 소모적 전력들이 동원되었기 때문이라는 것이다.[6]

반면에 아퀼라와 론펠트는 벌떼전술을 역사적으로 분석하면서도 에드워즈와는 상반된 견해를 제시했다. 에드워즈가 결정타가 없는 벌떼전술이 현대 전술 개념으로는 부적합하다고 주장한 데 반해, 아퀼라와 론펠트는 벌떼전술이 미래의 새로운 전투 수행 방식으로 부각될 것이라고 주장했다. 이들은 역사에 걸쳐 단계적으로 발전한 주요 군사전략으로 난투극(melee), 물량 동원(mass), 기동(maneuver) 및 벌떼전술(swarming)이 있으며, 이 중 벌떼전술이 미래의 무력분쟁에서 주요하게 활용될 전술이라고 주장했다. 이들에 따르면, 벌떼전술은 역사적으로 존재했던 전술[7]이지만 정식으로 채택된 사례는 상당히 드문

---

6 Edwards, *Swarming on the Battlefield: Past, Present, and Future*, pp. 53~63. 이러한 점에서 에드워즈의 연구는 손자가 강조한 '지피지기 백전불태(知彼知己 百戰不殆)'와 맥락을 같이한다. 에드워즈의 연구는 전사를 통한 벌떼전술의 선구적 연구로 볼 수 있지만, 그가 도출해낸 성공 요인은 벌떼전술에 관한 연구라고 보기에는 미흡한 측면이 있다. 그가 도출한 성공 요인이 벌떼전술에만 적용되는 것은 아니기 때문이다. 에드워즈가 도출해낸 작전적 성공 요인은 군이 벌떼전술을 구사하지 않는 상황에서도 전장의 지휘관이 유념해야 할 일반적인 통념이다. 게다가 에드워즈는 역사적 벌떼전술의 현대적 활용에 몇 가지 문제가 있다고 보고 있는데, 특히 역사적으로 나타난 벌떼전술에서는 결정타로서의 화력(knockout blow firepower)이 보이지 않는다고 지적한다. 역사상 나타난 벌떼전술의 동원 화력은 경무장의 소모적 운용이라는 것이다.

7 아퀼라와 론펠트가 역사적 사례를 통해 발견한 벌떼전술의 핵심은 다음과 같다. 첫째, 벌떼전술은 작고 분산되었으며 기동성이 좋은 부대 단위에 의해 수행되었다. 둘째, 많은 경우에 적은 수의 (분산된) 부대가 많은 수의 (집중된) 부대에 승리했다. 셋째, 하지만 이러한 전술이 정식 군사교리로 채택된 사례는 드물다(우연적 결과로 취급되는 경우가 많았던 것). Arquilla and Ronfeldt, *Swarming and the Future Conflict*, p. 40.

데, 이는 벌떼전술의 효과가 일종의 우연에 따른 결과로 인식되었기 때문이다. 하지만 아퀼라와 론펠트는 벌떼전술이 정보통신 및 첨단기술을 통해 실현될 수 있으며, 이를 통해 미래에 새로운 전투 수행 방식으로 부각하게 될 것으로 보았다. 아퀼라와 론펠트의 연구에서 주목할 것은 벌떼전술이 필요로 하는 핵심 요소를 도출한 것이다. 이들은 다음과 같은 내용을 미래 전장 환경에 부합하는 벌떼전술의 핵심으로 제시했다.

첫째, 작고 양적으로 많으며(small and many) 분산되고 네트워크화된 병기 및 부대를 통한 작전 운용.

둘째, 모든 종류의 전력에 대한 혼합 및 결합적 운용(mixing and matching)

셋째, 근접과 비근접(close and stand off)을 모두 포함하는 전투 능력 구비.

넷째, 통합된 정찰 및 감시 체계 구비.

다섯째, 목표는 전력 및 화력의 지속적 동원과 적에 대한 충격 부여.

여섯째, 외관상 무정형으로 보이나 잘 조율된 형태로 행해지는 전방향으로부터의 공격.

일곱째, 전략은 집중적으로, 전술은 분산적으로, 병참 및 부대편제는 광역적으로 배치 및 운용.[8]

아퀼라와 론펠트는 벌떼전술을 미래 전장 환경에 적용할 군의 기본 교리로 전제하고 이를 다양한 형태의 부대(인간 병사의 부대 포함)에

8 같은 책, p. 45.

적용하도록 제시했다. 따라서 아퀼라와 론펠트는 벌떼전술에 관한 언급에서 비단 무인 병기를 위한 전술에 국한되지 않으며, 상당히 혁신적인 내용의 교리를 제시하고 있다. 이들이 제시한 교리에 따르면, 미래 전장을 대비하는 군은 상당히 많은 변화를 추구해야 한다. 무엇보다 '작고 양적으로 많으며 분산된 부대 편제'를 유지한 상태에서 적에 대한 전 방향 공격이 가능하게 하고 모든 종류의 부대를 혼합해 운용할 수 있게 한다는 발상은 편제 개편과 관련해 엄청난 변화를 예고하는 것이다.[9] 기존 편제를 아퀼라와 론펠트가 주장하는 형태로 바꾸는 것은 쉽지 않다. 무엇보다 실제 전장에서 아직 검증되지 않은 교리를 실천하기 위해 군 조직 전반에 걸쳐 변화를 추진하는 것은 군에 엄청난 위험부담으로 작용할 것이다.

상기한 두 연구는 벌떼전술 개념을 미래 전장에서의 주요한 교리로서 소개하는 데 의의가 있다. 이 연구에서 제시된 벌떼전술의 핵심 내용을 토대로 이후 다양한 형태로 개념 계획이 입안되었다. 하지만 모두 성과를 거둔 것은 아니며, 초기 연구자들이 제시한 개념이 현실

---

9 이러한 아이디어는 아퀼라와 론펠트의 선제 연구인 『아테나 캠프에서: 정보화 시대 무력분쟁에 대비하기 위하여(In Athena's Camp: Preparing for Conflict in the Information Age)』에서 비롯된 것이다. 이 연구에서는 미래 전장으로의 변화를 '체스에서 바둑으로의 변화'라고 언급하는데, 말의 역할과 수량이 정형화되어 있는 체스와 같은 형태의 전장이 산업화 시대의 전장이라면, 미래의 전장은 바둑과 같다는 의미다. 동일한 형태로 되어 있는 바둑알은 하나하나가 독립적 작전이 가능한 단위부대로서 그 바둑알을 어떻게 네트워킹하는가에 따라 다양한 전술과 전략을 구사할 수 있다고 주장한 것이다. 이러한 주장을 바탕으로 한다면 미래 전장에서의 부대는 동일한 능력을 가진 작고 많은 단위부대의 네트워킹에 의해 전략이 구사되는 것이다. 자세한 내용은 다음을 참고할 것. John Arquilla and David Ronfeldt (eds.), *In Athena's Camp: Preparing for Conflict in the Information Age* (Santa Monica, CA: RAND, 1997).

화되기에는 아직 조직적·기술적으로 해결해야 할 문제가 산적해 있다. 특히 지상군의 편제 개편과 관련해서는 상당한 어려움을 겪고 있는 것으로 보인다. 벌떼전술에서 상정한 형태로 부대를 개편한 대표적인 사례로 미 육군의 스트라이커 여단을 들 수 있는데, 이는 아퀼라와 론펠트가 주장하는 작은 단위의 부대라고 보기에는 다소 규모가 크다고 할 수 있으며, 여단을 중심으로 한 편제 개편이 두 학자가 언급한 많은 수(many)로 전환될 수 있을지는 회의적이다. 아퀼라와 론펠트가 주장하는 대로라면 작고 많은 수를 유지하기 위해서는 그 단위부대를 좀 더 작은 단위(예컨대 중대)로 하고 해당 단위부대가 독립적인 전투를 수행할 수 있도록 장비와 병력(인원수가 아니라 다양한 역할 부여)을 배치해야 한다. 문제는 여단 이하의 부대 단위가 독립적인 작전을 수행하기에는 현실적인 한계가 너무나도 많다는 데 있다. 이러한 현실적 한계를 고려해 절충한 아이디어가 바로 스트라이커 여단으로 나타났다고 할 수 있다. 하지만 여단 중심의 편제를 통해 많은 수를 동원해야 하는 벌떼전술이 얼마만큼 현실화될 수 있을지는 여전히 문제로 남는다.[10]

2.3 | 벌떼전술을 현실화하기 위한 전력 구성: '작고 많은 단위'

앞서 소개한 벌떼전술 개념을 소개한 연구에서 주장한 핵심 개념 중에는 공통적으로 들어가는 요소가 있다. 바로 '무리'의 규모와 관련

10 한편으로 여단 이하의 부대 조직에 독립된 전투 능력을 보유하게 하는 것이 현실성이 있는지도 생각해봐야 할 문제다. 중대를 이끄는 위관급 장교의 경험과 결단 능력이 충분하지 못할 가능성이 크기 때문이다.

한 것이다.[11] 앞서 소개한 벌떼전술에 관한 연구에서는 이에 대해 '작고 많은 단위(small and many units)'라는 개념을 제시했다. 이는 제2차 산업혁명 이후[12] 플랫폼 중심의 군사력을 발전시킨 국가들에는 조금 생소한 개념이다. 제2차 산업혁명 이후, 군사력 건설은 상당 부분 '고성능 장비'를 보유하는 것을 핵심 내용으로 했다. 고성능 장비를 구성하는 것이 핵심이 된 배경에는 이른바 '교환비율'이 있다. 고성능 장비는 그렇지 않은 적과의 교전에서 교환비율을 높일 수 있는데, 고성능 장비를 보유하면 더 적은 수로 더 많은 적을 상대할 수 있게 된다는 것이다. 이러한 고성능 장비의 보유는 무기의 성능과 같은 군사력의 질적 격차가 전쟁의 승패를 좌우한다는 생각과 함께 고성능 장비를 통해 더 적은 수로 더 많은 적을 상대할 수 있다는 믿음을 심어주게 되었다. 벌떼전술에서 상정하는 무리의 규모는 바로 이러한 생각들에 벗어난 것이다.

개별 병기(플랫폼)가 고성능을 유지하려면 비용이 많이 들고 그 크

---

11 아퀼라와 론펠트는 벌떼전술을 구사하면 여러 방면에서 적을 포위하므로 더 적은 수의 병력(10분의 1)으로 적을 물리칠 수 있지만, 벌떼전술의 핵심은 작고 네트워크로 연결된 많은 수의 부대나 병기(unit)를 동원하는 것이라고 주장했다. Arquilla and Ronfeldt, *Swarming and the Future Conflict*, pp. 45~47. 아퀼라는 싱어와의 인터뷰에서 무인 병기의 미래 비전에 대해 "모든 방향으로부터 적군을 공격할 수 있는 다수의 소형 로봇"이라고 말하면서 양적 규모의 중요성을 강조한 바 있다. Singer, *Wired for War*, p. 333.

12 '산업화 전장'은 맥스 부트(Max Boot)의 저서에 등장한 용어다. 맥스 부트는 산업혁명 이후 전쟁 양상의 변화상을 분석하고 제1차 산업혁명 이후 보병 위주의 대규모 군대에 의해 수행된 전쟁과 제2차 산업혁명(기계혁명) 이후 기계화된 전쟁 양상을 구체적인 전투 사례를 들어 분석했다. 다음을 참고할 것. 맥스 부트, 『Made in War: 전쟁, 테크놀로지 그리고 역사의 진로, 전쟁이 만든 신세계』, 송대범·한태영 옮김 (플래닛미디어, 2007).

기도 커질 수밖에 없다. 크기가 커지면 적에게 쉽게 발견되고 공격을 받을 확률이 높아진다. 이러한 약점을 극복하기 위해 방호력을 높이는 방법이 동원되는데, 방호력 강화는 기존보다 거대화된 플랫폼을 더욱더 거대하고 무겁게 만들어버리며,[13] 개발 비용 역시 상승시키게 된다. 또한 개발 비용 상승은 국가의 국방 예산 부담을 키우게 된다.

지난 세기의 고성능 플랫폼 위주의 군사력과는 상반된 논리로 제시된 것이 바로 '작고 많은 단위' 개념이다. 이와 관련한 대표적인 연구로는 마틴 리비키(Martin C. Libicki)의 연구[14]를 들 수 있다. 그는 군사기술 발전으로 군사력을 더 작고 많은 개별 단위[15] 형태로 운용하는 것이 가능하다고 주장한다. 정보기술 발전으로 복잡한 탐지 장비를 병기에 탑재할 필요가 없어지고,[16] 이에 따라 병기를 더욱 작게 만들 수 있게 되며, 이로써 더 많은 수의 병기를 보유할 수 있게 된다는 것이다. 그리고 이를 통해 개별 단위부대의 규모도 조절할 수 있다고 주장한다. 리비키의 연구는 전투의 핵심을 타격 대상의 발견과 이에 대

---

13 단적인 예로, 최초의 전차인 영국의 Mark I의 무게는 28톤이다. 현재 한국의 차세대 주력 전차인 K2는 55톤이며, 미국과 독일의 주력 전차(M1A2, 레오파르트 2)는 무려 67톤에 달한다. 산업화 시대, 고성능 플랫폼 위주의 병기는 더 커지고 무거워지는 추세를 보였다.

14 Martin C. Libicki, "The Small and The Many," in John Arquilla and David Ronfeldt (eds.), *Athena's Camp: Preparing for Conflict in the Information Age* (Santa Monica, CA: RAND, 1997), pp. 191~216.

15 여기서 '개별 단위'란 'unit'을 말하며 개별 무기의 숫자에서 단위부대까지를 포괄하는 표현이다.

16 이와 관련해 리비키는 GPS를 대표적인 사례로 든다. 과거의 장비는 위치 추적 및 지형 탐색과 관련한 장비를 병기에 탑재하고 있어야 했는 데 반해, GPS는 위치 추적에 관한 대부분의 정보를 외부(GPS 위성)에서 받기만 하면 되기 때문에, 이를 통해 병기의 크기를 더욱 작게 할 수 있다는 것이다.

한 정보처리(sensor)에 집중하고 있다. 리비키의 논리에서 흥미로운 것은 하나의 탐지센서로 모든 정보를 다 처리할 필요는 없다고 주장한 것이다. 제한된 성능의 센서라 하더라도 개별적으로 흩어진 센서들이 감지한 정보의 파편이 모여 완전한 정보를 만드는 것을 주장한 것인데,[17] 이러한 원리는 적을 탐지하는 것뿐 아니라 적을 제압하는 과정에서도 나타날 수 있다고 한다. 리비키는 현재 대부분의 병기들은 실제 전투에 임하면 마치 적과의 일대일 결투를 상정하여 운영된다고 말한다. 하지만 작고 많은 개별 무기들이 모여 있는 상태의 전투는 한 개의 적에 대해 다수의 아측 병기가 교전하는 양상으로 변하게 된다. 이러한 양상은 현대전에서 중첩성(redundancy)으로 취급되어 지양해야 할 대상이 된다. 이러한 중첩성에도 불구하고 리비키는 작고 많은 개별 무기의 벌떼공세로 적을 제압하는 것이 더욱 효과적인 전술이 될 수 있다고 주장한다.[18] 또한 리비키는 이러한 많은 단위의 개별 병기들을 망(mesh)의 형태로 촘촘하게 연동시킬 것(네트워킹)을 강조하는데, 여기서 개별 병기들이 모든 것을 완벽하게 혼자(independently) 처리할 필요는 없으나 각 개별 병기들 간에 상호작용은 필수적이라고 강조한다. 리비키의 주장을 살펴보면 벌떼전술에서 요구하는 작고 많은 단위란 제한된 성능의 작은 단위들이 상호작용을 통해 시너지효과

17 파리나 잠자리의 눈을 떠올리면 좀 더 쉽게 이해할 수 있다. 파리나 잠자리의 눈은 인간의 눈과 달리 아주 작은 낱눈들이 촘촘하게 짜인 낱눈의 망과 같다. 이러한 작고 많은 낱눈이 감지한 시각 정보를 모아 전체의 상을 만들어내는 것이다.

18 제2차 세계대전 당시 독일의 타이거 전차를 상대하는 연합군의 전술은 교전을 되도록 피하고 피치 못할 교전 상태에 이를 경우에 여러 대의 연합군 전차가 한 대의 타이거 전차를 둘러싸 협공하는 것이었다. 리비키가 주장하는 전술도 이와 비슷한 취지라 할 수 있다.

를 달성하는 것을 의미한다.[19] 제한된 성능의 탐지 장비와 고성능 장비를 장착하는 데 따른 비용 상승이나 장비의 거대화를 막고, 상호 연동된 기능을 통해 기존 장비보다 효과적으로 색적 및 타격을 할 수 있다는 논리다.

리비키의 주장은 지난 세기에 제기된 전장의 주요한 법칙을 연상시킨다. 전장에서 수적 우세의 중요성을 역설한 '란체스터의 법칙(Lanchester's Law)'이 바로 그것이다. 란체스터의 법칙에 따르면, 수적으로 우세한 측이 그렇지 못한 측보다 개별 전투에서 산술적 계산보다 우월한(제곱의) 교환비율을 갖는다. 다시 말해, 만약 수적으로 2대 1의 상황에 있는 양측이 교전을 벌인다면 전투 중 교환비율은 2대 1이 아니라 4대 1이 되어 수적으로 두 배가 되는 측은 거의 피해를 입지 않는 상황에서 상대방을 섬멸할 수 있다는 것이다.[20] 하지만 리비키는 란체스터 법칙에서 전제하는 교전 양측의 질적 동질성을 전제하지 않았다. 오히려 개별 전투 주체의 성능에서는 상대보다 떨어진다고 하더라도 네트워크를 통한 기능적 상호 연동이 이루어진다면 전장에서 승리할 수 있다고 주장했다.

리비키의 주장에 대해서는 몇 가지 의문이 제기된다. 물론 이것은 수적 우세를 강조하는 벌떼전술과 관련된 의문이기도 하다. 바로 작고 많은 단위가 가진 취약성에 관한 것이다. 수적 우세를 점유하기 위해 개별 전투 단위를 작게 만들 경우에 방호력 및 화력의 약화를 피할 수 없게 된다. 그렇게 되면 결국 개별 방호력이 취약한 개별 단위

19 Libicki, "The Small and The Many," p. 200.

20 란체스터의 법칙은 다른 조건이 일정한 상태(질적 측면)를 전제로 했다. 다시 말에 양적 우세란 질적으로 동일한 상태에서의 양적 우세를 의미하는 것이다. 란체스터의 법칙은 주로 질적 격차가 없는 보병 간 전투를 상정한다.

들의 희생이 수반될 수밖에 없다. 이와 더불어, 작고 많은 개별 단위들에 대한 명령·통제의 문제를 어떻게 해결할 것인가에 대한 문제도 제기된다. 벌떼전술은 이상적으로 작동하면 가공할 위력을 발휘할지 모르나, 그렇지 못할 경우에 자율성이 높은 개별 주체의 행동으로 전투가 예측 불가능한 방향으로 진행될 수 있다. 이에 대해 리비키는 명쾌한 해답을 내놓지 못했다. 사실 대부분의 연구자들이 이에 대해 해답을 내놓지 못하고 있다고 말하는 것이 정확할 것이다. 선언적으로, '많게' 그리고 '작게'를 외치고 있지만, 작은 단위 주체의 취약성 문제에 대해서는 누구도 명쾌한 해결책을 제시하지 못하고 있다. 특히 벌떼전술에 관해 1990년대 중반에 이루어진 초기 연구는 벌떼전술을 거의 모든 형태의 부대에 적용할 수 있다는 것을 전제로 하는데, 이를 바탕으로 부대 개편에 벌떼전술을 반영하고자 한 국방 부서가 있다면 벌떼전술의 취약성을 알게 된 뒤 당혹감에 빠질 수도 있을 것이다. 특히 인간 병사로 구성된 부대에는 그러한 취약성이 더욱 민감한 사항이 될 수밖에 없다. 앞서 언급한 벌떼전술은 인간 병사로 구성된 부대에 적용하기에는 한계가 있다. 무엇보다 인간 병사로 구성된 부대는 병사의 희생을 전제로 한 소모전을 전개하는 일에 민감하다. 특히 인간 병사로 구성된 대규모 부대를 보유한 육군에는 앞서 언급한 벌떼전술이 상당히 위험한 전술로 인식되기 쉽다. 자칫 휘하 장병들을 엄청난 소모전으로 몰아넣을 가능성을 배제할 수 없기 때문이다. 하지만 여기서 생각을 달리해볼 수도 있을 것이다. '만약 인간 병사로 이루어진 부대가 아니라면 어떨 것인가?'

벌떼전술에 관한 가장 최근의 연구는 벌떼전술과 이를 위한 작고 많은 단위의 구성이 인간 병사의 부대가 아닌 무인 전력을 위한 것임을 확인하고 있다. CNAS(Center for New American Security)의 폴 셰어

(Paul Scharre)는 최근의 연구[21]에서 벌떼전술이 작고 많은 단위를 전제로 하여 수적 우세를 통한 전장의 승리를 목표로 하지만, 이를 적용할 수 있는 것은 인간 병사로 구성된 부대가 아니라 무인 전력이라고 주장했다. 그의 연구에 따르면, 벌떼전술에는 크게 두 가지 도전 요인이 있다. 하나는 명령·통제의 문제이고, 다른 하나는 희생의 문제다. 먼저 명령·통제의 문제와 관련해 셰어는 벌떼전술이 기본적으로 중앙의 의사결정과 분산된 명령 수행(개별 주체가 알아서 행동하는 것)의 방식을 통해 이루어지는데,[22] 다분히 추상적인 중앙의 의사결정(공격 혹은 방어에 대한 지시)에 대해 말단의 전투 단위가 알아서 하게 할 경우에 때로는 교전 자체를 하지 않거나 엉뚱한 행동을 보일 수도 있다고 지적한다. 희생의 문제와 관련해서는 벌떼전술이 본질적으로 개별 전투 주체를 희생적(소모적) 주체로 간주하기 때문에 이를 인간으로 구성된 부대에 적용하는 데에 한계가 있다고 지적한다. 반면에 벌떼전술은 무인 병기에 적용하기에 이상적인데, 무인 병기는 자율성이 강화되었다고 하더라도 교전 자체를 포기할 자율성을 갖지 못하게 프로그래밍할 수 있어 명령·통제의 문제에서 어느 정도 자유로우며, 희생의 문제에 대해서도 인간보다 상대적으로 훨씬 덜 민감하다는 것이다.[23]

---

21 Paul Sharre, *Robotics on the Battlefield Part II: The Coming Swarm* (Washington D.C.: Center for New American Security, 2014); Paul Sharre, "Unleash the Swarm: The Future of Warfare," *War on the Rocks*, March 4, 2015, http://warontherocks.com/2015/03/unleash-the-swarm-the-future-of-warfare.

22 대표적인 사례로 1993년 소말리아 사태를 들 수 있다. 강력한 화력의 미군에 맞선 소말리아 저항조직은 일종의 벌떼전술을 구사했는데, 이들이 명령·통제 체계는 매우 간단했다. 타이어를 태워 검은 연기가 피어오르면 그쪽으로 무기를 가지고 알아서 모여 미군과 교전하는 것이었다.

셰어의 연구가 벌떼전술과 관련해 중요한 점은 그 한계와 적용 가능 분야를 제시한 데 있다. 앞서 소개한 벌떼전술과 관련한 많은 연구는 벌떼전술의 작동 원리와 수행 조건을 제시하는 성과를 거둔 반면에 적용 가능 분야를 제시하지는 못했다. 셰어의 연구는 지난 20년간의 연구된 벌떼전술을 적용할 수 있는 영역을 탐색했고, 이를 통해 벌떼전술이 인간 부대가 아니라 무인 전력에 적용할 수 있는 전술임을 확인한 데에 의의가 있다고 하겠다.

지금까지 소개한 전장무인화와 관련한 본질적인 변화들은 기존과는 다른 전쟁 양상을 예고한다. 정리해보면, 전장무인화는 ① 기존과 달리 개별 전투 주체를 일회성 소모품으로 간주하되, ② 개별 전투 단위를 작고 많게 구성하여, ③ 일시에 떼를 지어 공세를 펼치는 벌떼전술을 통해 미래 전장에서 승리한다는 것을 주된 내용으로 한다. 아울러 전장무인화는 기존과 달리 극단적으로 중앙에 집중된 의사결정과 분산된 집행을 통해서 명령·통제가 이루어진다는 특성도 가지고 있다.

문제는 이러한 새로운 방식이 아직 검증 단계에 이르지 못하고 있으며, 개별 병기들의 연구에 상응하는 수준의 전술적·전략적 발전이 수반되고 있지 못하다는 것이다. 또한 전장무인화를 위한 혁신들은 추진 과정을 거치면서 상당한 도전에 직면하고 있는 모습을 나타내기도 한다. 다음 절에서는 전장무인화 추진 사례를 통해 전장무인화의 도전 요인들을 살펴보고자 한다.

---

23 Sharre, "Unleash the Swarm: The Future of Warfare."

3 | 전장무인화의 추진과 장애 요인: 미국의 사례

3.1 | 넘쳐나는 원천기술

현재 전장무인화에 가장 적극적인 국가는 미국이다. 미국은 냉전 말기부터 각종 무인 병기를 개발하기 시작했으며,[24] 2000년대에 들어서면서 무인 병기를 실전에 적극 투입하기 시작했다. 특히 오바마 행정부가 전장무인화를 미 군사력의 미래 비전으로 채택하면서 미군은 전장무인화를 실현하기 위해 다양한 프로그램을 추진하고 있다.[25]

미국이 개발 중인 무인 전력은 국방부에서 발간하는 "무인 시스템 통합 로드맵(Unmanned Systems Integrated Roadmap) FY2013~2038"[26]

---

24 미 회계감사국(GAO)은 1988년 국방부의 무인 항공기 개발 계획에 대한 평가 보고서에서, 당시 국방부의 무인 항공기 개발 계획이 ① 실행 연도별로 구체화되어 있지 않으며, ② 개별 실행 계획과 전체 계획 간 관련성이 결여되어 있고, ③ 필요하다고 인정되는 전투형 무인기 및 타깃용 무인기 개발이 누락되어 있는 한편, ④ 유인 병기와의 임무 중복성이 잠재되어 있다고 지적했다. General Account Office, "Assessment of DOD's Unmanned Aerial Vehicle Master Plan" (1988).

25 미 국방부는 매년 무인 병기 획득 계획을 공개하고 있다. Department of Defense, "Unmanned Systems Integrated Roadmap (FY2013~2038)" (2013). 미국의 무인 전력 개발에서 핵심적인 부서는 국방부 산하의 방위고등연구계획국(Defence Advanced Research Projects Agency: DARPA)이다. 한편, 2012년 랜드 연구소는 무인 병기 운용과 관련한 흥미로운 연구를 진행했는데, 바로 무인 병기 조작요원에게 인센티브를 지급하는 문제에 관한 연구다. Chaitra M. Hardison, Michael G. Mattock and Maria C. Lytell, *Incentive Pay for Remotely Piloted Aircraft Career Fields* (Santa Monica, CA: RAND, 2012).

26 Department of Defense, "Unmanned Systems Integrated Roadmap 2013~2038." 한편 2014년 1월 3일에 미 국방부는 "Unmanned Systems Integrated Roadmap 2015~2040"을 입안했다. 언론 보도에 따르면, 이 계획에서 미국이

그림 6-1
2014년 이후 미 지상군 무인 전력(개발 중)

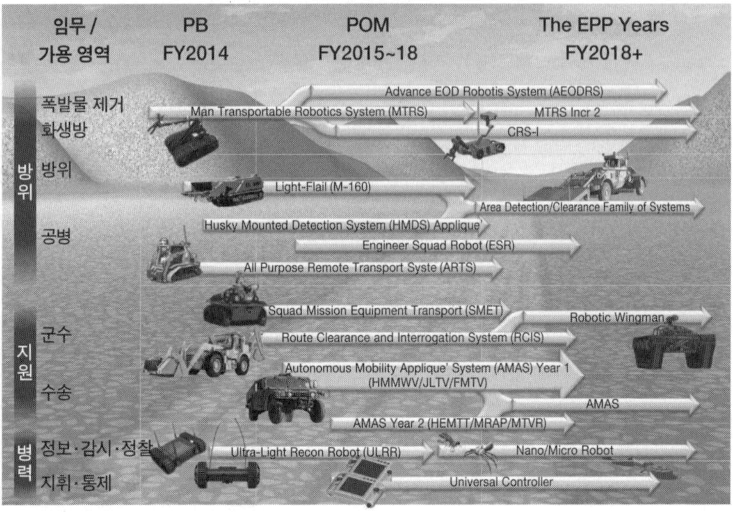

주: PB: President's Budget (대통령 예산안); POM: Program Objective Memorandum (계획목표각서); EPP: Extended Planning Period (심화계획기간).
자료: Department of Defense, "Unmanned Systems Integrated Roadmap FY2013~2038," p. 7.

보고서를 통해 파악할 수 있다. 2038년까지 개발 및 배치를 목표로 제시된 미국의 무인 병기들은 육상·해상·항공의 등 모든 영역을 아우르며, 그 기능 및 성능도 다양한 형태를 이루고 있다.

〈그림 6-1〉은 2014~2018년까지 미국이 개발을 추진할 지상 무인 병기들을 도식화한 것이다. 미국은 공병, 지원, 수송 및 전투[27] 등

무인기 개발에 투자할 예산은 초기 5년간 약 216억 달러, 다음 10년간 약 810억 달러다. Bill Carey, "Pentagon Issues 25-year Unmanned System Roadmap," *AIN Online*, January 3, 2014, http://www.ainonline.com/aviation-news/defense/2014-01-03/pentagon-issues-25-year-unmanned-systems-roadmap

27 지상 무인 병기 중에는 전투가 가능한 Talon 4/5도 있으나 이 무인 병기의 개발

각 임무에 부합되는 기능의 무인 병기를 개발하고 있다. 2014년 이후 주목할 것은 지상 무인 병기에 통신을 중계할 랜드로이드(LANdroids: Local Area Network Droids)와 병사가 휴대할 수 있을 정도로 작은 무인 병기에 관심을 기울이고 있다는 점이다. 특히 랜드로이드는 전장무인화의 한계로 지적되는 통신상의 문제를 해결할 주요한 장비로서, 원격지에서 무인 병기를 조종하거나 통제하는 데 필수적인 장비다. 또한 미 국방성이 계획하고 있는 병기 중에는 벌레 혹은 그보다 작은 크기의 나노봇(nanobot)이 있다. 이러한 작은 무인 병기는 정찰을 수행하거나 적의 전투 행위를 방해하는 도구로 활용할 수 있다.[28]

미국의 무인 전력 개발을 국방부 및 산하의 방위고등연구계획국(DARPA)만이 주도하고 있는 것은 아니다. 랜드 연구소(RAND)나 민간 무인 병기 개발 업체도 미국의 전장무인화 추진에 중요한 기반이 되고 있다. 관련 업체에 우리가 익히 알고 있는 록히드 마틴이나 보잉 같은 기업만 있는 것은 아니다. 텍스트론(Textron), 아이뉴파워테크놀로지(Eye New Power Technologies) 등 실리콘밸리에 있는 로봇 혹은 무인 장비 제작 업체 중 상당수는 군용 무인 장비 제작이 가능하다. IT 및 로봇 기술과 관련해 많은 부분 민간 부문이 우위를 점하고 있다는 사실을 고려하면 당연한 것이기도 하지만, 이러한 민간 중심의 개발

계획은 이전 계획(Unmanned Systems Integrated Roadmap FY2011~2036)에서 수립되어 2013년 계획에서는 관련 계획이 빠졌다. Department of Defense, "Unmanned Systems Integrated Roadmap(FY2011~2036)" (2011), p. 24

28 나노봇을 활용한 무인 방어 시스템도 생각해볼 수 있다. 이른바 로봇 벌집 같은 개념인데, 방어가 필요한 주요 통로에 무수히 많은 나노봇이 들어 있는 케이스를 설치해두고 침입하는 적을 공격하게 한다면 적의 침투를 막아낼 수 있을 것이다.

은 핵심 기술 유출이라는 취약성도 아울러 갖고 있다.[29]

랜드 연구소에서는 무인 전력 개발과 관련해 의미심장한 연구 두 건을 내놓은 바 있다. 완전 자동화된 무인 병기인 PRAWNs(Proliferated Autonomous Weapons)[30]의 벌떼전술 활용에 관한 연구와 더 높은 수준의 무인 병기 자동화에 관한 연구가 그것이다.[31] PRAWNs는 미 공군에서 발주한 프로젝트로, 작은 무인 병기를 활용한 벌떼전술을 통해 상대를 제압하는 방안을 담고 있다. 랜드 연구소의 관련 보고서에서는 이를 실현하려면 완전 자동화된 작고 많은 단위의 무인 병기를 보유해야 한다고 지적했다.[32] 랜드 연구소는 2014년 『자율성이 확대된 무인 시스템 설계(Designing Unmanned Systems with Greater Autonomy)』를 통해 완전 자동화에 관한 좀 더 급진적인 방안을 소개했는데, 이 보고서에서는 무인 병기의 완전 자동 시스템을 강화하기 위해서는 민간의

---

29 이언 이스턴(Ian Easton)은 중국에 의한 미국 무인 기술 유출의 심각성을 이야기하면서, 미국에 민간 업체를 비롯해 무인 기술과 관련한 오픈 소스가 너무나 많다고 지적했다. Ian Easton, "China's Military Strategy in the Asia-Pacific" (2013), pp. 9~10.

30 PRAWNs 개발에서 역점을 둔 것은 무인 병기의 집단 기동 능력과 관련한 인공지능인데, 여기에는 새와 물고기가 서로 충돌하지 않으면서 무리가 움직이는 방향을 따라 이동하는(flocking) 개념이 적용된다.

31 David Freinger, Joel Kvitky and William Stanley, *Proliferated Autonomous Weapons: An Example of Cooperative Behavior* (Santa Monica, CA: RAND, 1998); Daniel Gonzales and Sarah Harting, *Designing Unmanned Systems with Greater Autonomy: Using a Federated, Partially Open Systems Architecture Approach* (Santa Monica, CA: RAND, 2014).

32 해당 보고서에서는 개별 무기의 가격을 약 3만 달러로 상정하고, 보유해야 할 개별 무기의 수를 총 1만 2000대(300대를 묶어서 하나의 단위부대로 활용)로 상정했다. Freinger, Kvitky and Stanley, *Proliferated Autonomous Weapons: An Example of Cooperative Behavior*, p. 45.

앞선 기술을 활용할 필요가 있으며, 구글이나 상용 자동차 회사의 오픈 소스를 활용하는 것을 고려할 필요가 있다고 주장했다.[33] 연구자 및 개발자들은 완전 자동화된 무인 병기를 미래 전장에서 활용될 무인 병기(앞으로 약 20년 뒤에 개발이 완료될 장비들)의 궁극적인 형태로 인식하고 있으며, 작고 많은 단위의 무인 병기를 활용한 새로운 전술(벌떼 전술)을 제시하고 있다. 문제는 이러한 연구자 및 개발자들의 인식이 군 당국이나 정부와 다를 경우 전장무인화 추진에 차질을 빚을 수 있다는 것이다. 다시 말해, 원천기술을 보유하고도 혁신을 추진하는 데에 어려움을 겪을 수 있다는 이야기다. 그렇다면 미국은 어떠한 어려움을 겪었을까?

3.2 험난한 추진 과정: 문제는 인식의 차이와 정치

미국은 세계에서 무인 병기 관련 원천기술을 가장 많이 보유한 국가임이 분명하다. 하지만 원천기술을 보유하는 것과 혁신에 성공하는 것은 별개의 문제다. 20세기의 군사혁신 사례에서 보듯이 원천기술을 가지고 있으면서도 혁신을 못 하거나 상당히 어려움을 겪으면서 혁신을 한 사례를 보게 된다. 대표적인 사례로 전차와 관련한 원천기술을 가지고 있으면서도 혁신이 어려웠던 영국과 프랑스를 들 수 있다.[34] 2010년 이전까지의 미국 전장무인화 추진 과정은 지난 세기 영

---

33 Gonzales and Harting, *Designing Unmanned Systems with Greater Autonomy*, p. 59.

34 대표적인 사례는 전차(tank)와 기동전 혁신이다. 영국과 프랑스는 전차 개발과 관련한 풍부한 원천기술을 가지고 있었다. 영국은 전차를 세계에서 최초로 개발한 국가이며, 프랑스는 최초의 회전포탑 장착 전차를 개발한 국가다. 하지만

그림 6-2
미국의 무인기 도입 일정

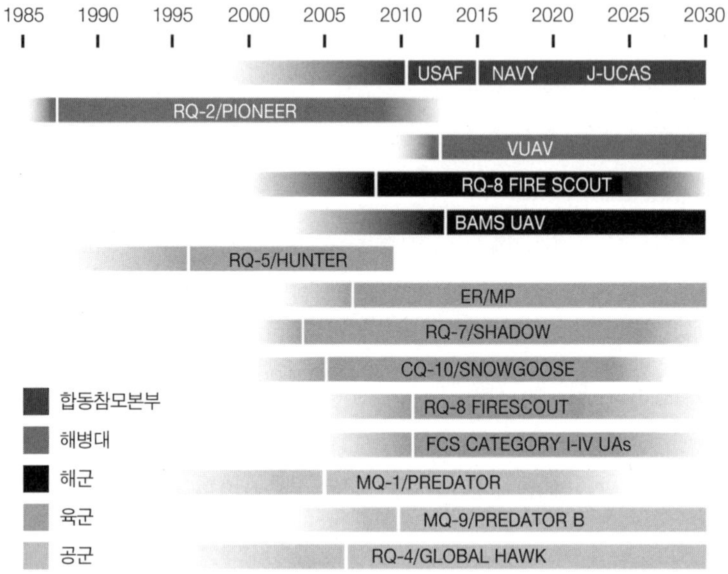

자료: Department of Defense, "Unmanned Aircraft Systems Roadmap 2005~2030" (2005), p. 3.

국의 사례처럼 혁신이 상당히 더디게 진행되었다.

〈그림 6-2〉는 2005년 공개된 미군의 무인기 도입 일정이다. 이 그림에서 흥미로운 것은 기존의 유인 항공전력이 풍부한 공군 및 해군보다 지상군인 육군이 가장 다양한 무인기를 도입할 계획을 세우고

이 국가들이 전차를 통한 군사혁신을 성공적으로 이룬 것은 아니었다. 영국은 상당한 시간이 걸렸고, 프랑스는 끝내 제대로 된 전차 활용 방안을 찾아내지 못했다. 이처럼 원천기술이 혁신으로 이어지지 못한 것은 바로 혁신을 수행할 조직이 관련 기술에 대한 중요성을 인식하지 못하거나 과거의 시각으로 관련 기술을 바라보았기 때문이다. 영국과 프랑스는 전차 기술의 핵심을 방호력으로 인식하여 보병의 방패로 활용하게끔 했는데, 이는 전차가 가진 또 다른, 그리고 더욱 혁신적이었던 기술인 기동성을 간과하는 결과를 초래했다.

있다는 점이다. 그림에서 시사하는 것은 두 가지인데, 하나는 전장무인화 추진이 각 군의 개별 의사에 의해 결정되어 프로그램 추진이 통합되지 못하고 각 군 간 무인화 도입 수준에 차이를 보이고 있다는 것이고, 다른 하나는 미군 내 무인 항공기에 대한 인식이 각 군마다 차이가 있었다는 것이다. 육군은 적극적으로 무인 항공전력을 보강하려고 한 반면, 해군과 공군은 무인 항공전력 도입에 소극적이었다. 부시 행정부 때 수행된 두 개의 전쟁에서 무인 병기는 제대로 활용되지 못했으며, 심지어는 무인 항공기에 대한 항공 통제도 제대로 이루어지지 않았다. 왜 이런 결과가 초래된 것일까?

첫 번째 원인은 분권화된 의사결정 구조에 있다. 2000년대 초 미국의 무인 병기 개발 및 도입은 각 군의 개별 프로그램에 전적으로 의존했다. 대부분의 국가에서 그렇듯이 미국도 주요 무기의 개발 및 획득 추진을 각 군에 위임하고 구체적인 추진 프로그램과 추진 여부도 각 군이 결정하게 되어 있다. 이러한 분산적 의사결정 구조는 각 군 고유의 환경과 상황을 반영하기에는 좋으나, 통합된 수준의 전장무인화 추진에는 어려움을 줄 수 있다. 특히 분권화된 의사결정 구조는 전장무인화에 대해 회의적 시각을 가진 특정 군의 무작위 및 소극적 추진을 제도적으로 보장하게 된다는 문제도 있다.[35] 이러한 문제점에 대해서 부시 행정부는 군사변환실(Office of Force Transformation)을 설치

35 영국의 전차 개발 당시 혁신을 지연시킨 주요한 요인 중의 하나도 바로 탈중앙집권적 의사결정 구조였다. 스테판 페터 로센, 『장차전의 승리』, 권재상 옮김(서울: 간디서원, 2003), 178쪽. 미 회계감사국 역시 미국의 무인전장화 추진 과정에서의 문제점으로 중앙의 통합된 교리, 조정의 부재, 분산된 의사결정 구조를 들고 있다. Michael Bruno, "GAO: U.S. Military UAVs Still Too Proprietary In Nature," *Aviation Week*, August 13, 2013.

해 추진 계획의 통합성을 보완하고 각 군에 대해 좀 더 강력한 추진 압력을 가하는 방법을 시도했는데, 이러한 방식은 분산된 의사결정 구조의 문제점을 보완할 주요한 방법으로 참고할 수 있을 것이다.

두 번째 원인으로 지적할 것은 추진 과정에서 나타난 특정 군의 부정적 인식과 저항이다. 미 해군과 공군은 전장무인화에 미온적 태도를 보였다. 이들은 신기술의 등장으로 군 조직 내 엘리트 요건이 바뀌게 되는 것(조종특기자의 프리미엄 상실)을 우려했고, 이러한 우려는 영역 다툼과 관료주의적 갈등으로 나타났다.[36] 전투기 조종(탑승)과 달리 무인기 조작은 지상 근무로 이루어지며, 반드시 위관급을 필요로 하지도 않게 되었기 때문이다. 하지만 미 공군은 전장무인화 추진에 대한 정부의 압력과 기득권자들의 이해관계 사이에서 고민에 빠질 수밖에 없었다. 결국 미 공군은 무인 항공에 소극적 태도로 대응했다. 무인 항공기 개발을 타 기관(DARPA)과 정보기관이 주도하도록 방치하거나 개발 비용을 조달하지 않았으며, 심지어는 유인 전투기 개발을 온전하게 보존하기 위해 무인 전투기 개발을 취소하기도 했다.[37]

셋째, 무인 병기에 대한 인식 차이가 존재해 무인 병기를 활용한 통합된 전략 및 전술의 마련이나 조직화가 이루어지지 못했다.[38] 〈표

---

36 Singer, *Wired for War*, pp. 252~253. 미 합동군사령부의 무인 시스템 연구 담당자인 러스 리처즈(Russ Richards) 박사는 무인기 도입의 가장 큰 관건으로 군 문화의 극복을 들고 있다. Ron Schafer, "Robotics to Play Major Role in Future Warfighting," United States Joint Forces Command, July 29, 2003.

37 "Gates Criticizes Air Force for Insufficient Intel in Iraq," *The Washington Post*, April 22, 2008. 그 밖에 좀 더 노골적인 미 공군의 무인기 개발 방해는 X-45 전투기 개발에서도 드러난다. 미 공군은 보잉사의 X-45 무인 전투기 개발을 돌연 취소했는데, 이는 차세대 유인 전투기인 JSF(Joint Strike Fighter)와의 경쟁을 피하기 위해서라는 주장이 있다. Singer, *Wired for War*, p. 253.

표 6-1
미국 내 전장무인화에 대한 시각차

	연구개발자	군 당국
무인 병기에 대한 인식	새로운 군사 수단 (일회용 소모재)	유인 병기의 보조 및 지원 (내구재)
요구성능	목적 달성에 부합하는 수준의 제한적 성능	유인 병기를 지원할 수 있는 중·고성능
생존성	거의 무시(사용 후 폐기 가능)	지속 사용 가능한 수준의 적정 생존성
전략 및 전술	파상 혹은 벌떼 공격 (새로운 전술 및 전략의 창출)	보조 및 지원 전력으로 독자적 전술 불필요
무인 전력의 핵심 사안	동원 가능한 무인기의 '수'	개별 무인 병기의 '성능' (high-low mix 개념)

자료: 피터 싱어, 『하이테크 전쟁』, 권영근 옮김 (서울: 지안, 2011); Daniel Wasserbly, "AUVSI 2014: US Navy to issue UCLASS RfP amid congressional pushback," *IHS Jane's Defence Weekly*, May 13, 2014; Freilinger, Kvitky and Stanley, *Proliferated Autonomous Weapons*.

6-1〉은 미국의 전장무인화 추진 과정에서 나타난 무인 병기 및 관련 기술에 대한 인식 차이를 나타낸 것이다.

이에 따르면, 연구개발 담당 기관은 무인 병기를 일회성 소모품으로 간주하고 일회용에 부합하는 수준의 요구성능(Requirement of Capability: ROC)을 전제로 개발을 추진하고 있다. 이는 벌떼전술에 부

38 Matt Bassford, "Searching for the Strategy," *Defence Management Journal*, No. 55 (2011), pp. 71~73. 미 장교단을 대상으로 전장무인화에 대해 설문조사를 한 결과, 미 장교단의 상당수가 '전략과 교리의 개발'을 시급히 보완해야 할 사항으로 지적했다. Singer, *Wired for War*, pp. 210~212. 한편 미 회계감사국은 중앙의 통합된 교리 및 조정된 추진 방향의 부재가 각 군의 무분별한 무인 병기 개발 프로그램의 남발로 이어졌다고 지적했다. Bruno, "GAO: U.S. Military UAVs Still Too Proprietary In Nature."

합하는 것으로, 무인 병기 개발자들은 무인 병기가 지원 및 대체를 넘어 새로운 주력 전투 수단이 될 수 있다고 여기고 있다. 하지만 프로그램을 발주하는 미군 및 미 국방부는 무인 병기를 기존의 유인 병기를 지원하는 보조 전력(side arms) 개념으로 바라보고 있다.

무인 병기와 이를 활용한 전술 및 전략에 대한 시각차를 그대로 보여준 것이 바로 무인 전투기 X-47B 개발 사례다. 최초 개발 당시 X-47B의 운용 개념은 일회용의 소형 무인 전투기였다. 벌떼전술을 바탕으로 지상 공격에 투입하는 것을 상정하여 개발되었다. 그런데 이를 발주한 미군 당국은 X-47B가 유인 전투기를 보조 및 지원할 수 있는 높은 생존성과 범용성(다목적성)을 갖춰야 한다고 보고 이러한 사항을 개발사에 요구했다. 아울러 유인 전투기에 장착되는 100만 달러 상당의 센서를 장착할 것도 지시했다. 이 때문에 X-47B는 애초 설계 때보다 크기가 30%가 커졌고 가격도 3배가 상승했다. 군 당국의 요구에 따른 설계 변경으로 추진에 애로를 겪던 X-47B 개발은 미 의회가 개입하면서 어려움이 가중되었다. 2014년 봄, 미 의회는 X-47B 개발 방향에 문제가 있다고 지적하면서, X-47B에 대해 보다 높은 생존성과 범용성, 그리고 유인 병기에 상응하는 다목적성을 요구했다. 미군 당국이 추진하고 있는 무인 병기의 용도가 유인 병기의 보조나 지원에 지나치게 치중한 것에 문제가 있으며, 이렇게 한정된 용도의 무인 병기를 개발하는 데에 예산을 할당하는 것은 곤란하다는 입장이었다.[39] 미 의회는 X-47B를 사람만 탑승하지 않을 뿐 랩터(raptor) 같은 유인 전투기와 다를 바 없는 전투기로 인식한 것이다.

---

39 Daniel Wasserbly, "AUVSI 2014: US Navy to issue UCLASS RfP amid congressional pushback," *IHS Jane's Defence Weekly*, May 13, 2014.

2011년 10월, 시험 비행 중인 미 해군 소속 X-47B의 모습.
자료: U.S. Air Force (edwards.af.mil).

무인 병기에 대한 이러한 인식 차이는 상당히 중요한 문제다. 앞서 언급한 바와 같이 무인 전력이 독자적인 전력으로서 미래의 전쟁 양상을 바꾸어놓으려면 새로운 전술, 특히 벌떼전술의 도입이 필요하다. 벌떼전술이 요구하는 무기들은 기존 무기와는 다르다. 일회성 소모품으로서 기능할 수 있어야 벌떼전술이 가능하다. X-47B의 요구성능이 군 당국과 미 의회가 원하는 방향으로 수정될수록 이 병기를 이용한 벌떼전술 수행은 더욱 어려워진다. 가격이 상승해 충분한 대수를 보유할 수 없게 되기 때문이다. 미국의 전장무인화 추진이 진일보하려면 바로 이러한 측면에서 인식 전환이 필요하다.

미국의 전장무인화 추진 과정에서 추가적으로 지적할 내용은 바로 미 육군의 선도적 역할이다. 전장무인화 추진 초기에 해군과 공군이 보여준 소극적인 태도에도 불구하고, 미군의 무인 병기 도입에 성

그림 6-3
미군의 무인기 운용 시간 비교(1996~2011년)

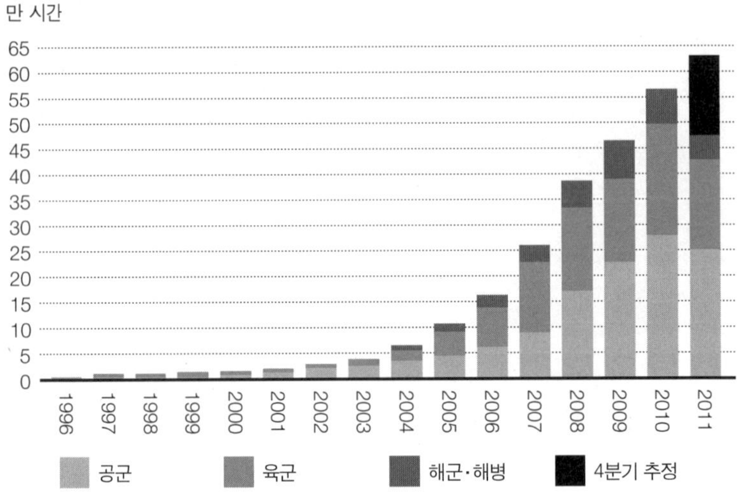

자료: Department of Defense, "Unmanned Systems Integrated Roadmap(FY2011~2036)" (2011), p. 22.

과를 보여준 것은 바로 미 육군이었다. 비록 이라크 전쟁 개전 초기에는 인식 부족으로 무인 병기 활용도가 낮았지만, 이후 전장무인화에 대해 미 육군이 보여준 적극적인 모습은 다른 군을 자극하는 효과를 보여주었다.

〈그림 6-3〉은 1996부터 2011까지 미군에서 무인기를 운용한 시간을 나타낸 것이다. 이를 보면, 2003년까지는 무인기 운용 시간이 총 5만 시간을 넘지 않았다. 2004년부터 무인기 운용 시간이 급격히 늘어나는데, 이때부터 2008년까지 미군에서 무인기 운용 시간이 가장 많은 것은 미 육군이다. 2007년에는 육군의 무인기 운용 시간이 공군의 약 2배 정도인 것으로 나타난다. 항공무기체계를 전문적으로 운용하는 미 공군이 육군보다 무인기 운용 시간이 적은 것은 그동안

미 공군이 무인 전력 활용에 얼마나 소극적이었는지를 보여준다. 실제로 이라크 전쟁 초기에 미군 내 무인 병기 활용도는 매우 낮았다. 2002년 3월 이라크 남부 상공에서 벌어진 항공작전에서 프레데터와 같은 무인기의 활용도는 낮았으며, 심지어 무인기에 대한 항공 통제 문제조차 거론되지 않았다.[40] 이러한 상황이 부시 대통령 임기 말까지 이어지자 미 국방장관 로버트 게이츠는 앨라배마 주 맥스웰-건터(Maxwell-Gunter) 공군기지에서 행한 연설에서, 미 공군이 유인기보다 더 효율적인 무인기 활용에 기민하게 대응하지 못하고 있다고 질타했다.[41] 무인기에 대한 해군과 공군의 소극적인 태도는 미 육군에게 오히려 기회였다. 항시 주요 정찰과 근접지원(Close Air Support: CAS)을 해군과 공군에 의존해야 했던 육군은 전장무인화 추진을 통해 자체적인 정찰 및 근접지원전력을 확보했다. 미국의 사례가 시사하는 점은 전장무인화를 추진하는 데에 관련 원천기술 보유와 더불어 제도적 추진력과 보완이 중요하다는 점이다. 미국이 안고 있던 문제점은 한국의 전장무인화 추진 과정에서도 그대로 나타날 수 있다. 대한민국 육군이 미군의 무인화 추진 과정과 거기에서 미 육군이 담당했던 역할을 참고해야 하는 이유가 바로 여기에 있다.

---

40 이라크 전쟁 초기 무인기 활용에 대한 인식 부족은 육군도 예외는 아니었다. 당시 미 육군 5군단을 통틀어서 무인 항공기는 한 대밖에 없었다는 미 교육사령관 윌리엄 월리스(William Walllace)의 언급은 이라크 전쟁 초기 미군 내 무인 병기에 대한 인식을 대변한다고 할 수 있다. 같은 글, p. 216.

41 Josh White and William Branigin, "Gates Criticizes Air Force for Insufficient Intel in Iraq," *The Washington Post*, April 22, 2008.

4 | 대한민국 육군의 전장무인화

4.1 | 대한민국 육군에 전장무인화가 필요한 이유

전장무인화는 대한민국 육군이 추진할 가치가 있는 혁신 방안이다. 그 이유는 대한민국 육군이 처한 다음과 같은 도전들 때문이다.

첫째, 최근 육군이 직면한 가장 큰 도전 요인 중의 하나는 바로 병력 부족이다. 1997년 금융위기 이후 시작된 출산율 저하는 2005년과 2013년에는 사상 최저 수준(2005년 1000명당 8.9명, 2013년 1000명당 8.6명)을 기록하기도 했다. 2000년대 초 출산율 저하에 따른 여러 가지 문제는 대개 그로부터 20년쯤 후에 나타나기 시작한다. 학계는 대학 정원 유지에 비상이 걸릴 것이다. 하지만 이를 학계보다 더 심각하게 걱정하고 있는 곳이 있다. 바로 군대다. 학계가 대학 정원을 채우느라 비상이 걸리듯 군도 병력 충원에 비상이 걸리게 된다. 특히 병력 부족이 야기할 육군의 가장 큰 문제는 전방의 방어·감시 능력 약화다. 육군이 가장 중요하게 생각하는 전력 중의 하나는 비무장지대 및 휴전선에서 북한군의 동태를 감시하고 유사시 쇄도하는 북한의 공격전력을 막아낼 전방 감시전력 및 방어전력이다. GP 및 GOP를 포함한 전방 감시전력과 후방 예비전력은 북한의 대규모 공세로부터 우리를 방어할 핵심 전력이며 현재 대부분 우리 육군 장병들에게 의존하고 있다. 북한의 초반 공세를 막아내는 것은 우리에게는 사활이 달린 일이다. 북한은 초기에 엄청난 양의 화력과 양적 우세를 최대한 활용한 파상 공세를 통해 우리의 방어진지를 신속 돌파하려 할 것이다. 대한민국의 핵심인 수도 서울이 휴전선에서 불과 수십 킬로미터밖에 떨어지지 않은 상황에서 초도방어 실패는 곧 수도 함락 위험으로 이어질 수 있다. 육군은 향후 직면하게 될 병력 부족 상황을 만회하기 위해 다각도로 노력하고 있다. 비전투 임무에 대한 민간 자원 활용을 통해 가용 병력을 최대한 전투력으로 활용하는 한편, 무인체계 도입을 통해 전방 초소 임무 부담을 경감시키는 방안도 실시하고 있다.[42] 문제는 향후 20년 내에 직면하게 될 가용 병력 자원 부족 상황에서도 이러한 감시·방어 능력을 유지할 수 있는가 하는 것이다.

둘째, 지금까지도 유지되고 있고 앞으로도 유지될 가능성이 농후한 북한의 대규모 재래식전력이다. 북한의 대규모 재래식전력은 전면전에서 가공할 위력을 발휘한다. 특히 군사분계선을 중심으로 밀도 있게 배치된 북한의 지상전력은 대한민국의 중심인 수도권을 가장 가까운 거리에서 위협하고 있다. 북한이 현재 유지하고 있는 지상군 병력은 약 102만 명이다.[43] 이는 49만 5000명인 우리 육군의 두 배가 넘는 수치다. 장비도 양적으로는 북한이 우세를 점하고 있다. 우리 군은 그동안 전력 강화 및 국방개혁을 통해 북한의 양적 우위를 상쇄할 만한 질적 성장을 이룩했다. 고성능 전차, 자주포 대전차 화기, 병사 개

---

42 한 예로, 현재 배치된 전방 초소의 무인 감시 시스템을 들 수 있다. 또한 국내 방산업체에서 감시카메라와 자동화기를 결합한 무인 방어 시스템을 개발해 우리 군이 아프가니스탄 파견 시에 기지 방어체계로 활용한 바 있다. 문제는 병력 부족이 본격화될 때에 필요한 무인화 장비를 배치할 수 있는가 하는 것이다.

43 『2014 국방백서』에 따르면, 북한은 2014년 현재 총병력 120만(지상군 102만), 전차 4300대, 장갑차 2500대, 야포 8600문, 다연장로켓 5500문, 지대지미사일 100대(발사대)를 보유하고 있다. 이에 대응하는 우리 육군의 전력은 총병력 63만(육군 49만 5천), 전차 2400대, 장갑차 2700대, 야포 5600문, 다연장로켓 200문, 지대지미사일 60대(발사대)를 보유하고 있다. 병력은 북한이 우리 육군보다 2배 이상 많고, 장비도 장갑차를 제외한 거의 모든 면에서 북한이 양적 우세를 점하고 있다.

인 장비까지 모두 질적으로는 북한을 압도하는 병기들을 획득하고 배치해왔다. 하지만 여전히 우리는 북한의 양적 우위 상황에 대한 획기적인 전환을 이루지 못하고 있다.[44] 우리의 전반적 국력이 북한을 압도하고 있는데도 여전히 북한의 재래식전력에 취약하다는 것은 상대적으로 소수인 첨단전력만으로는 북한의 양적 우세에 대응하는 것이 어렵다는 것을 보여준다. 더욱이 향후 20년 내에 출산율 저하로 인해 우리 군이 병역 자원 부족 현상을 겪게 될 가능성을 고려하면, 우리 군은 북한 재래식전력의 양적 우세에 맞설 수 있는 획기적 전환을 반드시 이루어야 한다.

셋째, 북한의 각종 군사도발에 보다 효과적으로 대응하고 위기관리를 할 방안으로서 전장무인화의 필요성이다. 북한의 군사도발은 분쟁의 강도 자체는 강하지 않지만 발생할 개연성이 높은 유형으로서, 현재 우리에게는 전면전에 버금가는 위협이 되고 있다. 천안함 피격 및 연평도 포격 도발은 북한이 언제든 우리의 취약성을 노린 군사도발을 할 수 있다는 것을 보여주었다. 이러한 군사도발에 대한 대응과 위기관리에서 가장 중요한 것은 북한군의 동향을 상시 감시하고 도발 시 즉각적으로 대응할 수 있는 체계를 구축하는 것이다. 하지만 기존의 인간 병사에 의존한 감시체계는 그러한 점에서 한계가 있을 수밖에 없다. 인간 병사는 장시간 임무 투입 시 피로에서 자유로울 수 없으며, 주말이나 명절 같은 시기의 심리적 이완도 피하기 어렵다. 각종 선제 기습을 통해 군사도발을 감행하는 북한은 바로 이러한 인간 병사의 한계를 노린다. 더욱이 향후 우리가 가용 병역 자원 부족에 직면

44 란체스터 승수 법칙에 따르면, 우리는 2배가 넘는 북한군의 양적 우세를 극복하기 위해 북한군 장비보다 4배 더 우수한 성능의 장비가 요구된다고 할 수 있다.

할 경우, 인간 병사에 의존하는 우리의 대북 감시 및 대응 시스템은 더욱 취약해질 수밖에 없다. 인간 병사의 피로를 막을 수 있는 순환근무를 제대로 수행하지 못할 가능성이 농후하기 때문이다. 또한 우리군은 북한의 도발로 발생할지 모를 우리 장병의 희생에 더욱 민감해지게 된다. 최악의 경우, 희생을 두려워해 북한의 도발에 제대로 대응할 수 없게 될 수도 있다.

넷째, 향후 직면할 전시작전권 환수에 대비하는 차원에서 전장무인화의 필요성이다. 전시작전권 환수를 대비하는 데 우리에게 가장 필요한 것 중의 하나는 독자적인 대북 감시 능력 배양이다. 전작권 환수 시에 우리는 전면전을 포함한 북한의 각종 도발에 대한 대응을 주도해야 한다. 이러한 대응에서 가장 중요한 것은 북한군의 동향을 파악할 수 있는 '눈'이다. 한국군은 현재 미군 수준의 다차원적 정찰 능력(특히 정찰위성)을 보유하지 못하고 있으며, 전술 정찰 능력도 부족한 상황이다. 특히 유인 정찰 및 감시 체계를 운용하는 것에는 한계가 있다. 유인 정찰은 상시 활용할 수 없으며, 접적지역에서의 유인 정찰은 북한군의 공격 행위에 상대적으로 큰 취약성을 드러낼 수밖에 없다.

4.2 | 우리의 기술: 혁신 아이디어만 있다면 다양한 형태의 무인화 추진 가능

한국은 정보통신에서 세계를 선도하는 기술 강국이다. 로봇 및 무인화 기술도 예외는 아니어서 한국은 로봇 기술 분야에서도 두각을 나타내고 있다. 민간용 로봇 기술은 KAIST가 2015년 미국항공우주국(NASA)에서 주최한 재난구조로봇 경진대회에서 우승을 차지할 정도로 높은 수준을 보이고 있다. 군용 분야에서 한국군은 이스라엘의 하피 무인기를 도입해 활용하고 있으며, 자체 개발한 전술 무인 정찰기인 '비조'도 보유하고 있다. 미군의 프레데터급에 해당하는 중형 무인 정찰기[45]도 개발 중이다. 지상 무인 병기의 경우, 폭발물 제거(EOD)용 소형 무인 로봇과 함께 국방기술연구소(ADD) 주도로 차륜형 견마용 로봇을 개발 완료한 상황이며, 4족 보행형 로봇도 개발하고 있다. 또한 전방의 GOP에서 감시 능력을 강화하기 위한 무인 감시체계도 이미 실전 배치되어 활용되고 있다. 향후 병력 부족에 대비해 자동화 수준[46] 제고 및 사각지대 극복을 포함한 개선이 필요하나, 기존 인간 병사의 임무 부담을 경감시킬 장비로 투입되고 있는 상황이다.

민간기업의 무인 병기 및 무인화 장비 기술도 상당한 수준에 이르렀다. '서울 ADEX(항공우주 및 방위산업 전시회) 2015'에서 국내 방산업체들은 다양한 종류의 무인 장비를 공개했다. 폭발물 제거 로봇과 세계 최초의 무인 틸트로터기, 차량에 장비할 수 있는 무인 화력 지원체계도 공개되었다. 신형 장갑차에 탑재할 수 있는 수직 이착륙 무인 정찰 장비도 국내 방산업체에서 개발했다. 한 방산업체에서 개발한 무인 감시체계는 영상감시체계와 자동소총을 결합해 원격 조종으로 매우 정확한 사격을 할 수 있는데, 한국군은 아프가니스탄 파병 시 현지 부대의 방어 시스템으로 이 무인 감시체계를 활용하기도 했다.

---

45 이 무인 정찰기는 향후 근접지원 임무도 가능할 것으로 판단된다.

46 무인 병기의 자동화 수준은 크게 네 단계로 구분할 수 있다. 1단계는 '원격 조종 단계'로, 인간 병사가 개별 무인 병기의 모든 작동에 관여하는 수준의 단계다. 2단계인 '조종 및 보조 단계'는 주요 핵심 기능을 인간 병사가 조종하고 기타 작동은 자동화한 단계다. 3단계인 '감독 단계'는 무인 병기가 자동으로 작동하되 행동 실시 여부에 대한 판단만 인간 병사가 지시할 수 있는 단계다. 마지막 4단계는 '완전 자동화 단계'로, 이는 목표에 대한 인식, 공격 여부 결정 및 행동까지 완전 자동화된 단계다.

현재 개발이 완료된 무인 장비 이외에도 개발을 추진하고 있는 무인 장비도 다양하다. 예컨대 국방과학연구소(ADD)에서는 나노 로봇 기술을 활용한 소형 로봇을 향후 개발 가능한 품목으로 선정했고, 연평도 근방의 접적지역에서의 상시 감시·정찰 능력 강화를 위해 기구를 활용한 무인 정찰 장비의 개발을 시도한 바 있다. 전장무인화를 위해 획득하고 개발해야 하는 기술은 여전히 존재하나, 단기간에 급속히 성장한 한국의 무인 기술의 잠재력을 고려한다면, 미국의 무인병기 개발자들이 구상하고 있는 벌떼전술을 구현할 무인 장비 기술을 우리 군이 자체적으로 획득하는 것도 불가능한 일은 아닐 것이다.

이러한 무인전장화 기술들을 어떻게 활용할 수 있을까? 앞서 살펴보았듯이 대한민국 육군이 전장무인화를 추진해야 하는 가장 중요한 이유는 병역 자원 부족 문제를 극복하는 것이다. 전장무인화 기술은 향후 육군이 직면하게 될 병역 자원 부족 문제의 기술적 해결 방안이 될 수 있다. 육군에서는 특히 병역 자원 부족으로 전방 방어전력이 약화될 것을 우려하고 있는데, 이를 극복할 가장 유력한 대안이 바로 무인 전력 배치다. 더 적은 인원으로 더 많은 감시 장비를 운용할 수 있도록 현행 무인 감시 장비의 무인화 수준을 개선하고, 앞으로 더 많은 수의 무인 장비를 배치할 필요가 있다. 또한 활용 가능한 인간 병사를 가급적 전투 병력으로 활용하기 위해 지원·병참·공병 장비들의 무인화를 적극 추진해야 한다. 수송 장비의 무인화와 주요 군수기지의 자동화 체제 도입을 예로 들 수 있다. 미군은 무인 수송체계를 개발하여 수송 업무에 요구되는 병력을 최소화할 계획을 세우고 있다. 무인 수송체계에 반드시 새로운 무인 수송로봇이 필요한 것은 아니다. 기존의 수송차량에 자동 운전 장비만 설치하면 된다. 미군은 현재 활용하고 있는 군용 트럭(Oshkoshi)에 무인화 키트를 장착하여 운용하는 방안을 추진하고 있다. 한편 군수사령부 및 주요 병참기지의 자동화 시스템 구축도 추진 가능한 방안이다. 최근 인터넷 쇼핑 업체인 아마존(Amazon)은 무인 창고 관리 시스템을 시험 운용한 바 있다. 유튜브를 통해 공개된 동영상에서 아마존의 물류창고에는 단 한 명의 인간 직원도 존재하지 않았다. 하지만 이 물류창고는 24시간 운용이 가능했다. 비교적 후방에 위치한 포병전력도 무인화 및 자동화가 가능한 대상이다. 특히 전방에서 북한 지상군의 쇄도를 방어할 포병진지의 무인화 및 자동화가 추진될 수 있을 것이다. 자주포에 대한 무인화가 부담이 된다면 견인식 곡사화기의 자동화 및 무인화를 통해 운용 병력을 최소화하는 방안을 생각해볼 수 있다.

인간 병사를 대체하는 개념의 전장무인화를 통해 가용 병역 자원을 가급적 전투력으로 활용하는 방안을 모색하는 동시에 북한의 양적 우세에 대응하는 우리의 무인 전력을 구상할 필요가 있다. 전면전 발생 초기에, 북한 지상군에 대한 대응의 핵심은 북한군의 공격전력을 효과적으로 흡수해 북한군의 공격전력을 소진시키는 것이다. 북한군의 공격전력을 소진시키는 방안으로 무인 방어 시스템을 구축할 필요가 있다. 무인화된 대전차 진지를 주요 거점에 구축하고 다수의 대전차진지를 최소한의 인간 병사로 운용하는 방안도 고려해볼 수 있을 것이다. 또한 주요 감시 장비와 자동화기를 연계한 방어 시스템을 통해 더 적은 병력으로 더 강력한 화력을 동원하는 것도 가능하다. 기동성을 보유한 무인 장비로는 소형화된 무인 기갑 장비를 개발할 수 있다. 기존에 개발된 견마형 로봇에 화력을 강화하여 화력 지원 장비로 활용하는 방안도 적극적으로 고려할 수 있다. 저렴한 무인 방어 시스템 구축을 위해 도태될 장비를 활용하는 것도 가능하다. 예를 들어 M48 계열의 전차나 도태가 임박한 장갑차 중 상태가 양호한 장비가 있다면 여기에 자동 운행 장비를 설치하고 자동화된 대전차화기를 장착하여 무인 전차 및 장갑차로 활용하는 방안을 떠올려볼 수 있다. 마찬가지로 MD500 헬기를 무인화하여 무인 대전차 헬기로 활용하는 것도 고려해볼 수 있다. 더 먼 미래를 내다보는 차원에서 기존보다 더 소형화된 무인 장비를 무수히 많이 활용하는 벌떼전술을 구현하기 위한 기술 개발도 꾸준히 추진할 필요가 있다. 이때 가장 유념해야 할 것은 북한군의 양적 우세에 대응할 수 있는 충분한 양을 확보하는 것이다.

전장무인화가 추진되면 북한의 전면전 도발에 대해 다음과 같이 대응할 수 있다. 북한의 전면전 도발 시 무인 전력을 중심으로 북한의 공격을 흡수하고 인간 병사가 주축이 된 주력 부대를 통해 작계상 계획된 주요 거점을 보다 신속하게 확보하는 것이다. 또한 인간 병사가 수행할 수 없는 위험한 임무를 대신할 장비로 자폭형 소형 무인 로봇을 생각할 수 있다. 이러한 자폭형 소형 무인 로봇을 북한군의 주요 침투 예상 지역에 살포해 쇄도하는 북한군 전력에 대한 일차적 대응을 전담시키는 방안을 고려할 수 있다. 또한 폭발물을 장착할 수 있는 저렴한 무인 항공기를 다량으로 배치해 남침 중인 북한군 전력에 벌떼전술로 대응하는 것도 고려할 수 있을 것이다.[47]

아울러 북한의 각종 군사도발에 능동적으로 대응하기 위한 방안

---

47 아울러 향후 개발될 무인 장비에 기본적으로 자폭 기능을 탑재할 필요가 있다. 그 이유는 두 가지인데, 하나는 운용 중 작동 불능이 되어 적에게 노획되었을 때 주요한 기술이 노출되거나 장비가 활용되는 것을 막기 위해서이고, 다른 하나는 교전 불능 상태가 되었을 때에도 무인 장비의 자폭 기능을 이용해 적에게 타격을 가할 수 있게 하기 위해서이다. 그래야 양적으로 우세한 북한군에 대응하는 데 무인 장비가 더욱 유용할 것으로 판단된다.

으로 전장무인화를 추진할 수 있다. 북한의 군사도발 징후를 상시 감시하고 정찰할 무인 정찰 전력은 북한의 국지도발에 대한 우리의 대응력을 제고시킬 수 있다. 무인 감시 장비의 자동화 수준을 높일 경우 우리는 상시 감시체계를 보다 효율적으로 운용할 수 있을 것이다. 무인 정찰기가 부담이 된다면 기구나 비행선을 이용한 무인 정찰 장비를 구상할 수도 있다. 실제로 미군은 비행선을 이용한 다목적 정찰감시 장비를 활용하고 있는데, 아프가니스탄 전쟁에서는 탈레반의 동향을 상시 감시하는 데 이를 활용하기도 했다. 미군은 이를 더욱 대형화하여 공중조기경보 기능과 지상 정찰감시 기능을 동시에 보유한 정찰 장비도 개발 중이다. 비행선이나 기구는 일반 항공기보다 느리고 생존성이 떨어지지만, 저렴한 비용으로 개발할 수 있다는 장점이 있다. 특히 상공 30~40km 고고도를 비행할 수 있는 비행선을 개발할 경우에 생존성은 비약적으로 향상되며, 우수한 감시 장비와 결합한다면 사실상 정지정찰위성과 유사한 용도로도 활용할 수 있다. 미국이 비행선을 이용한 고고도 감시 장비에 관심을 기울이는 이유는 정찰위성이 지닌 정찰 시간의 한계를 극복하기 위해서다. 정찰위성은 일정한 궤도를 따라 지구 주위를 공전하기 때문에 정찰 시간에 한계가 있다. 특정 정찰 시간이 노출될 경우를 대비해 궤도를 수정하는 데 드는 비용도 만만치 않다. 이를 극복하기 위해 미국이 생각하고 있는 것이 바로 고고도 비행선을 활용한 무인 정찰감시 장비의 개발이다. 전략 및 전술 정찰 자산이 부족한 대한민국 육군으로서 비행선을 활용한 무인 정찰감시 장비 개발은 충분히 추진해볼 만한 사안이다. 이러한 무인 감시체계와 더불어 무인 방어 및 대응 장비는 북한의 군사도발에 더욱 능동적으로 대응할 수 있게 한다. 무인 병기는 우리 장병의 희생을 최소화하면서도 북한의 도발에는 과감하게 응징할 수 있는 수단으로 활용될 수 있을 것이다.

4.3 | 문제는 정치: 인식 부족, 예산 배분, 내부적 저항의 문제

생각해보면 전장무인화에서 중요한 문제는 기술이 아닌 다른 것에 있는 듯하다. 미국의 사례를 통해 살펴보았듯이 전장무인화 추진 과정에서 발생하는 문제는 기술이 아닌 다른 요소였다. 넘쳐나는 기술을 제대로 활용하지 못하게 하는 제도적·정치적 제약 요인, 이것이 전장무인화 추진에서 극복해야 할 주요한 문제다. 그렇다면 우리 육군이 경험할지도 모를 제약 요인에는 어떠한 것이 있을까?

무엇보다 무인 병기에 대한 인식 부족과 필요성에 대한 몰이해를 지적할 수 있다. 가장 최근의 예를 들면, 개발해놓은 무인 장비를 활용하지 않거나 추진 중이던 무인 장비의 개발을 중단시키는 사례를 들 수 있다. 국방연구소에서 개발한 견마형 로봇은 국내 네티즌들에게 화제가 된 바 있다. 우리 기술로 그토록 단기간에 견마형 로봇을 개발할 줄 누구도 예상하지 못했기 때문이다. 국방연구소 연구진은 각고의 노력 끝에 견마형 로봇의 개발을 완료해냈고, 2013년 국군의 날 행사 등을 통해 대외에 공개했다. 문제는 아직까지 이 견마형 로봇이 실전에 배치되었다는 소식을 들을 수 없다는 것이다. 또 한 가지 예는 해병대가 경험한 것으로, 연평도 부근에서 시험 운행 중이던 전술 정찰 무인 비행선 개발이 중단되었던 일이다. 지난 2010년 연평도 포격 도발 사태 이후 해병대의 요청을 받아 추진되던 해당 사업은 담당 기업체의 사업 포기 등으로 중단될 위기를 맞았고, 방위사업청은 원점부터 다시 고려한다는 취지에서 사업 추진 중단을 선언했다. 전시작전권 환수와 북한의 국지도발에 대해 충분한 대응이 필요하다고 강조하면서도 이를 실현하는 데 가장 중요한 대북 감시 기능을 강화하려는 노력은 중단되는 역설적인 상황이 발생한 것이다. 개발이 완료된 견마형 로봇의 배치 지연과 전술 정찰 무인 비행선 개발 중단은 관련 기관의 무인 장비에 대한 인식 부족을 보여주는 대표적인 사례다. 현재 개발 중인 무인화 장비에 대한 인식 부족은 벌떼전술에 필요한 저렴한 무인 병기 개발이 구체화할 경우에 더욱 심각한 문제를 낳을 수 있다. 미국이 경험했듯이 의회 혹은 정부에서 해당 무인 병기의 요구성능을 높여 제작 단가가 상승하고 이 때문에 벌떼전술에서 요구되는 충분한 수의 무인 병기를 보유하기 어려워질 수도 있는 것이다.

두 번째로 지적할 수 있는 것은 바로 예산 배분 문제다. 2008년 세계금융위기 이후 한국은 지속적인 경기침체를 겪고 있으며, 이는 국가재정에도 영향을 주게 되었다. 국가재정 상황은 향후에도 쉽게 개선될 것으로 보이지 않는다. 그 이유는 무엇보다 전 세계적으로 경기 침체가 장기화하면서 한국의 국가재정 규모가 전반적으로 크게 개선되지 않을 것으로 보인다는 점,[48] 그리고 복지 예산 확충을 최우선 순위로 두고 있는 현재 한국의 예산 배분 구조가 상당 기간 유지될 것으로 보인다는 점에서 찾을 수 있다. 국가재정 및 예산에 대한 다소 비관적인 전망은 창조국방에도 반영되었다. 창조국방은 추진의 주요한 전제로 예산 제약을 들고 있다. 전장무인화 추진에서 주요 관건은 이러한 예산 제약 상황에서 어떻게 관련 예산을 확보할 수 있는가라

48 국제통화기금(IMF)은 2015년 세계 경제성장률이 3.3%에 그칠 것으로 전망했다. 한편 한국은행은 한국의 경제성장률을 2.8%로 낮췄다. 한국 경제성장률이 세계 경제성장률에 미치지 못하는 상황은 당분간 유지될 것으로 보인다. 허완, “세계도 어렵고 한국도 어렵다: 경제가 정말 어렵다는 3가지 전망”, ≪허핑턴 포스트 코리아≫, 2015년 7월 11일 자.

고 할 수 있다.

예산 확보를 위한 방안으로는 다음 두 가지를 고려할 수 있다. 하나는 전장무인화를 위한 별도의 예산을 확보하는 것으로, 육군에 할당된 전체 예산 규모를 증액하는 것이다. 다른 하나는 제한된 예산에서 추진 사업의 우선순위를 조정해 전장무인화를 위한 예산을 확보하는 것이다.

전장무인화 추진을 위한 별도의 예산을 확보하는 일은 사업 추진에 큰 힘이 될 수 있다. 하지만 이는 쉽지 않으며, 국방 예산 증액에 대한 부정적 시각을 감안할 때 이를 극복하기 위한 다각적인 노력이 뒷받침되어야 가능한 일이다. 우선 무인 병기의 큰 잠재력에 대해 민간과 국회 및 정부 예산 관련 부처의 인식 확대와 사업 추진의 공감대 형성을 위한 부단한 홍보 노력이 필요하며, 민간 전문가 집단과의 교류 및 연구 지원을 통해 전장무인화 추진 예산 확보에 우호적인 분위기를 적극 조성할 필요가 있다. 요컨대, 전장무인화 추진을 위한 별도의 예산 확보는 육군에 가장 긍정적인 방안이 될 것이지만, 실현 가능성이 크다고 장담할 수 없으며, 이를 실현하기 위해서는 엄청난 노력이 필요하다.

좀 더 현실적인 대안은 사업의 우선순위를 조정해 전장무인화에 필요한 예산을 확보하는 것이다. 전장무인화 사업과 다른 사업 간 우선순위를 조정하는 동시에 우선순위가 하향 조정되는 사업에는 다음 두 가지 방안을 제시해 조정을 유도할 수 있다. 하나는 사업을 축소 또는 폐기하는 것이다. 물론 이때에는 관련 부서에 납득할 만한 논리를 제시해야 한다. 다른 하나는 사업 달성 시기를 조정하는 것이다. 계획보다 사업 달성 시기를 늦추고 이를 통해 연간 배당 예산을 하향 조정할 수 있다.

우선순위 조정을 통한 전장무인화 추진 예산 확보는 육군에 내부적인 진통을 안길 수 있다. 특히 이러한 조정 과정이 상향식(bottom-up)으로 이루어질 경우에 조정 과정의 혼란은 더욱 가중될 수밖에 없다. 우선순위 조정을 위해서는 책임과 권한을 가진 부서로 하여금 하향식(top-down)으로 이루어지게 하는 것이 보다 효과적이다. 육군에서 개혁 추진을 담당하고 있는 부서는 육군 개혁실인데, 육군 개혁실에 의한 하향식 조정이 원활하게 이루어지도록 권한과 기능을 유지시킬 필요가 있다.

세 번째로 들 수 있는 제약 요인은 혁신에 대한 내부적 저항 혹은 소극적 태도다. 앞서 언급한 미군의 전장무인화 추진 과정에서 미 공군은 상당히 소극적인 자세를 보였었다. 이는 공군이 가진 특성에서 기인한 것으로, 항공기 탑승을 엘리트의 요건으로 인식하는 공군의 내부적 논리가 작동하기 때문이다. 무인 항공기가 주력 수단으로 부상할 경우에 공군 내에서 엘리트의 요건으로 인식되는 조종 특기의 위상이 저하될 것을 우려해 무인 병기의 도입에 소극적인 태도를 보였다. 하지만 육군은 이러한 내부적 저항 혹은 소극적 태도를 크게 걱정할 필요는 없어 보인다. 육군에서 엘리트의 요건으로 특정 병기 탑승 및 조작 능력이 요구되지는 않기 때문이다. 또한 무인 항공기, 무인 정찰기를 포함한 다양한 무인 병기 도입은 그간 육군이 보유하지 못했던 근접지원전력이나 정찰전력을 보유할 기회로 인식되기 때문에 오히려 적극적인 태도를 보일 것으로 판단된다.

이상 살펴본 바와 같이 육군의 전장무인화 추진에서 관건은 기술력보다 정책에 대한 추진력 확보다. 잠재력 있는 국내 무인화 관련 기술을 성공적으로 실현해 다가올 병력 부족 위기를 무사히 극복할 수 있을지 여부는 결국 육군이 관련 정책을 추진할 수 있도록 어떻게 제도적·정책적 노력을 기울이는가에 달려 있다고 하겠다.

5 | 결론

전장무인화는 21세기 전쟁 양상의 대표적인 모습으로 나타날 가능성이 크다. 다만 아직까지 전장무인화와 관련한 획기적인 변화는 목격되지 않는 실정이다. 풍부한 원천기술을 보유한 미국에서조차 무인 병기를 활용한 독립된 주력 부대는 찾아보기 어렵다. 무인 병기 제작을 담당하는 기업이나 관련 부서에서는 새로운 기술을 쏟아내고 있지만, 이를 활용한 전술 및 전략의 개발과 연계된 변화가 이루어지기까지는 앞으로 시간이 더 필요한 상황이다. 미국이 전장무인화 달성 시기를 2030년대로 계획하고 있는 것을 고려하면, 벌떼전술로 대표되는 완성된 형태의 전장무인화 혁신은 아직 15년 정도 기다려야 가시화될 것으로 보인다.

향후 15~20년 후의 미래를 고려할 때 전장무인화는 대한민국 육군의 중요한 혁신 과제다. 피터 싱어(Peter W. Singer)를 비롯한 전문가들도 한국을 로봇 병기 개발의 선두주자이자 상당한 잠재력을 가진 국가로 평가하고 있다. 또한 로봇 병기 도입은 (징병제하에서) 현역 자원이 점차적으로 부족하게 될 한국의 미래에 대한 매력적인 대안이다. 전장무인화에 관심을 가지고 추진 방안을 마련하기 위해 고민하고 있는 육군의 모습은 우리에게 다음 세 가지 사항을 상기시킨다.

첫째, 현재 대한민국 육군은 미래에 처할 국방 환경의 제약을 누구보다 심각하게 인식하고 있다는 것이다. 전력구조상 인간 병사에게 의존할 수 없는 지상군 구조하에서 병역 자원 부족은 그 어떤 것보다도 중대한 도전 요인이다. 그리고 이를 극복하기 위해 다방면의 노력을 기울이고 있다.

둘째, 혁신에 대해 육군 스스로 필요성을 느끼고 적극적인 태도를 보이는 지금이 바로 혁신을 추진할 최적기라는 것이다. 관료조직은 일반적으로 변화에 적극적인 태도를 보이지 않는다는 것이 통념이다. 군은 대표적인 관료조직으로, 일반인들이 군을 바라보는 시각 역시 그러한 통념에서 벗어나지 않는다. 하지만 최근 우리 육군은 그 어느 때보다도 혁신과 변화에 적극적인 모습을 보이고 있다. 앞서 언급한 대로 미래의 도전이 그만큼 육군에 사활적인 것이기 때문이다. 하지만 이러한 위기가 오히려 육군에는 기회가 되고 있는 것도 분명하다. 스스로 위기의식을 가지고 변화의 필요성을 절감할 때 의미 있는 혁신 방안들이 추진될 수 있기 때문이다.

셋째, 이러한 기회를 놓치지 않기 위해 육군의 혁신 노력에 대한 충분한 지원이 이루어져야 한다는 점이다. 특히 전장무인화에 대한 인식 확대와 추진 방향에 대한 의견 교환이 더욱 활발히 이루어질 필요가 있다. 아울러 전장무인화 추진을 비롯한 관련 사업의 예산 확보도 이루어져야 한다. 예를 들어 병력 자원 부족에 의해 필연적으로 추진할 수밖에 없는 전방부대 개편의 예산 확보가 그것이다. 전방부대 개편은 일부 단위부대 해체 및 이전을 주요한 내용으로 하고 있으며, 이전을 위해서는 부지 확보 및 관련 시설 구축에 예산이 소요될 수밖에 없다. 일부 부대의 해체를 포함하는 내용이기에 전력 공백이 예상되는 이 사업에서 중요한 것은 그러한 전력 공백을 보완할 수 있는 무인 장비 배치 및 신속한 부대 이전 실행이다. 그런데 한편에서는 부대를 해체하는 데 예산이 소요되는 것에 대한 몰이해로 사업 추진에 어려움을 겪고 있다. 전장무인화를 포함한 육군의 혁신 방안은 정부 및 민간의 인식 공감대 형성과 이를 위한 충분한 지원이 이루어지지 않으면 불가능하다. 따라서 향후 세부 사업 추진을 위한 동력을 확보할 수 있도록 육군과 민간이 더욱 활발한 교류를 통해 인식 공감대를 형성할 필요가 있다.

끝으로 강조하고 싶은 사항은 육군이 한국군의 전장무인화를 주도하는 역할을 해야 한다는 것을 스스로 인식하고 더욱 적극적으로 추진해야 한다는 것이다. 앞서 미 공군의 유인 전투기 사업에 대한 집착과 전장무인화에 대한 거부감은 전간기 프랑스의 요새방어(마지노선)에 대한 집착과 기갑전력 도입 지연을 연상시키기도 한다. 당시 프랑스가 전차 제조 기술이 없어서 기갑전력 구축에 뒤처진 것이 아니다. 문제는 기술이 아니라 정책과 정치에 있다. 전장무인화에 대한 거부감 혹은 소극적 태도가 한국에서는 재현되지 않는다고 장담할 수는 없을 것이다. 일부 군에서 발생할지 모를 거부감이 한국군 전체의 미래지향적 혁신 전반에 대한 장애 요인이 될 가능성도 배제할 수 없다. 육군은 이러한 장애 요인을 앞장서서 돌파해야 한다. 미국이 난항을 겪으면서도 전장무인화를 추진하고 있는 것은 타 군의 소극적 태도에도 불구하고 전장무인화를 장차전에서 승리하기 위한 혁신 과제로 인식하고 이를 적극적으로 추진함으로써 타 군의 전장무인화를 자극한 육군이 있었기 때문이다. 한국에서도 무인 병기 도입에 소극적인 군이 나올 가능성을 배제할 수 없다. 육군은 자신의 선도가 타 군을 자극해 한국군 전체가 미래지향적 군으로 거듭나게 할 수 있다는 것을 인식하고, 전장무인화에 대해서 다각적인 접근 방안을 모색해야 할 것이다.

21세기
한국과
육군력

맺음말

이번 연구는 한국 육군의 역할과 전망에 대한 질문에서 시작했다. 육군력 포럼 역시 미국과 이스라엘의 경험을 바탕으로 21세기 전쟁과 육군력을 검토하는 세션과 그 배경을 한반도에 국한하여 한국 육군의 변화와 대비 방향에 초점을 맞추는 것으로 구성되었다. 그렇다면 육군력 포럼에서 논의된 사항은 어떻게 정리할 수 있는가? 이러한 포럼의 결과물은 어떠한 가치를 가지는가? 그리고 앞으로 어떠한 부분에 연구를 집중해야 하는가?

이번 연구는 기존 군사기술에 대한 세밀한 소개나 전술적·작전적 사항을 다루지 않았다. 이러한 사항을 다루기에는 상대적으로 전문성이 부족하며, 군 및 군 출신 전문가들이 전술적·작전적 차원의 사항과 기존 군사기술 측면에서 확고한 전문성을 가지기 때문이다. 그 대신에 로봇과 같은 새로운 기술의 가능성과 전술적·작전적 차원 이상의 전략적·정치적 차원에서 나타나는 역동성에 초점을 맞추고자 했다. 이러한 분업을 통해 민간 부문의 전문성을 강화하고 학술적 차원의 민군 협력을 강화하는 것이 이번 연구와 포럼의 가장 중요한 장기적 목표이다.

중요한 지적 사항 및 연구 대상

우선 첫 번째로 강조할 수 있는 사항은 핵무기 사용에 대한 부분이다. 부록으로 실은 이번 포럼 기조연설에서 강조되었으며 제2장에서 살펴본 이스라엘의 경험에서도 나타났듯이, 핵무기의 존재는 전쟁 수행에서 여러 가지 제약 조건으로 작동한다. 전쟁 초기에 핵무기를 군사적으로 사용하지 않는다면, 전쟁은 재래식 무기를 사용하여 진행되며, 이러한 재래식 작전에서 불리해진 국가는 핵무기 사용을 위협할 수 있다. 특히 1973년 10월 초기 단계에서 위기에 몰린 이스라엘은 핵무기 사용을 위협하여 미국의 정치적 개입을 끌어낼 수 있었다.

이러한 방식으로 핵무기를 사용하려고 했던 국가는 이스라엘에 국한되지 않는다. 1980년대에 남아프리카공화국과 파키스탄은 핵무기를 개발했지만, 이러한 핵무기로 적대 국가를 공격하기보다 외부의 정치적 개입을 유도해 전쟁을 종식시키는 전략을 구사했다. 예를 들어, 파키스탄은 인도에 대한 직접적인 핵공격 또는 핵무기 사용을 통해 전쟁에서 승리하기보다는, 핵무기 사용을 위협하여 미국의 개입을 유도하고 이를 통해 전쟁을 종식시키는 정치적 전략을 구상했다.[1]

두 번째로 강조할 수 있는 점은 대반란작전에 대한 관심이 중요하다는 것이다. 지금까지 한국 육군은 1950년 6월과 같은 북한의 전면 침공을 억제·억지하고 반격하는 문제에 집중했으며, 미국 육군 또

1 지역 강국의 다양한 방식의 핵무기 사용 전략에 관한 연구로는 다음이 있다. Vipin Narang, *Nuclear Strategy in the Modern Era: Regional Powers and International Conflict* (Princeton, NJ: Princeton University Press, 2014).

한 '소수 정예의 병력을 동원하는 화력전' 능력을 발전시키는 데 많은 자원을 투입했다. 그리고 이러한 측면에서 한국과 미국 육군은 매우 성공적이었다. 특히 미국은 2001년과 2003년 아프가니스탄과 이라크를 침공하면서 탈레반과 사담 후세인의 군사력을 완전히 파괴하는 데 성공했다. 하지만 전투에서의 승리가 전쟁에서의 승리로 이어지지 않았고, 전쟁은 계속되면서 미국은 상황을 통제하지 못하고 있다. 저항세력과의 전투를 수행하면서 아프가니스탄과 이라크 주민들의 지지를 확보하고 동시에 지역을 재건해야 하는 상황으로, 전형적인 대반란작전에 휘말리고 말았다.

이와 같은 대반란작전은 현재 북한과 관련해서 많이 논의되고 있다. 즉, 북한의 전면 침공과 함께 '북한 급변사태'가 발생한 경우에 북한으로 진입하여 안정화할 시나리오와 그에 필요한 병력 소요에 관한 연구는 최근 시작되었으며, 아직까지도 합의가 존재하지 않는다. 특히 미국의 아프가니스탄과 이라크 전쟁 경험이 중요한 교훈으로 작용하고 있으며, 보다 많은 사례에 관한 연구가 절실하다. 아직까지 대반란작전에 대한 논의는 병력 소요에 집중되고 있지만, 인구당 병력 비율이 대반란작전의 성공과 실패를 결정하는 유일한 요인은 아니다. 미국 또한 이라크에서 병력 비율을 특별히 늘리지 않고도 제한적이나마 안정화를 달성했으며, 이에 관한 연구들은 다양한 가설을 제시하고 있다.

세 번째로 강조할 수 있는 사항은 기술 변화에 따른 한국 육군의 변화 및 발전 가능성이다. 새로운 군사기술의 등장은 안보 환경을 변화시키며, 기술 변화에 잘 적응하고 이를 효율적으로 수용한 군사조직은 이전과는 다른 차원의 군사력을 창출한다. 그러나 기술이 그 자체로 군사력의 창출로 이어지지는 않으며, 새로운 기술을 전문적으로 사용하는 방법을 개발하고 직접 현장에서 기술을 사용할 독립적인 조직이 필요하다. 그렇다면 로봇과 무인 전투체계와 관련한 군사기술은 현재 어떠한 상태에 놓여 있는가?

특히 한국에 이러한 혁신은 매우 중요하다. 출생률 저하로 우리는 동원 가능한 병력 자원에서 한계에 직면했으며, 부족한 인력을 새로운 기술을 도입해 보충해야 한다. 로봇 및 무인 전투체계 등은 이러한 측면에서 새로운 가능성을 제시한다. 또한 완전한 무인체계가 아니더라도 유인체계와 무인체계를 혼합하여 운용하거나 전투 기능은 인간이 수행하고 비전투 지원 기능을 무인화하는 등의 방법이 가능하다. 이에 대해서는 아직도 많은 연구가 필요하며, 새로운 기술의 등장이 초래할 다양한 측면을 분석해야 한다.

민간 전문가와 군 전문가의 협력 필요성

그렇다면 이러한 분석은 적실성이 있는가? 전문성이 부족한, 또는 부족할 수 있는 민간 학자들의 견해가 과연 정확할 것인가? 오히려 안보 및 군사 문제에 대해서는 군 및 군 출신 전문가들의 견해가 보다 소중하지 않을 것인가? 이에 대해서는 머리말에서 이야기한 바와 같이 문민 통제(civilian control)를 기본으로 하는 민주주의 국가에서는 민간 부문의 대안 제시가 필요하며, 이러한 민간 부문의 대안은 군의 견해와는 독립적으로 만들어져야 한다. 정치지도자는 이와 같은 방식으로 최소 두 가지 대안을 가지고 자신의 논리에 기초하여 판단해야 한다. 정치지도자는 이 부분에 전문성을 가질 필요가 없으며, 그 대신에 전문성을 가진 조직과 집단의 조언에 의존한다. 따라서 민간 전문가 집단의 조언 능력은 매우 중요하며, 지금 당장은 그 적실성이 떨어진다고 해도 조언 능력을 육성하기 위한 노력은 필요하다.

또한 군사 문제에 대해서 군 및 군 출신 전문가들의 견해는 한계에 부딪히는 경우가 많다. 클라우제비츠가 역설한 바와 같이, 전쟁은 "다른 수단으로 진행되는 정치의 연장"이며 "정치적 목표를 달성하기 위한 수단"이다. 따라서 전쟁 및 군사 문제에 대한 논의는 정치적 목표에 대한 분석과 독립적으로 이루어질 수 없으며, 독립적으로 이루어져서도 아니 된다. 이러한 측면에서 군 및 군 출신의 분석은 전쟁이 가지는 정치적 측면에서 많은 한계를 가지며, 정치지도자들에 대한 조언의 측면에서 생각지 못했던 결과를 초래할 수 있다. 군사조직은 정치적 측면을 고려할 필요가 없으며, 이 부분에 대해서는 전문성을 가지지 않는다. 하지만 군사조직의 전문성에 기초한 조언을 소비하는 것은 정치지도자이며, 모든 경우에 정치지도자는 정치적 측면을 고려하게 된다. 결국 여기서 조언을 제공하는 집단의 전문성과 조언을 수용하는 사람의 필요성이 미스매치되는 상황에 직면한다.

정치적 상황을 고려하지 않은 군사적 전문성의 한계를 가장 잘 보여주는 에피소드가 있다. 제2차 세계대전 당시 독일 최고의 야전 지휘관 중 한 명이었던 에리히 폰 만슈타인(Erich von Manstein)은 1944년 3월에 동부전선 철수 문제로 히틀러와 충돌하고 난 뒤 남부 집단군(Army Group South) 사령관에서 물러났다. 그 뒤에 그는 1944년 10월에 전 재산과 퇴직금으로 동부 프로이센(East Prussia: 현 폴란드 중부) 지역에 부동산을 구입했다. 하지만 소련군의 진격으로 모든 재산을 상실했고, 1945년 1월부터 피난민으로 소개되었다.[2] 과거 독일 지휘관

---

2 Williamson Murray and Allan Reed Millett, *A War to Be Won: Fighting the Second World War* (Cambridge, MA: Harvard University Press, 2000), p. 401.

들의 전투 능력과 전술적 판단력은 타의 추종을 불허했고, '전쟁의 천재(Genius for War)'라는 찬사를 받기도 한다. 하지만 정치적 판단력은 이와 다르다. 만슈타인은 소련군과의 전투에서 탁월한 지휘 능력을 보여주었지만, 소련군의 진격이 가지는 정치적 의미를 이해하지 못했고, 이 때문에 소련군 진격로에 위치한 동부 폴란드에 막대한 돈을 들여 부동산을 사들이는 실책을 저질러 결국 파산했다.

따라서 협력이 중요하다. 민간 부문은 군사조직의 전문성을 존중해야 하며, 동시에 군사조직은 민간 부문의 전문성을 육성하고 연구 역량을 강화할 수 있는 기회를 제공해야 한다. 이러한 협력은 민군이 상호 배타적이지 않고 보완적으로 행동하는 경우에 가능할 것이다. 그리고 육군력 포럼은 이러한 상호 협력을 이룩할 기반으로 작용할 것이다.

부록

제1회 육군력 포럼 기조연설문
지상전투의 성격 변화와 그 경향

스티븐 피터 로젠*

감사합니다. 우선 저를 초청해주시고 기조연설 기회를 주신 대한민국 육군에 감사드립니다. 그리고 한국을 방문하게 되어 감개무량합니다. 사실 제 외할아버지와 외할머니는 한국인이셨습니다. 1911년에 일제 치하의 한국을 떠나 미국으로 이주하셨습니다. 또한 오늘 이러한 기회를 마련해준 예전 제 지도학생이었던 이근욱 서강대학교 교수에게도 감사합니다. 모든 교수는 자기 학생이 어느 시점에 이르면 같은 교수가 되기를 기대합니다. 하지만 이근욱 교수는 단순한 교수를 넘어 한국의 안보 분야에서 손꼽히는 전문가로 성장했습니다. 덕분에 저는 더욱더 제 자신의 업적이 자랑스럽습니다.

오늘 제 연설의 전체적인 주장은 다음과 같습니다. 첫째, 제2차 세계대전 이후 지금까지 나타난 지상전투의 두 가지 경향은 다음과

---

* 스티븐 피터 로젠(Stephen Peter Rosen)은 하버드 대학 교수로 재직 중이다. 이 글은 2015년 11월 20일에 열린 제1회 육군력 포럼에서 그가 행한 기조연설을 정리한 것이다.

같이 요약할 수 있습니다. 우선, 전투부대가 사용할 수 있는 화력이 증가했습니다. 동시에 정확도와 반응 속도 또한 증가하면서 화력은 더욱 치명적으로 발전했습니다. 그리고 핵무기가 중요한 변수로 작용하면서, 실제 사용된 적은 없지만 지상작전의 상당 부분을 제약하고 있습니다. 과거 핵무기의 영향력은 초강대국의 군사적 대립에서만 작용했습니다. 하지만 현재는 남아시아, 중동, 한반도, 러시아 주변부 등에서 핵무기가 군사적 대립의 중요한 변수로 부상했습니다. 둘째, 저는 방금 제시한 두 가지 경향의 상호작용을 논의하고자 합니다. 제 판단으로는 앞의 두 가지 경향이 상호작용하면서 지상전투의 결과가 전쟁의 승패를 결정하게 하는 상황은 점차 줄어들고 있습니다. 그 대신에 무력충돌이 늘어나고 기습작전이 벌어질 가능성은 커졌습니다. 마지막으로, 저는 이러한 분석이 한국 육군에 어떤 의미를 줄 수 있을지 논의하고자 합니다.

화력의 발전인가, 아니면 혁명적 군사혁신(RMA)인가

저는 30년 이상을 앤드루 마셜(Andrew Marshall)과 일했습니다. 마셜은 정보기술(IT)의 도입으로 무기가 정확해지고 치명적으로 변화하면서 전쟁의 성격이 근본적으로 변화했다고 지적합니다. 소련 측 군사자료를 인용하면서 마셜은 소련의 참모본부가 IT에 기초한 신무기들의 위력이 현격하게 상승함에 따라 기갑부대에 대한 대전차화기의 효용이 전술핵무기의 효용과 비등하다고 평가했다는 점을 강조합니다. 1991년 걸프 전쟁 이후 저는 미 공군의 요청에 따라 '걸프 전쟁 공군력 평가(Gulf War Air Power Survey)'를 작성했습니다. 그 연구에서도 레이저 유도폭탄을 장착했거나 그렇지 않은 F-111의 기록을 검토한 후 IT와 레이저 유도폭탄 장착 여부에 따라서 동일한 F-111이라도 폭격 효율에 13배나 차이가 발생했다는 충격적인 결과를 보여준 바 있습니다. 이처럼 군사적 효율성은 혁명적으로 증대했습니다. 이러한 변화는 혁명적 군사혁신(Revolutions in Military Affairs: RMA)이라 할 수 있으며, 1940~1941년 독일군의 전격전을 가능케 했던 탱크, 전투기, 무선통신의 도입이나 17세기 초 오라녜 공작 마우리츠(Maurice of Nassau)가 수행하고 역사가 제프리 파커(Geoffrey Parker)가 묘사했던 '전쟁에서 화력과 기동의 재도입으로 인한 최초의 군사혁신'에 비견할 만한 것입니다. 군사혁신은 군사적 효율성이 얼마나 많이 증가하는가에 따라 결정됩니다. 군사혁신 이후 지상군의 이동 속도가 증가하고 타격할 수 있는 목표물의 거리가 증가하면서 전쟁의 범위는 더욱 확대되었습니다.

하지만 반대 의견도 있습니다. 스티븐 비들(Stephen Biddle)은 군사혁신은 없다고 봅니다. 그의 중요한 저작인 『군사력(Military Power)』은 지난 20세기 초부터 전장에서 사용된 화력 및 파괴력의 점진적인 증가를 정확하게 보여주고 있습니다. 자동화기의 등장과 보병, 포병의 광범위한 도입 이전 시기에는, 방어 준비를 완료한 진지에 대한 정면 공격은 비록 그 대가는 엄청났지만 성공할 수는 있었습니다. 그렇지만 보어전쟁에서 영국의 사례와 러일전쟁에서 일본의 경험은 진지에 대한 정면 공격이 믿을 수 없을 정도로 험난했으며, 그리고 제1차 세계대전 당시 서부전선에서의 경험은 정면 공격이 자살행위와 다름없을 정도로 비효율적이었다는 것을 보여주었습니다. 결과적으로 전장에서 기갑부대의 기동력, 지형 차폐에 대한 강조와 동시에 병과 간의 제병협동(諸兵協同, combined arms)작전의 고안으로 이어지게 됩니다. 비들은 제병협동작전을 시행할 수 있는 능력이 지상군에게 최우선시되어야 한다고 주장합니다. 화력의 규모와 정확도가 증가하면서 군대로 하여금 더더욱 은닉 및 분산 기동에 대한 능력을 키울 것을 요구했지만, 이는 동시에 단지 지난 100년 동안 계속해서 나타났던 경향의 지속이라 할 수 있습니다.

랜드 연구소의 데이비드 존슨(David Johnson) 대령은 2006년 레바논에서 이스라엘과 헤즈볼라 간에 벌어진 전쟁과 2008년 가자에서 수행된 이스라엘의 군사작전(Operation Cast Lead)을 분석하면서, 제병협동의 중요성을 다시 한 번 강조했습니다. 2006년 이스라엘군(IDF)의 문제는 제병협동작전 실행의 미숙함에 있었다고 주장합니다. 특히 이스라엘군이 직사화기와 대전차무기를 동원한 헤즈볼라의 저항에 직면했을 때, 전장에서 보병의 기동성을 회복하기 위한 곡사화기와 근접항공지원을 동원하지 못했다고 지적합니다. 반면 2008년에는 이러한 문제점이 해결되었고, 이스라엘의 가자지구에서의 성공적인 작전 수행은 이러한 지상전투의 원칙이 변하지 않았음을 보여주는 사례라고 존슨은 강조합니다.

이와 같이 비들과 존슨은 혁명적 군사혁신은 없었다고 보며, 지상전투의 기본 원칙은 변한 적이 없다고 주장합니다. 사담 후세인의 이라크군이 너무나도 무능했기 때문에 미 공군의 군사적 성공을 놓고 전쟁에서의 기술혁신이라 할 수는 없다고 주장합니다. 현대의 IT는 전장의 안개를 걷히게 하고 있지만, 지상전은 여전히 화력과 기동의 문제입니다. 비들은 아프가니스탄에서 미국이 초기에 항공력을 이용한 정밀타격무기로 이룬 성공이 오도된 것이라고 주장합니다. 미군에 대항해 싸웠던 아프가니스탄인들이 자신의 위치를 위장하는 방법을 빠르게 습득하면서, 그들을 찾아내고 문제를 해결하려면 미 육군의 용어로 매우 구식의 근접전투가 진행되어야 했기 때문입니다.

하지만 이러한 주장에는 많은 문제가 있습니다. 마셜은 적국이 정밀타격무기에 대항할 대책을 개발하지 않을 것이라고 주장하지 않았습니다. 그 대신에 마셜은 이미 1990년대에 대응책이 등장할 것을 예측한 바 있습니다. 초기 군사혁신에 대한 대응책 또한 바로 등장했습니다. 전장에서 잘 훈련된 공격기동 또한 훈련된 방어기동에 직면했고, 전격전 또한 종심방어(defense in depth)라는 대응책에 부딪쳤습니다. 정밀폭격 또한 대응책의 등장으로 그 효율성이 줄어들 수 있습니다. 그렇지만 전쟁의 본질은 급격히 변화했습니다.

그렇다면 무엇이 변화했을까요? 현재 정밀타격 능력 측면에서 미국은 중국, 러시아와 경쟁하고 있으며, 따라서 보복공격이 가능합니다. 그리고 더 심각한 대책은 정밀타격 능력을 가능케 하는 정보를 사용하지 못하게 하는 능력입니다. 지하에 기지를 설치하는 경우에, 목표를 완전히 보호할 수는 없지만, 숨길 수는 있습니다. 은폐와 엄폐, 기만 행동을 통해 적의 감지 능력을 약화시킬 수 있습니다. 전자기 펄스나 사이버 공격을 통한 전기 시스템에 대한 공격, 그리고 위성이나 보호되지 않은 민간 통신수단과 같이 취약한 플랫폼에 대한 직접적인 공격 등을 상정해볼 수 있습니다. 예를 들어 중국의 군사 관련 서적들은 남중국해 도서 분쟁을 상정하고 적들의 능력을 교란할 수 있는 전 세계 타격 표적들이 가지는 중요성을 적어도 10년 이상 논의해오고 있습니다. 러시아의 특수부대는 크림반도 지역과 동부 우크라이나 지역에서 시민으로 위장한 채 악명 높은 '리틀 그린 멘(Little Green Men)' 작전을 펼친 바 있습니다. 이는 러시아 군부대의 공공연한 이동 대신 첨단 대공방어 시스템의 배치를 포함한 것이며, 이들 모두 지하로 들어가거나 위성을 공격하는 것과 같은 정보 거부 작전과 동일한 것이라 할 수 있습니다.

따라서 다양한 수단과 방법으로 우리가 목표물에 대한 정보를 효과적으로 수집하고 분석한다면, 정보 수집 수단에 대한 군사적 은폐 기술은 큰 효과가 없을 것입니다. 그렇기에 은폐 공작에 대항할 다중적·다차원적 센서나 정보 통합융합센터의 필요성은 증대되었습니다. 이러한 센터의 산물이 효과적으로 사용되기 위해서는 실제 작전을 실행하는 부서에 정보가 적시에 전달되어야 합니다. 이는 전투를 위한 합동 탐지융합 센터들, 센서 플랫폼, 포격진지의 배치를 의미합니다. 즉, 군사혁신의 다음 단계는 우리가 정보·감시·정찰을 수행하는 ISR(Intelligence, Surveillance and Reconnaissance) 방식에서의 혁명적 변화입니다.

다시 말해, 저는 IT가 지상전투의 성격을 급격하게 변화시켰다고 봅니다. IT가 지상전투를 쓸모없게 만든 것이 아니라 육군으로 하여금 기존과는 차원이 다른 ISR·타격 능력을 갖추게 만들었고, 전선에 있는 목표물과 적의 후방지역에 있는 목표물을 무력화할 수 있게 만들었습니다. 그리고 은폐된 목표물과 다양한 방어수단을 포착할 수 있게 했습니다. 이는 상대방의 ISR 능력을 선제적으로 무력화할 수 있다는 점에서 방어보다 공격을 훨씬 유리하게 만들었습니다. 동시에 이는 비밀작전 및 이를 위한 능력에 대한 인센티브를 제공했으며, 특히 상대방에게 반격에 대한 정치적 정당화의 빌미를 주지 않을 수 있기에, 그리고 전면전을 피하고 적 후방지역에 있는 정보 센터들을 공격할 때 사용될 수 있기에 더욱 그러합니다.

하지만 동시에 이것은 결정적인 결과를 얻기 위한 작전 수행이 더 어려워졌다는 것을 의미합니다. 전쟁의 결과를 결정할 정도의 승리는 전장에서 공격무기들을 공격하는 것만으로는 얻을 수 없습니다. 완전한 승리는 상대방이 전장, 그들의 영토, 그리고 우주 등에서 보유하고 있는 정보 및 타격 능력을 완전히 무력함으로써 얻을 수 있습니다. 하지만 그러한 무력화는 또한 상대방의 능력을 총동원한 보복을 야기하게 됩니다. 그렇기에 이러한 능력의 실제 사용은 IT에 기반을 둔 군사혁신이 일어나기 전의 전투 형태로 귀결됩니다.

핵무기

1960년대 미국의 케네디 대통령은 1975년에 이르면 10개국 내지 12개국이 핵무기를 보유하게 될 것으로 예측했습니다. 그렇지만 오늘날에는 단지 8개 국가만이 공개적으로 핵실험을 수행했으며, 한 국가는 핵무기를 포기했고, 또 한 국가는 비공식적으로 핵무기를 보유한 것으로 간주되고 있습니다. 다른 한 국가는 핵무기 보유 직전 단계에 멈춰 있습니다. 그렇지만 핵탄두 생산은 파키스탄과 아마도 북한에서 가속되고 있습니다. 그리고 최근 러시아는 핵무기 사용을 위협하기도 했습니다. 핵 확산 추세는 그다지 위협적이지 않지만, 무시할 수준도 아닙니다. 1945년 8월 이후 핵무기가 전장이나 도시를 상대로 사용된 적은 없었지만, 군사작전에서 핵무기는 큰 충격을 주었습니다. 이제 검토할 사례들은 각각의 특성이 있겠지만 핵무기가 지상전투에 미치는 영향을 이해하는 데 많은 도움을 주리라 생각합니다.

첫째, 핵무기 기술은 확산되었습니다. 1950년대 소련이 중국에 제공했고, 미국은 이미 핵무기 개발에 성공했던 동맹국에 추가 기술을 제공했습니다. 프랑스는 이스라엘에, 그리고 1960년대에 이스라엘은 대만에 기술을 공여했습니다. 중국은 파키스탄에 핵무기 기술을 제공했고, 파키스탄은 리비아와 이란에 기술을 제공했습니다. 북한 또한 시리아에 핵원자로 기술과 그 이상을 이전한 것으로 보입니다. 이와 같이 핵무기 기술 이전은 비밀리에, 그리고 매우 쉽게 이루어졌습니다. 이는 앞으로도 이루어질 것입니다.

둘째, 위기 시에 많은 국가들이 전선 가까이에 핵무기를 배치합니다. 1950년 6월에 북한이 한국을 침공하자 미국은 핵무기를 조립할 수 있는 기술 인력과 핵무기를 탑재할 수 있는 B-29를 괌에 배치했습니다. 1961년에 베를린 위기가 발생하자 미국과 소련은 핵무기를 전선에 배치했습니다. 1962년에 소련은 쿠바에 핵무기를 배치했고, 이에 경악한 미국은 쿠바 침공을 위해 핵무기로 무장한 항공모함을 쿠바 인근 해역에 배치했습니다. 1969년 8월에 소련과 중국이 충돌하자 소련은 카자흐스탄에 핵탄도미사일을 배치했습니다. 1973년 욤 키푸르 전쟁 당시 소련은 이집트에 핵무기를 배치하려고 시도했습니다만, 실제 배치는 이루어지지 않았습니다. 1999년 카길 전쟁에서 파키스탄군은 핵무기의 전선 배치를 공표하기도 했습니다.

핵을 보유한 국가들은 보유하지 않은 국가들에 대해 핵무기 사용을 위협하며, 동시에 이러한 위협이 효과적이라고 판단합니다. 미국은 중국에 대해 1950년대에 최소 세 차례에 걸쳐 핵무기 사용을 위협했고, 이에 대해 효과적이었다는 평가를 내렸습니다. 소련은 1956년 수에즈 위기 당시 영국, 프랑스, 이스라엘에 대해 핵공격을 위협했고, 이후 소련의 지도자들은 또한 이러한 위협이 효과적이었다고 보았습니다. 소련은 1969년 중국에 대해서도 똑같이 핵무기 사용을 위협했습니다. 이러한 위협은 핵무기 최초 실험 이후 10년 동안 나타났던 경향이 있습니다. 이러한 위협은 동시에 기존 외교정책 목표를 보다 효율적으로 달성하는 수단으로 사용되었습니다. 하지만 핵무기 보유를 계기로 외교정책 목표 자체가 확대되는 현상은 나타나지 않았습니다.

위기 상황에서의 핵무기 전진 배치는 보통 수주에서 수개월 동안 유지되는데, 이 때문에 상대방 역시 그 기간 동안 비상 상황을 유지합니다. 1962년 쿠바 위기 당시 미국 전략공군은 10월부터 12월까지 2

개월 동안 비상 상황을 유지했습니다. 1969년 중국은 수개월 동안 공산당 지도부를 주요 도시 지역에서 소개했습니다. 1973년 미국은 중동 지역에 대한 특별정찰을 10월부터 12월까지 2개월 동안 지속했습니다.

핵전쟁에 대한 두려움으로 인해 핵무기가 배치된 지역이나 핵무기를 보유한 국가에 대한 지상작전은 상당히 제약됩니다. 계획되었던 작전이 취소 또는 연기되며, 작전의 지리적 규모 또한 제한됩니다. 1969년 8월 중국에 대한 소련의 공격, 1970년과 1973년 이스라엘에 대한 공격, 그리고 1999년 파키스탄에 대한 공격 등이 대표적인 사례입니다.

핵무기를 보유한 것으로 간주되는 국가에 대한 군사작전 또한 핵전쟁으로 확대될 것에 대한 두려움으로 인해 전쟁의 승패를 결정지을 전투는 벌어지지 않고 중단됩니다. 하지만 핵무기 보유국의 행동을 억제하려는 유인은 분명히 존재합니다. 그 결과 핵 확산으로 인해 핵무기를 보유했거나 그러할 것으로 생각되는 국가에 대한 군사작전의 필요성은 오히려 증가합니다. 다만 그러한 군사작전은 그 규모가 제한되고 비밀작전의 형태로 진행될 것입니다. 이러한 예측이 옳다면, 결정적인 전쟁을 피하게 만드는 핵무기의 영향과 IT에 기초한 군사적 역량의 영향은 서로를 강화시키게 될 것입니다. 그리고 IT를 이용한 군사적 역량과 유사하게, 핵무기 사용은 전자기 펄스로 인하여 첨단 무기체계를 디지털 시기 이전의 무기체계로 퇴보시키게 될 것입니다.

한국에 대한 함의

한국은 핵무기를 보유한 북한과 대치하고 있습니다. 그리고 북한의 핵무기 보유량은 증가하는 듯합니다. 과거 한국은 중국과 전쟁을 수행했습니다만, 이제 한국과 중국의 전쟁 가능성은 거의 없습니다. 그리고 현재 한국군은 IT혁명에 기초한 새로운 군사력을 구축할 능력을 가지고 있습니다. 그렇다면 과연 한국은 군사혁신의 일반적인 역사와 핵무기 혁명의 역사를 통해 어떠한 교훈을 배울 수 있을까요?

우선, 제병협동 능력의 필요성이 군사혁신으로 인해서 사라지지는 않는다는 점입니다. 유능한 상대방은 군사혁신에 대항할 다양한 대응책들을 마련합니다. 그리고 북한은 이러한 대응책 마련에 상당한 성과를 보여주는 듯합니다. 또한 레바논, 가자지구, 이라크, 아프가니스탄에서의 경험에서 나타나듯이, 산악 및 도시와 같이 복잡한 지형에서 근접전투를 수행할 능력은 항상 필요합니다.

정보 수집과 통합, 융합의 문제에 성공적으로 대처한다면, 군사혁신 덕분에 우리는 은폐되어 있는 목표물을 타격할 수 있습니다. 그리고 보다 강력한 ISR·타격 능력을 구축할 수 있게 됩니다.

군사혁신 덕분에 상대방의 후방지역으로 신속하고 깊숙하게 진입할 수 있게 되었지만, 이에 대한 정치적 제약은 여전히 강력합니다. 그리고 이러한 정치적 제약은 핵무기의 존재 때문에 더욱 심각한 문제로 부각됩니다. 그렇지만 한국이 새로운 타격 능력을 보유하고 북한이 이에 대비해 지하기지나 그 밖의 소극적 방어수단에 더욱 많은 자원을 소모하도록 유도할 수 있다면, 상당히 유용할 것입니다. 그리고 이러한 자원 소모를 통해 북한은 공격용 무기에 투자할 예산 능력을 소진할 수 있습니다. 이러한 전략을 일반적으로 '경쟁적 전략(competitive strategies)'이라 합니다.

한국으로서는 비밀작전 능력이 중요합니다. 특히 정치적 책임을 회피할 수 있는 타격 능력은 정치지도자들에게 전면전이나 평화라는 단 두 가지 선택지보다 더 다양한 선택지를 제공한다는 측면에서 유용합니다.

마지막으로, 핵무기의 역사적 경험에 기초해볼 때, 북한 외교정책의 목표가 확대되지는 않을 것이라고 생각합니다. 그 대신에 북한이 기존의 외교정책 목표를 달성하기 위해 핵무기 위협을 감행할 가능성은 배제할 수 없습니다. 그리고 핵무기 사용을 위협하는 위기가 수개월 동안 지속될 수 있습니다. 1945년 이후 핵무기가 실제 전쟁에서 사용되지는 않았습니다만, 핵전쟁 가능성은 북한을 대상으로 한 군사작전에서 강력한 제약으로 작용할 것입니다.

곤경에 처했을 때 심사숙고하게 만드는 힘을 제공한다는 점에서 과거의 경험은 유용합니다. 그렇지만 과거의 경험이 미래의 특정 사례를 정확하게 예측할 수는 없습니다. 저는 과거의 경험에 기초하여 군사 부분의 어려운 문제를 보다 깊게 생각하려고 하는 것이며, 특정 문제에 대해 분명한 대답을 제시하려고 하는 것은 아닙니다. 여러분 앞에서 제 견해를 발표할 수 있는 기회를 주셔서 다시 한 번 감사드립니다.

제1회 육군력 포럼 환영사

육군참모총장 대장 장준규

육군참모총장 장준규 대장입니다. 육군본부와 함께 '2015 육군력 포럼'을 주관해주시는 유기풍 서강대 총장님과 기조연설을 해주실 피터 로젠 교수님, 진행을 맡아주신 윤영관 교수님과 홍규덕 교수님, 그리고 발제와 토론에 참석해주신 여러 전문가분들과 모든 내외 귀빈께 깊이 감사드립니다.

여러분들도 잘 알고 계신 바와 같이 북한은 대규모 재래식전력을 유지한 가운데, 다양한 비대칭전력과 대량살상무기를 꾸준히 증강시키고 있습니다. 또한 남북 간 대화와 교류를 추진하면서도 핵보유 주장 및 6자회담 거부 입장을 견지한 가운데 전략적 도발 가능성을 시사하는 등 이중적 행태를 보이고 있습니다.

동북아 지역은 주변 국가들 간 역사와 영토 문제를 둘러싼 갈등과 군비경쟁이 심화되고 있으며, 세계적으로는 최근 프랑스, 레바논 등지에서 발생한 비극적인 테러에서도 보았듯이 다양한 군사적·비군사적 위협이 갈수록 커지고 있습니다.

이러한 상황 속에서 우리 육군은 직면하고 있는 여러 도전과 위협을 극복하기 위해 '국가방위의 중심군'으로서 군사적·비군사적 요소를 효과적으로 통합하여 현존 및 미래 안보위협에 능동적으로 대처할 수 있는 최선의 방법을 모색하고자 노력하고 있습니다.

존경하는 국방 전문가 여러분! 지난 1990년대 초 걸프전을 통해 세계 군사 전문가들은 최첨단무기의 압도적 화력을 앞세운 다국적군의 공세에 이라크군이 전투력을 제대로 발휘하지 못한 채 속수무책으로 무력화되는 모습을 보았습니다.

이후 세계 군사력 발전 추세는 군사기술적 차원이 강조되는 '전쟁의 미래'에 대한 연구가 집중되었으며, 우리 군의 군사력 건설 방향도 무기체계의 획득과 개발에 최우선적으로 노력을 기울였습니다.

하지만 2000년대 들어 발생한 이라크전과 아프가니스탄전, 대(對) IS 전쟁 등을 통해 나타난 바와 같이 천문학적인 전비(戰費)를 투입한 기술 중심의 우세한 군사적 역량만이 전쟁을 지배하는 것은 아니라는 것을 우리는 보았습니다.

이러한 최근의 전쟁 양상을 분석해볼 때 이제 우리 군도 기술 중심적 관점의 첨단무기 위주의 전력 증강에 대한 사고의 틀에서 벗어나야 합니다. 더 나아가 우리의 실질적인 위협인 북한의 비대칭·재래식 무기 위협에 대응하면서 유사시 한반도에서 가장 효율적으로 쓰일 수 있는 파괴력 있는 군사력이 무엇인가를 고민해야 합니다.

현재 육군은 미래를 준비하는 차원에서 한국군 고유의 지상군 전법 발전, 국방개혁에 의한 부대구조 개편, NCOE 구현을 위한 정보화 추진 등 다각도의 노력을 기울이고 있습니다. 여기 계신 국방 전문가 여러분들의 도움은 육군이 미래를 준비하는 데 더욱 큰 힘이 될 것입니다.

이러한 의미에서 육군 발전을 위해 민과 군이 함께 지혜를 모으고 다양한 방안을 논의하는 '2015 육군력 포럼'이 오늘 그 첫 발걸음을 내딛게 된 것은 매우 의미 있는 일이라 생각합니다.

모쪼록 이번 포럼을 통해 육군력 발전 방향에 대한 창의적인 방안들이 많이 제시되기를 기대하며, 육군은 여러분께서 제시해주시는 고견과 통찰을 적과 싸워 이기는 정예 강군을 육성하는 데 적극 활용할 것입니다.

오늘 자리를 빛내주신 모든 분들께 다시 한 번 감사드리며, 앞으로도 육군에 대한 여러분의 변함없는 성원을 부탁드립니다. 감사합니다.

2015년 11월 20일

육군참모총장 대장 장준규

참고문헌

제1장

Aljazeera. 2015.9.5. "Scores of Gulf troops killed in Yemen conflict."

American Forces Press Service. 2007.6.19. "Start of 'Arrowhead Ripper' Highlights Iraq Operations." *DoD News*.

_____. 2007.8.24. "Lightning Hammer Disrupts Terrorists in Iraq's Diyala Province." *DoD News*.

Andrade, Dale. 2010. *Surging South of Baghdad: The 3rd Infantry Division and Task Force Marne in Iraq, 2007~2008*. Washington, D.C.: Center of Military History.

Bennett, Bruce and Jennifer Lind. 2011. "The Collapse of North Korea: Military Missions and Requirements." *International Security*, Vol. 36, No. 2 (Fall).

Biddle, Stephen. 2007. "Speed Kills?: Reevaluating the Role of Speed, Precision, and Situation Awareness in the Fall of Saddam." *Journal of Strategic Studies*, Vol. 30, No. 1 (February).

Bolger, Daniel. 2014. *Why We Lost: A General's Inside Account of the Iraq and Afghanistan Wars*. Boston: Houghton Mifflin Harcourt.

Bradford, Zeb and Frederic Joseph Brown. 1973. *The United States Army in Transition*. Beverly Hills, CA: Sage Publications.

Burr, William. 2005. "The Nixon Administration, the 'Horror Strategy,' and the Search for Limited Nuclear Options, 1969~1972: Prelude to the Schlesinger Doctrine." *Journal of Cold War Studies*, Vol. 7, No. 3 (Summer).

Byman, Daniel and Matthew Waxman. 2000. "Kosovo and the Great Airpower Debate." *International Security*, Vol. 24, No. 4 (Spring).

C4ISR Journal. 2010. "Big 25 Awards." October.

_____. 2010. Interview with Pete Rustan. October.

Chamberlin, Robert. 2008. "Finding the Flow: Shadow Economies, Ethnic Networks, and Counterinsurgency." *Military Review* (September/October).

Clark, Wesley K. 2001. *Waging Modern War: Bosnia, Kosovo, and the Future of Combat*. New York: Public Affairs.

Combat Studies Institute(CSI). 1999. "Sixty Years of Reorganizing for Combat: A Historical Trend Analysis." CSI Report No. 14, December 1999.

Congressional Budget Office(CBO). 2006. "The Army's Future Combat Systems Program and Alternatives."

Farrell, Theo, Sten Rynning and Terry Terriff. 2013. *Transforming Military Power since the Cold War: Britain, France, and the United States, 1991~2012*. Cambridge: Cambridge University Press.

Fillkins, Dexter. 2005.10.23. "The Fall of the Warrior King." *The New York Times Magazine*.

Freedberg, Jr., Sydney J. 2015.2.13. "Reinventing The Army Via 'Pacific Pathways'." *Breaking Defense*.

Garamone, Jim. 2013. "DOD Must Control Rising Personnel Costs, Hagel Tells NCOs." American Forces Press Service (November 6).

General Accounting Office(GAO). 2004. "Fielding of Army's Stryker Vehicles Well Under Way, but Expectations for Their Transportability by C-130 Aircraft Need to be Clarified." GAO-04-925, August 2004.

_____. 2007. "Future Combat System Risks Underscore the Importance of Oversight." GAO-07-672T, March 2007.

Gordon, Michael. 2003.9.4. "101st Scores Success in Northern Iraq." *The New York Times*.

Hall, Kristin M. 2011.5.6. "Army's 101st Pays High Price for Afghan Surge Year." *NBC News*.

Herbert, Paul. 1988. *Deciding What Has to Be Done: General William E. DuPuy and the 1976 Edition of FM 100-5, Operations*. Fort Leavenworth, KS: Combat Studies Institute, U.S. Army Command and General Staff College.

Herken, Gregg. 1987. *Counsels of War*. New York: Oxford University Press.

Hollis, Patrecia Slayden. 2004. "Division Operations Across the Spectrum: Combat to SOSO in Iraq." *Field Artillery* (March-June).

Hyde, Richard. 1990. "A New Force Structure." *Military Review*, Vol. 70.

Jablonsky, David. 2001. "Army Transformation: A Tale of Two Doctrines." *Parameters* (Autumn).

Jackson, Colin. 2009. "From Conservatism to Revolutionary Intoxication: The U.S. Army in the Second Interwar Period." in Harvey Sapolsky, Benjamin Friedman and Brendan Green (eds.). *Creation Without Destruction: The Revolution in Military Affairs and the U.S. Military During the Second Interwar Period*. New York: Routledge.

Jane's Ammunition Handbook. 2015. "155mm M982 Excalibur Projectile" (October).

Jane's Strategic Weapon Systems. 2015. "Guided MLRS(M30/M31)" (March).

Johnson, Stuart et al. 2012. *A Review of the Army's Modular Force Structure*. Santa Monica, CA: RAND.

Karber, Phillip. 2015. "Russia's "New Generation Warfare" Implications of Ukraine for US & Allies." briefing (May 1).

Kelly, Orr. 1989. *King of the Killing Zone: The Story of the M-1 America's Super Tank*. New York: W.W. Norton.

Kelly, Terrence et al. 2013. *Employing Land-Based Anti-Ship Missiles in the Western Pacific*. Santa Monica, CA: RAND.

Kitfield, James. 1995. *Prodigal Soldiers*. Washington, D.C.: Brassey's.

Lamothe, Dan. 2015.3.24. "In show of force, the Army's Operation Dragoon Ride rolls through Europe." *The Washington Post*.

Lock-Pullan, Richard. 2003. "An Inward-Looking Time': The United States Army, 1973~1976." *Journal of Military History*, Vol. 67, No. 2 (April).

Long, Austin. 2016. *The Soul of Armies: Counterinsurgency Doctrine and Military Culture in the US and UK*. Ithaca, NY: Cornell University Press.

Long, Austin et al. 2013. "Correspondence: Assessing the Synergy Thesis in Iraq." *International Security*, Vol. 37, No. 4 (Spring).

Malkasian, Carter. 2006. "Signaling Resolve, Democratization, and the First Battle of Fallujah." *The Journal of Strategic Studies*, Vol. 29, No. 3 (June).

Matthews, James and Cora Holt. 1996. *So Many, So Much, So Far, So Fast*. Washington, D.C.: Joint History Office, Office of Chairman, Joint Chiefs of Staff.

Matthews, Matt. 2006. *Operation AL FAJR: A Study in Army and Marine Corps Joint Operations*. Ft. Leavenworth, KS: Combat Studies Institute Press.

McCone, David R., Wilbur J. Scott and George R. Mastroianni. 2008. "The 3rd ACR in Tal'Afar: Challenges and Adaptations." U.S. Army War Strategic Studies Institute paper (January 8).

McLeary, Paul. 2015.1.24. "New US Concept Melds Air, Sea and Land." *Defense News.*

McMaster, H.R. 2003. "Crack in the Foundation: Defense Transformation and the Underlying Assumption of Dominant Knowledge in Future War." USAWC Strategy Research Project.

Multi-National Division - North. 2007. "Operation Lightning Hammer II Expands Pursuit of al-Qaeda." press release (September 6).

Nardulli, Bruce et al. 2002. *Disjointed War: Military Operations in Kosovo, 1999.* Santa Monica, CA: RAND.

Naylor, Sean. 2005. *Not a Good Day to Die.* New York: Berkley Books.

Nielsen, Suzanne Christine. 2003. *Preparing for War: The Dynamics of Peacetime Military Reform.* Cambridge, MA, Harvard University PhD dissertation.

Ogorkiewicz, R. M. 2000. "Worldwide Wheeled Armoured Vehicle Programs Raise Questions Over Mobility." *Jane's International Defence Review*, Vol. 33, No. 1.

Packer, George. 2006.4.10. "The Lesson of Tal Afar." *The New Yorker.*

Pernin, Christopher et al. 2012. *Lessons from the Army's Future Combat Systems Program.* Santa Monica, CA: RAND.

Pilkington, Ed. 2013.2.1. "US Military Struggling to Stop Suicide Epidemic among War Veterans." *The Guardian.*

Posen, Barry. "The Evolution of Land Warfare." unpublished manuscript.

Priest, Dana. 1999.12.29. "Risks and Restraint: Why the Apaches Never Flew in Kosovo." *The Washington Post*, A1.

Ricks, Thomas. 2005.7.24. "It Looked Weird and Felt Wrong." *The Washington Post.*

_____. 2006. *Fiasco: The American Military Adventure in Iraq.* New York: Penguin Press.

_____. 2006.2.16. "The Lessons of Counterinsurgency." *The Washington Post.*

Romjue, John L. 1984. *From Active Defense to AirLand Battle: The Development of Army Doctrine, 1973~1982.* Fort Monroe, VA: Historical Office, U.S.

Army Training and Doctrine Command.
RTInsights Team. "With Real-Time Data, the Defense Never Rests." http://www.rtinsights.com/with-real-time-data-the-defense-never-rests/
Russell, James. 2010. *Innovation, Transformation, and War: Counterinsurgency Operations in Anbar and Ninewa Provinces, Iraq, 2005~2007*. Stanford, CA: Stanford University Press.
Sassaman, Nathan and Joe Layden. 2008. *Warrior King: The Triumph and Betrayal of an American Commander in Iraq*. New York: St. Martin's/Griffin.
Scales, Jr., Robert H. 1993. *Certain Victory: The US Army in the Gulf War*. Washington, D.C.: Office of the Chief of Staff, United States Army.
_____. 2003. *Yellow Smoke: The Future of Land Warfare for America's Military*. Lanham, MD: Rowman & Littlefield Publishers.
Scales, Jr., Robert H. and John Parmentola. 1998. "The Army After Next: Intertwining Military Art, Science, and Technology out to the Year 2025." *Army RD&A*, May/June.
Shanker, Thom. 2011.2.25."Warning Against Wars Like Iraq and Afghanistan." *The New York Times*.
Shinseki, Eric K. 1999. "Address to the Eisenhower Luncheon, 45th Annual Meeting of the Association of the United States Army." October 12.
Smith, Michael. 2006. *Killer Elite: The Inside Story of America's Most Secret Special Operations Team*. London: Weidenfeld & Nicholson.
Stewart, Phil and David Mardiste. 2015.6.23. "U.S. to Pre-position Tanks, Artillery in Baltics, Eastern Europe." *Reuters*.
Sullivan, Gordon. 1996. "Letter to the Army's General Officers, Force XXI, 5 March 1993." in *The Collected Works of the Thirty-second Chief of Staff, United States Army: Gordon R. Sullivan, General, U.S. Army Chief of Staff, June 1991~June 1995*. Darby, PA: Diane Publishing Co.
Trauschweizer, Ingo. 2008. *The Cold War Army: Building Deterrence for Limited War*. Lawrence, KS: University Press of Kansas.
U.S. Air Force, 2014, "PE 0305221F: Network Centric Collaborative Targeting." March.
U.S. Army Europe. "Operation Atlantic Resolve." http://www.eur.army.mil/atlan

ticresolve/

U.S. Department of the Army, "Stability and Support Operations." FM 3-07 (February 2003).

Wasserbly, Daniel. 2014.4.28. "The right choice: US Army experiments examine future structure options." *Jane's International Defence Weekly*.

West, Bing. 2005. *No True Glory: A Frontline Account of the Battle for Fallujah*. New York: Bantam.

Williams, Cindy. 2013. "Accepting Austerity: The Right Way to Cut Defense." *Foreign Affairs* (November/December).

Williams, Kayla. 2006. *Love My Rifle More Than You: Young and Female in the U.S. Army*. New York: W.W. Norton.

제2장

Amichai, Oded. 2014.8.19. "Hamigbalot Shel Kipat Barzel [The Limitations of Iron Dome (in Hebrew)]." *Haaretz*.

Berger, Andrea. 2014.8.5. "North Korea, Hamas, and Hezbollah: Arm in Arm?" *38 North*.

Boyne, Walter J. 2002. *The Two O'Clock War*. New York: Thomas Dunne Books.

Bregman, Ahron. 2000. *Israel's Wars, 1947~1993*. New York: Routledge.

Buchanan, Rose Troup. 2015.2.25. "North Korea could possess 100 nuclear weapons by 2020, warn US researchers." *The Independent*.

Cha, Victor D. and Gabriel Scheinmann. 2014.9.4. "North Korea's Hamas Connection: 'Below' the Surface." *The National Interest*.

Choe, Sang-hun. 2012.5.17. "North Korea Said to Resume Work on Nuclear Reactor." *The New York Times*.

Cohen, Avner. 2010. *Worst-Kept Secret: Israel's Bargain With The Bomb*. New York: Columbia University Press.

Cohen, Avner. 2013.10.3. "When Israel Stepped Back From the Brink." *The New York Times*.

Drucker, Raviv. 2014.8.6. "Tzook Eitan—Mivtza Mootzlach? Hashva'ah Le-Oferet Yetzooka [Protective Edge—a Successful Cooperation? A Comparison to Cast

Lead (in Hebrew)]." Raviv Drucker's Blog, http://drucker10.net/?p=2333

Eberstadt, Nicholas. 1999. *The End of North Korea.* Washington, D.C.: The AEI Press.

Hansen, Nick and Jeffrey Lewis. 2013.9.11. "North Korea Restarting Its 5 MW Reactor." *38 North.*

Hersh, Seymour M. 1991. *The Samson Option: Israel, America and the Bomb.* London: Faber.

International Institute for Strategic Studies(IISS). 2011. "The Conventional Military Balance on the Korean Peninsula." in Mark Fitzpatrick(ed.). *North Korean Security Challenges: A Net Assessment.* London: The International Institute for Strategic Studies.

Kissinger, Henry. 1982. *Years of Upheaval.* Boston: Little, Brown and Company.

Lambeth, Benjamin S. 2011. *Air Operations in Israel's War Against Hezbollah: Learning from Lebanon and Getting It Right in Gaza.* prepared for the United States Air Force. Santa Monica, CA: RAND.RAND.

Landau, Emily B. and Azriel Bermant. 2014. "Iron Dome Protection: Missile Defense in Israel's Security Concept." in Anat Kurz and Shlomo Brom (eds.). *The Lessons of Operation Protective Edge.* Tel Aviv: INSS.

Page, Jeremy and Jay Solomon. 2015.4.22. "China Warns North Korean Nuclear Threat Is Rising." *Wall Street Journal.*

Rapaport, Amir. 2010. *Tzahal Velikchei Milhemet Levanon Hashniya [The IDF and the Lessons Drawn From the Second Lebanon War, in Hebrew].* Ramat Gan: Begin-Sadat Center, Bar Ilan University.

Rapaport, Amir. 2013.11.29. "Tzahal Khozer Le-2006? [Is the IDF Going Back to 2006? (in Hebrew)]." *Israel Defense.*

Sagan, Scott D. and Kenneth N. Waltz. 2003. *The Spread of Nuclear Weapons: A Debate Renewed*, 2nd ed. New York: Norton and Co.

Shapir, Yiftah S. and Gal Perel. 2014. "Subterranean Warfare: A New-Old Challenge." in Anat Kurz and Shlomo Brom(eds.). *The Lessons of Operation Protective Edge.* Tel Aviv: INSS.

Shoval, Lilach. 2013.5.11. "Hezbollah 2013: Ha-eargoon shelo hekartem [The Organization You Know Little about (in Hebrew)]." *Israel Hayon.*

Siboni, Gabriel. 2007. "The Military Campaign in Lebanon." in Shlomo Brom and

Meir Elran(eds.). *The Second Lebanon War: Strategic Perspectives*. Tel Aviv: INSS.

Tactical Operations Center. "Egyptian Air Defense During the Yom Kippur War." http://www.tacticaloperationscenter.com/Air%20Defense.htm

Wedge, Carl Anthony. 2011.1.23. "The Hizballa-North Korean Nexus." *Small Wars Journal*.

제3장

대한민국 국방부. 1988. 『1988 국방백서』. 서울: 대한민국 국방부.

_____. 2014. 『2014 국방백서』. 서울: 대한민국 국방부.

이근욱. 2014. 「북한급변사태와 병력소요 및 운용: 베넷(Bruce W. Bennett)에 대한 비판적 검토」. ≪국방연구≫, 제57권 3호.

Bennett, Bruce W. 2013. *Preparing for the Possibility of a North Korean Collapse*. Santa Monica, CA: RAND.

Bennett, Bruce W. and Jennifer Lind. 2011."The Collapse of North Korea: Military Missions and Requirements." *International Security*, Vol. 36, No. 2 (Fall).

Friedman, Jeffrey A. 2011. "Manpower and Counterinsurgency: Empirical Foundations for Theory and Doctrine." *Security Studies*, Vol. 20, No. 4 (Summer).

Gentile, Gian. 2013. *Wrong Turn: America's Deadly Embrace of Counterinsurgency*. New York: The New Press.

Howard, Michael. 2006. "A Long War?" *Survival*, Vol. 48, No. 4 (Winter).

Kaplan, Fred. 2013. *The Insurgents: David Petraeus and the Plot to Change the American Way of War*. New York: Simon & Schuster.

Kramer, Mark. 2004. "The Perils of Counterinsurgency: Russia's War in Chechnya." *International Security*, Vol. 29, No. 3 (Winter).

Krepinevich, Andrew F. 1986. *The Army and Vietnam*. Baltimore, MD: Johns Hopkins University Press.

Lieber, Keir A. and Daryl G. Press. 2006. "The End of MAD? The Nuclear Dimension of U.S. Primacy." *International Security*, Vol. 30, No. 4 (Spring).

Lyall, Jason and Isaiah Wilson III. 2009. "Rage Against the Machines: Explaining

Outcomes in Counterinsurgency Wars." *International Organization*, Vol. 63, No. 1 (Winter).

Nordland, Rod. 2015.10.13. "Taliban End Takeover of Kunduz After 15 Days." *The New York Times*.

O'Hanlon, Michael E. 2015. *The Future of Land Warfare*. Washington, D.C.: Brookings Institution Press.

Ricks, Thomas E. 2009. *The Gamble: General David Petraeus and the American Military Adventure in Iraq, 2006~2008*. New York: The Penguin Press.

West, Bing. 2006. *No True Glory: A Frontline Account of the Battle for Fallujah*. New York: Bantam Books.

Woodward, Bob. 2010. *Obama's War*. New York: Simon & Schuster.

제4장

국방개혁위원회. 2005.「국방개혁 2020 이렇게 추진합니다」.

권태영·노훈. 2008.『21세기 군사혁신과 미래전: 이론과 실상, 그리고 우리의 선택』. 서울: 법문사.

김성만. 2015.1.7. "2014 국방백서로 본 '남북 군사력 비교 분석'". ≪코나스넷≫.

김종대. 2013.『시크릿 파일 서해전쟁』. 서울: 메디치.

≪뉴시스≫. 2014.4.3. "한빛부대 파병 1년…'코리아 원더풀' 현지인 극찬".

대한민국 국방부. 1994.『율곡사업의 어제와 오늘 그리고 내일』. 서울: 대한민국 국방부.

______. 2006.「국방개혁 2020과 국방비」.

______. 2009.「국방개혁 기본계획 2009~2020」.

______. 2012.「국방개혁 기본계획 2012~2030」.

______. 2014.「국방개혁 기본계획 2014~2030」.

______. 2014.『2014 국방백서』. 서울: 대한민국 국방부.

박상현. 2015.「남북 군사력의 실체」. JPI PeaceNet, 2015-14.

≪연합뉴스≫. 2013.11.7. "김관진, 남·북한 전쟁나면 북한은 멸망".

______. 2013.3.31. "北 黨중앙위 전원회의, 경제·핵무력 병진노선 채택"

______. 2014.3.6. "2030년 軍의 모습…병력 52만명·군단중심 작전".

오원철. 1996.『한국형 경제건설 7』. 서울: 기아경제연구소.

이근욱. 2008.「한국 국방개혁 2020의 문제점: 미래에 대한 전망과 안보」. ≪신아세아≫, 제15권 4호.

_____. 2010.「미래의 전쟁과 전쟁의 미래: 이라크 전쟁에서 나타난 군사혁신의 두 가지 측면」. ≪신아세아≫, 제17권 1호.

_____. 2011.『이라크 전쟁: 부시의 침공에서 오바마의 철군까지』. 파주: 도서출판 한울.

_____. 2014.「북한급변사태와 병력 소요 및 운용: 베넷(Bruce W. Bennett)에 대한 비판적 검토」. ≪국방연구≫, 제57권 3호.

≪조선중앙통신≫. 2013.3.31.

통일부 통일교육원. 2014.『2014 북한이해』. 서울: 통일부.

≪한겨레≫. 2013.11.7.

≪한국일보≫. 2014.7.9. "말로만 '전투형 군대'…실제는 기강해이 심각".

황일도. 2015. "박근혜 정부식 남북한 군사력 비교". ≪주간동아≫, 1008호.

≪SBS≫. 2010.12.4. "김관진 국방장관 공식 취임 '전투형 군대 만들 것'".

Bennett, Bruce W. 2013. *Preparing for the Possibility of a North Korean Collapse*. Santa Monica: RAND.

Bennett, Bruce W. and Jennifer Lind. 2011. "The Collapse of North Korea: Military Missions and Requirements." *International Security*, Vol. 36, No. 2.

Far Eastern Economic Review. 1981.5.15.

Feaver, Peter D. 1992. "Command and Control in Emerging Nuclear Nations." *International Security*, Vol. 17, No. 3.

Hamm, Taik-young. 1999. *Arming the Two Koreas: State, Capital and Military Power*. New York: Routledge.

Han, Sung-joo. 1983. "South Korea and the United States: Past, Present, and Future." in Gerald L. Curtis and Sung-joo Han (eds.). *The U.S.-South Korean Alliance: Evolving Patterns in Security Relation*. Lexington: Lexington Books.

Hecker, Siegfried S. 2010. "What I found in North Korea: Pyongyang's Plutonium is no longer the only problem." *Foreign Affairs*, Snapshot (December 9).

Heritage Foundation. 2015. "2015 Index of U.S. Military Strength."

Hwang, Jihwan. 2006. "Rethinking South Korea's Arms Buildup during the Cold War: The Action-Reaction Model and Alliance Politics in Comparative

Politics." *New Asia*, Vol. 14, No. 4.
Kang, David. 2003. "International Relations Theory and the Second Korean War." *International Studies Quarterly*, Vol. 47, No. 3.
Korea Herald. 1981.2.3.
Levin, Norman D. and Richard L. Sneider. 1983. "Korea in Postwar U.S. Security Policy." in Gerald L. Curtis and Sung-joo Han (eds.). *The U.S.-South Korean Alliance: Evolving Patterns in Security Relation*. Lexington: Lexington Books.
Lyall, Jason and Isaiah Wilson III. 2009. "Rage Against the Machines: Explaining Outcomes in Counterinsurgency Wars." *International Organization*, Vol. 63, No. 1.
Oberdorfer, Don. 2001. *The Two Koreas: A Contemporary History*, Revised and Updated ed. New York: Basic Books.
Schäfer, Bernd. 2003. "Weathering the Sino-Soviet Conflict: The GDR and North Korea, 1949~1989." *Cold War International History Project Bulletin*, Issue. 14/15 (2003/2004).
Wit, Joel S. and Sun Young Ahn. 2015. "North Korea's Nuclear Futures: Technology and Strategy." North Korea's Nuclear Futures Series, US-Korea Institute, School of Advanced International Studies, Johns Hopkins University.
Zagoria, Donald S. and Young Kun Kim. 1976. "North Korea and the Major Powers." in William J. Barnds (ed.). *The Two Koreas in East Asian Affairs*. New York: New York University Press.

제5장

국회예산정책처. 2014.11. 「2014~2060년 장기 재정전망」. http://kosis.kr/statisticsList/statisticsList_01List.jsp?vwcd=MT_ZTITLE&parmTabId=M_01_01#SubCont
권태영. 2013. 「2030년대 한국의 국방비전과 예방억제방위전략 구상」. ≪전략연구≫, 제57호.
김근식. 2012. 「김정은 체제, 장기불안정성 내재한 단기 안정」. ≪통일한국≫, 통권 제338호.

노진국·이근욱. 2014. 「군사전략의 정치학: 앨리슨 모형으로 분석한 공해전(AirSea Battle)」. ≪국제정치논총≫, 제54집 2호.

박창권. 2015. 「북한 핵위협 현실화를 고려한 군사전략 발전방향」. ≪주간국방논단≫, 제1586호.

설인효. 2012. 「20세기 초 미육군 개혁과정: 반 군사 전통의 극복과 수정」. 서울대학교 대학원 외교학과 박사학위논문.

_____. 2012. 「20세기 초 미 육군 개혁과정: 개혁의 시작, 루트 개혁기(1899~1903)를 중심으로」. ≪미국학 논집≫, 제44집 3호.

_____. 2012. 「20세기 이전 미국의 군사 전통: 반(反) 군사 전통의 형성과 전개」. ≪미국학≫, 제35권 1호.

_____. 「군사혁신의 전파와 미중 군사혁신 경쟁: 19세기 후반 프러시아-독일 모델의 전파와 21세기 동북아 군사질서」. ≪국제정치논총≫, 제52집 3호 (2012).

_____. 2013. 「미국의 핵전략과 맞춤형 확장억제정책의 이해」. ≪주간국방논단≫, 제1488호.

_____. 2013. 「오바마 2기 행정부의 국방, 군사정책 전망」. ≪한일 군사문화연구≫, 제16집.

_____. 「이라크 전쟁과 전쟁의 미래: 이라크 전쟁의 국제정치적 결과를 중심으로」. ≪군사≫, 제92호 (2014)

_____. 「미중 군사경쟁 양상 분석과 전망: 중국의 군사력 현대화와 미국의 대응을 중심으로」 ≪KU 중국연구≫, 제1권 1호 (2015.4)

이근욱. 2008. 「한국 국방개혁 2020의 문제점: 미래에 대한 전망과 안보」. ≪신아세아≫, 제15권 4호.

_____. 2010. 「미래의 전쟁과 전쟁의 미래: 이라크 전쟁에서 나타난 군사혁신의 두 가지 측면」. ≪신아세아≫, 제17권 1호.

황지환, 「한반도 통일과정과 군사력의 역할: 지상군 전력 건설방향에 대한 문제제기」. ≪동서연구≫, 제27권, 2호 (2015).

Bennett, Bruce W. 2013. *Preparing for the Possibility of a North Korean Collapse.* Santa Monica: RAND.

Bennett, Bruce W. and Jennifer Lind. 2011. "The Collapse of North Korea: Military Missions and Requirements." *International Security*, Vol. 36, No. 2.

Cohen, Eliot. 2004. "Change and Transformation in Military Affairs." *The Journal of Strategic Studies,* Vol. 27, No. 3. (September).

Economist Intelligence Unit. 2015. "Long-term Macroeconomic Forecasts: Key Trends to 2050." http://pages.eiu.com/rs/783-XMC-194/images/Long-termMacroeconomicForecasts_KeyTrends.pdf

Friedberg, Aaron L. 2014. *Beyond Air-Sea Battle: The Debate Over US Military Strategy in Asia*. London: IISS.

Gamson, William A. and Andre Modigliani. 1989. "Media discourse and public opinion: A constructionist approach." *American Journal of Sociology*, Vol. 95, No. 1 (July).

Hundley, Richard O. 1999. *Past Revolutions, Future Transformations: What Can the History of Revolutions in Military Affairs Tell Us About Transforming the U.S. Military?* Santa Monica, CA: RAND.

White House. 2015. *National Security Strategy*. Washington D.C.: White House.

Zakaria, Fareed. 1998. *From Wealth to Power*. Princeton, NJ: Princeton University Press.

제6장

부트, 맥스(Max Boot). 2007. 『Made in War: 전쟁, 테크놀로지 그리고 역사의 진로, 전쟁이 만든 신세계』. 송대범·한태영 옮김. 플래닛미디어.

허완. 2015.7.11. "세계도 어렵고 한국도 어렵다: 경제가 정말 어렵다는 3가지 전망". ≪허핑턴 포스트 코리아≫.

Arquilla, John and David Ronfeldt (eds.). 1997. *In Athena's Camp: Preparing for Conflict in the Information Age*. Santa Monica, CA: RAND.

Arquilla, John and David Ronfeldt. 2000. *Swarming and the Future Conflict*. Santa Monica, CA: RAND.

Bassford, Matt. 2011. "Searching for the Strategy." *Defence Management Journal*, No. 55.

Bruno, Michael. 2013.8.13. "GAO: U.S. Military UAVs Still Too Proprietary In Nature." *Aviation Week*

Carey, Bill. 2014.1.3. "Pentagon Issues 25-year Unmanned System Roadmap." *AIN Online*, http://www.ainonline.com/aviation-news/defense/2014-01-03

/pentagon-issues-25-year-unmanned-systems-roadmap

Department of Defense(DoD). 2011. "Unmanned Systems Integrated Roadmap (FY2011~2036)."

_____. 2013. "Unmanned Systems Integrated Roadmap (FY2013~2038)."

Easton, Ian. 2013. "China's Military Strategy in the Asia-Pacific."

Edwards, Sean J. A. 2000. *Swarming on the Battlefield: Past, Present, and Future.* Santa Monica, CA: RAND.

Freinger, David, Joel Kvitky and William Stanley. 1998. *Proliferated Autonomous Weapons: An Example of Cooperative Behavior.* Santa Monica, CA: RAND.

General Account Office(GAO). 1988. "Assessment of DOD's Unmanned Aerial Vehicle Master Plan."

Gonzales, Daniel and Sarah Harting. 2014. *Designing Unmanned Systems with Greater Autonomy: Using a Federated, Partially Open Systems Architecture Approach.* Santa Monica, CA: RAND.

Hardison, Chaitra M., Michael G. Mattock and Maria C. Lytell, 2012. *Incentive Pay for Remotely Piloted Aircraft Career Fields.* Santa Monica, CA: RAND.

Libicki, Martin C. 1997. "The Small and The Many." in John Arquilla and David Ronfeldt (eds.). *Athena's Camp: Preparing for Conflict in the Information Age.* Santa Monica, CA: RAND.

Murray, Williamson and Allan Reed Millett. 2000. *A War to Be Won: Fighting the Second World War.* Cambridge, MA: Harvard University Press.

Narang, Vipin. 2014. *Nuclear Strategy in the Modern Era: Regional Powers and International Conflict.* Princeton, NJ: Princeton University Press.

Schafer, Ron. 2003. "Robotics to Play Major Role in Future Warfighting." United States Joint Forces Command (July 29).

Sharre, Paul. 2014. *Robotics on the Battlefield Part II: The Coming Swarm.* Washington D.C.: Center for New American Security.

_____. 2015.3.4. "Unleash the Swarm: The Future of Warfare." *War on the Rocks*, http://warontherocks.com/2015/03/unleash-the-swarm-the-future-of-war fare.

Singer, Peter W. 2010. *Wired for War: The Robotics Revolution and Conflict in the 21st Century.* London: Penguin Books.

Washington Post. 2008.4.22. "Gates Criticizes Air Force for Insufficient Intel in

Iraq."
Wasserbly, Daniel. 2014.5.13. "AUVSI 2014: US Navy to issue UCLASS RfP amid congressional pushback." *IHS Jane's Defence Weekly*.
White, Josh and William Branigin. 2008.4.22. "Gates Criticizes Air Force for Insufficient Intel in Iraq." *The Washington Post*.

찾아보기

인물

용어

지은이 (가나다순)

니브 파라고 Niv Farago 현재 서강대학교 사회과학연구소 선임연구원으로 재직 중이며, 미국 존스홉킨스 대학 국제관계대학원(SAIS) 부설 한미연구소 객원연구원으로도 활동 중이다. 이스라엘 텔아비브 대학에서 학사를 마치고 연세대학교에서 석사학위를 받은 뒤 케임브리지 대학에서 박사학위를 받았다. 이스라엘 정부에 정책분석가로 참여하기도 했다.

설인효 현재 한국국방연구원 안보전략연구센터 국방전략연구실 선임연구원으로 재직 중이다. 서울대학교 외교학과에서 박사학위를 받았으며, 동북아시아 안보질서, 국제관계이론, 미국의 국방·군사 전략 등을 연구하고 있다.

오스틴 롱 Austin Long 현재 컬럼비아 대학 국제·공공문제대학원(SIPA) 부교수로 재직 중이다. 매사추세츠 공과대학(MIT)에서 박사학위를 받았다. 랜드 연구소(RAND Corporation)에서 연구원으로 일했으며, 이라크주둔다국적군(MNF-I)과 미군에 분석·자문관으로 참여했다. 매사추세츠 공과대학 링컨 연구소 고문으로도 활동했다. 지은 책으로 *The Soul of Armies: Counterinsurgency Doctrine and Military Culture in the US and UK*, 그리고 *On Other War: Lessons from Five Decades of Rand Counterinsurgency Research* 등이 있다.

이근욱 현재 서강대학교 정치외교학과 교수로 재직 중이다. 서울대학교 외교학과에서 학사 및 석사를 마치고 미국 하버드 대학에서 정치학 박사학위를 받았다. 지은 책으로 『왈츠 이후』, 『이라크 전쟁』, 『냉전』, 『쿠바 미사일 위기』 등이 있다.

이장욱 현재 서강대학교 정치외교학과 연구교수로 재직 중이다. 서강대학교 정치외교학과에서 박사학위를 받았으며, 대통령 외교안보수석실 산하 대외전략비서관실 행정관을 지냈다. 『전쟁을 삽니다』 외 다수의 논저가 있다.

황지환 현재 서울시립대학교 국제관계학과 부교수로 재직 중이다. 서울대학교 외교학과에서 학사 및 석사 과정을 마치고 미국 콜로라도 주립대학교에서 정치학 박사학위를 받았다. 논저로 "The Paradox of South Korea's Unification Diplomacy: Moving beyond a State-Centric Approach," 「김정은 시대 북한의 대외전략: 지속과 변화의 '병진노선'」, "The Two Koreas after U.S. Unipolarity: In Search of a New North Korea Policy" 등이 있다.

한울아카데미 1904
서강 육군력 총서 1

21세기 한국과 육군력
역할과 전망

기획 서강대학교 육군력연구소 **엮은이** 이근욱
지은이 니브 파라고, 설인효, 오스틴 롱, 이근욱, 이장욱, 황지환
펴낸이 김종수 **펴낸곳** 한울엠플러스(주) **편집** 최규선

초판 1쇄 인쇄 2016년 6월 7일 **초판 1쇄 발행** 2016년 6월 21일

주소 10881 경기도 파주시 광인사길 153 한울시소빌딩 3층
전화 031-955-0655 **팩스** 031-955-0656 **홈페이지** www.hanulmplus.kr
등록번호 제406-2015-000143호

ISBN 978-89-460-5904-7 93390

Printed in Korea.
※ 책값은 겉표지에 표시되어 있습니다.